Altium Designer 21 常见问题解答 500 例

郑振宇　龙学飞　唐　波　编著

电子工业出版社

Publishing House of Electronics Industry

北京 · BEIJING

内 容 简 介

本书以 Altium 公司目前最新的 Altium Designer 21 版本为基础，全面兼容 18、19、20 各版本。本书分为 6 章，收录了包括电子设计的基本概念、原理图封装库的设计、PCB 封装库的设计、原理图的设计、Altium Designer 软件操作实战、PCB 布局布线设计在内的 6 个电子设计大类的 500 个常见问题，对其逐一进行详细的解答，并分享了处理原理图设计与 PCB 布局布线设计的方法与技巧。

本书注重实践与经验技巧的分享，从设计实战的角度出发，收录的 500 个问题均由奋斗在一线的硬件工程师、封装库工程师、PCB 设计工程师提供。

本书内容系统，实用性与专业性强，是 Altium Designer 初学者入门及提高的辅助工具，也是从事 PCB Layout 设计，以及电子设计相关领域的专业技术人员极有价值的参考书籍。随书赠送的案例源文件及超长 Altium Designer 视频教程，可在本书封底扫描二维码或进入 PCB 联盟网书籍版块直接获取链接下载。本书专属课程优惠券可在前言中扫码领取。相关技术支持可加读者技术交流微信群，微信号：15616880848。

图书在版编目（CIP）数据

Altium Designer 21 常见问题解答 500 例 / 郑振宇等编著. —北京：电子工业出版社，2022.2
ISBN 978-7-121-42723-7

Ⅰ．①A… Ⅱ．①郑… Ⅲ．①印刷电路—计算机辅助设计—应用软件—问题解答 Ⅳ．①TN410.2-44

中国版本图书馆 CIP 数据核字（2022）第 014863 号

责任编辑：曲　昕　　文字编辑：康　霞
印　　刷：三河市龙林印务有限公司
装　　订：三河市龙林印务有限公司
出版发行：电子工业出版社
　　　　　北京市海淀区万寿路 173 信箱　邮编　100036
开　　本：787×1 092　1/16　印张：24.5　字数：658.56 千字
版　　次：2022 年 2 月第 1 版
印　　次：2022 年 2 月第 1 次印刷
定　　价：128.00 元（赠送 60 小时视频课程）

凡所购买电子工业出版社图书有缺损问题，请向购买书店调换。若书店售缺，请与本社发行部联系，联系及邮购电话：（010）88254888，88258888。

质量投诉请发邮件至 zlts@phei.com.cn，盗版侵权举报请发邮件至 dbqq@phei.com.cn。

本书咨询联系方式：（010）88254468，quxin@phei.com.cn。

前　　言

面对功能越来越复杂、速度越来越快、体积越来越小的电子产品，各类型电子设计的需求大增，学习和投身电子产品设计的工程师也越来越多。电子产品设计领域对工程师自身的知识水平和经验要求非常高，大部分工程师很难做到真正得心应手，在遇到产品功能复杂的电子产品时，各类 PCB 设计问题涌现，造成很多项目在后期调试过多，甚至出现报废，浪费了人力物力，延长了产品研发周期，从而影响产品的市场竞争力。

Altium Designer 软件作为一款 EDA 工具，在电子设计领域应用广泛，成为很多电子工程师的必学工具之一。相比于其他 EDA 工具，Altium Designer 软件有着更人性化的操作窗口、更友好的接口，具有功能强大、整合性好等诸多优点，市面上也存在大量此工具的指导书籍，可以指导初学者进行学习，但是初学者在学习过程中会遇到很多问题，作者经过整理发现主要存在以下几方面问题：

（1）工具书一般按照正常流程撰写，初学者必须按照书籍的每一个步骤来操作才有可能成功，稍有偏差可能就会遇到问题，但是又不知道问题在哪里。

（2）按照书籍操作，可能因为选取的案例不同而不能还原书籍所描述的情景，造成操作失败。

（3）书籍描述的操作只有一种方法，缺乏举一反三的效果，无法帮助读者知其所以然。

面对以上问题，作者根据实际情况编写此书，解决以上读者遇到的问题，让读者从问题中找答案，从问题中学习并快速掌握。

本书收集了读者在用 Altium Designer 软件进行原理图库、原理图、PCB 库、PCB 设计中遇到的大量问题，并一一进行了详细解答。这些问题中的绝大多数是从事电子设计领域工作的人员必然要面对的，问题涉及面广、解答深入，对电子设计人员更好地掌握 Altium Designer 软件进行电子设计，提高实践能力有很大帮助，同时对从事电子领域的工程技术人员也有很高的参考价值。

本书由湖南凡亿智邦电子科技有限公司一线设计总工程师郑振宇、龙学飞、彭子豪、刘吕樱、黄真、陈虎、王泽龙及西藏农牧学院老师唐波联合编写，基于凡亿教育数十万粉丝线上线下交流的 PCB 百问百答搜集的"真实问题"进行详细解答，也基于唐老师多年高校教学经验积累，包含作者们对使用 Altium Designer 软件进行原理图设计、PCB 设计丰富的实践经验及使用技巧。

第 1 章是电子设计基本概念 100 问解析。电子设计，顾名思义就是电子产品方案开发中电路图纸的设计，包括原理图的设计及 PCB 设计。电子设计是整个电子产品开发项目的核心，只有保证电路图纸的正确，才可以保证后期电子产品的正常运行。

本章以 100 个问答的形式，逐一讲解在电子设计过程中所要接触的一些基本概念。在做电子设计之前，必须要先了解这些常规概念，才能对整个电子设计进行宏观把控。

第 2 章是原理图库创建常见问题解答 50 例。在绘制原理图时，需要用一些符号来代替实际元器件，这样的符号就称为原理图符号，也称为原理图库或原理图封装库。其作用是代替实际的元器件。在创建原理图符号的时候，不用去管这个器件具体是什么样子，只需要匹配一致的管脚数目，然后定义每一个管脚的连接关系就可以了。

本章以 50 个问答的形式，详细讲述了使用 Altium Designer 软件绘制原理图封装库的方法及注意事项。收录了使用 Altium Designer 软件绘制原理图封装库会经常遇到的一些问题，并对其进行了详细解答。

第 3 章是 Altium Designer 原理图设计常见问题解答 90 例。原理图，顾名思义就是表示电路板上各元器件之间连接原理的图表。在方案开发等正向研究中，原理图的作用非常重要，而对原理图的把关也关乎整个电子设计项目的质量，甚至成败。由原理图延伸下去会涉及 PCB Layout，也就是 PCB 布线，当然这种布线是基于原理图做成的，通过对原理图的分析及电路板其他条件的限制，设计者得以确定器件的位置及电路板的层数等。

本章以 90 个问答的形式，详细讲述了使用 Altium Designer 软件绘制原理图的方法及注意事项。收录了使用 Altium Designer 软件绘制原理图会经常遇到的问题，并对其进行了详细解答。

第 4 章是 PCB 封装创建常见问题解答 50 例。PCB 封装库（PCB 符号），也叫 PCB 封装，就是把实际电子元器件、芯片等的各种参数，如元器件的大小、长宽、直插、贴片及焊盘大小、管脚长宽、管脚间距等用图形方式表示出来。PCB 封装的作用就是把元器件实物按照 1:1 的比例，用图形的方式在 PCB 绘制软件上体现出来，以便绘制 PCB 版图的时候进行调用。进行 PCB 封装绘制的时候，必须保证与实物是一致的，从而后期进行电路板装配的时候才可以装配上。

本章以 50 个问答的形式，详细讲述了使用 Altium 软件绘制 PCB 封装库的方法及注意事项。收录了使用 Altium Designer 软件绘制 PCB 封装库会经常遇到的一些问题，并对其进行了详细解答。

第 5 章是 Altium Designer PCB 设计常见问题解答 120 例。PCB 版图是指根据原理图画成的实际元器件的摆放和连线图，供制作实际电路板时使用，可在程控机上直接做出来。在制作实际电路板之前，必须根据原理图绘制出 PCB 版图，然后用 PCB 版图进行生产、安装器件，才可以得到实际的电路板，也就是通常所说的 PCB。

本章以 120 个问答的形式，详细讲述了使用 Altium Designer 软件绘制 PCB 布局布线图的方法及注意事项。收录了使用 Altium Designer 软件绘制 PCB 会遇到的一些常见问题，并对其进行了详细解答。

第 6 章是其他综合常见问题解答 90 例。除了原理图库、原理图、PCB 封装库、PCB 布局布线常见的一些问题，可能还存在一些其他文件输出或系统参数上的问题，本章对其进行一些补充。

本章以 90 个问答的形式，详细讲述了使用 Altium Designer 软件进行电子线路设计或输出。收录了使用过程中经常遇到的一些问题，并对其进行了详细解答。

书中内容适合电子技术人员参考，也可作为电子技术、自动化、电气自动化专业本科生和研究生的电子专业教学用书。如果条件允许，还可以开设相应的试验课和观摩课，以缩短书本理论学习与工程应用实践的差距。书中涉及电气和电子方面的名词术语、计量单位，力求与国际计量委员会、国家技术监督局颁发的文件相符。

本书得到西藏农牧学院电气工程重点学科建设项目经费支持。中国 PCB 联盟网组委和深圳市凡亿技术开发有限公司总经理郑振凡先生对相关技术问题提出了宝贵而富有建设性的意见，电子工业出版社曲昕编辑为本书的顺利出版做了大量工作，作者一并向他们表示衷心的感谢。

科技发展日新月异，加之作者水平有限，书中难免存在瑕疵，敬请读者批评指正。为方便读者的阅读、答疑和信息反馈，中国 PCB 联盟网创建了图书板块作为图书推广宣传活动和读者技术交流的空间。读者可以通过免费注册的方式，成为中国 PCB 联盟网的用户。在阅读本书的过程中，如果读者遇到任何问题，或者对本书内容有任何建议和意见，都可以通过该讨论区和作者直接进行交流。

　　凡亿教育推出全流程的 PCB 设计实战视频教学课程，有需要的读者可以联系作者购买学习。

作　者

2021 年 10 月 16 日

扫码领取课程优惠券

（仅限本书读者专享）

配套课程

《Altium Designer 2 层实战视频教程：Layout 设计速成教学》

《Altium Designer 入门速成零基础 124 讲 PCB 视频教程》

目 录

第 1 章

电子设计基本概念 100 问解析

学习目标

- 掌握原理图设计中的基本概念。
- 掌握 PCB 设计中的基本概念。
- 掌握 PCB 生产工艺的基本概念。
- 掌握阻抗设计的常规概念。
- 掌握电子设计中的一些基本原则。
- 掌握电子设计中基本电气元器件的功能。

1.1 什么叫原理图，其作用是什么?

原理图是表示电路板上各元器件之间连接关系的图表。在方案开发等正向研究中，原理图是非常重要的，而对原理图的把关也关乎整个项目的质量甚至成败。由原理图延伸下去会涉及 PCB Layout，也就是 PCB 布线，当然这种布线是基于原理图来做的，通过对原理图的分析及电路板其他条件的限制，设计者得以确定元器件的位置及电路板的层数等。原理图表示的只是虚拟的连接关系，作用就是引导 PCB 设计人员按照这种连接关系进行连接。图 1-1 所示的原理图表示的只是 U1 器件与其他电阻、电容的连接关系，以及器件本身的一些参数。

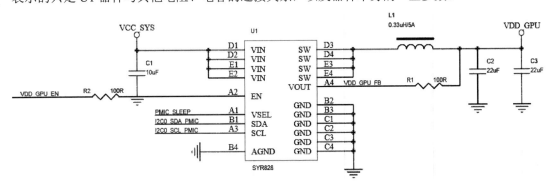

图 1-1 原理图释义框图

1.2 什么叫PCB版图，其作用是什么？

PCB 版图是指根据原理图画成的实际元器件的摆放和连线图，供制作实际电路板时使用，可在程控机上直接做出来。在制作实际的电路板之前，必须根据原理图绘制出 PCB 版图，然后用 PCB 版图进行生产、安装器件，才可以得到实际的电路板，也就是通常所说的 PCB。将图 1-1 所示的原理图，导入到 PCB 设计软件中，绘制出如图 1-2 所示的 PCB 版图，我们实际的电路板也就是这个效果。

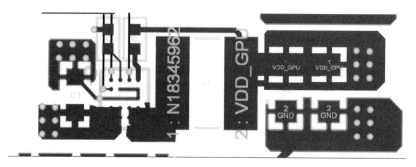

图 1-2　PCB 版图释义框图

1.3 什么叫原理图符号，其作用是什么？

在绘制原理图时，需要用一些符号来代替实际的元器件，这样的符号就称为原理图符号。在创建原理图符号的时候，不用去管这个元器件具体是什么样子，只需要匹配一致的管脚数目，然后定义每一个管脚的连接关系就可以了。图 1-3 所示为 TF 卡座的原理图符号；图 1-4 所示为 TF 卡座的实物图。

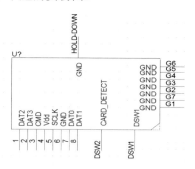

图 1-3　TF 卡座的原理图符号

图 1-4　TF 卡座的实物图

1.4 什么叫PCB符号，其作用是什么？

PCB 符号，也称为 PCB 封装，就是把实际电子元器件等的各种参数，如元器件尺寸、管脚焊盘尺寸、管脚间距等用图形方式表示出来。进行 PCB 封装绘制的时候，必须保证与实物是一致的。图 1-5 所示为 PCB 封装图，图 1-6 所示为规格书图纸。

图 1-5　PCB 封装图

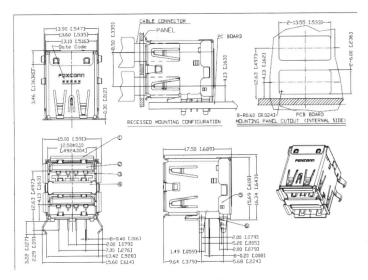

图 1-6　规格书图纸

1.5　PCB 封装的组成元素有哪些?

　　一个完整的PCB封装是由许多不同元素组合而成的,不同的元器件所需的组成元素也不同。一般来说,封装组成元素包含沉板开孔尺寸、尺寸标注、倒角尺寸、焊盘、阻焊、孔径、热风焊盘、反焊盘、管脚编号(Pin Number)、管脚间距、管脚跨距、丝印线、装配线、禁止布线区、禁止布孔区、位号字符、装配字符、1 脚标识、安装标识、空间范围、元器件高度。

　　在 Altium Designer 软件中,以下元素是必须要有的:焊盘(包括阻焊、孔径等内容)、丝印线、装配线、位号字符、1 脚标识、安装标识、占地面积、器件最大高度、极性标识(只针对极性器件)、原点。图 1-7 所示为 LGA16 的封装展示。

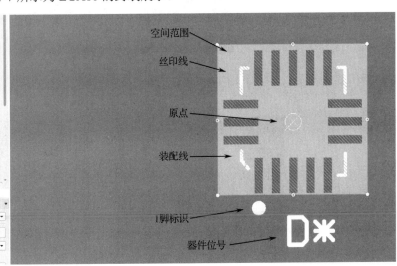

图 1-7　LGA16 的封装展示

1.6 常见的PCB封装类型有哪些?

常见的 PCB 封装有如下几种类型。读者可以直接去本书的交流论坛——PCB 联盟网（www.pcbbar.com）的"PCB 封装库论坛"进行下载学习。

（1）电阻封装、电容封装、电感封装展示如图 1-8 所示。

图 1-8　电阻封装、电容封装、电感封装展示

（2）二极管封装、三极管封装展示如图 1-9 所示。

图 1-9　二极管封装、三极管封装展示

（3）排阻元器件（4 脚、8 脚、10 脚、16 脚等）封装展示如图 1-10 所示。

图 1-10　排阻元器件封装展示

（4）SO 类器件（间距有 1.27mm、2.54mm 等）封装展示如图 1-11 所示。

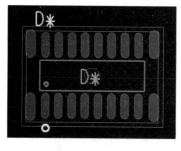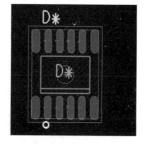

图 1-11　SO 类器件封装展示

（5）QFP 类器件封装展示如图 1-12 所示。

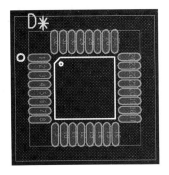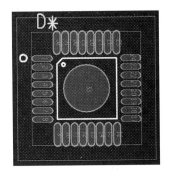

图 1-12　QFP 类器件封装展示

（6）QFN 类器件封装展示如图 1-13 所示。

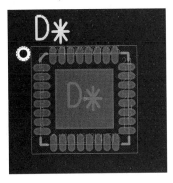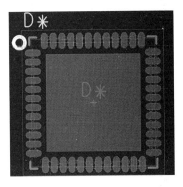

图 1-13　QFN 类器件封装展示

（7）BGA 类器件封装展示如图 1-14 所示。

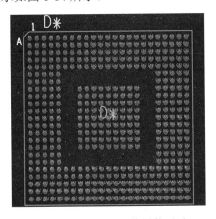

图 1-14　BGA 类器件封装展示

 小助手提示

常用的 PCB 封装或原理图库可以通过 IC 封装网（www.iclib.com）进行下载。

1.7　原理图中的元器件与 PCB 版图中的元器件是怎么关联的?

绘制完原理图以后，需要将原理图中的元器件与 PCB 版图中的元器件关联起来，这样就需要对其指定 PCB 封装。在原理图界面执行菜单命令"工具"→"封装管理器"，通过"添加"选项给元器件分配封装。图 1-15 所示的是给 C33 分配电容封装 C1206。

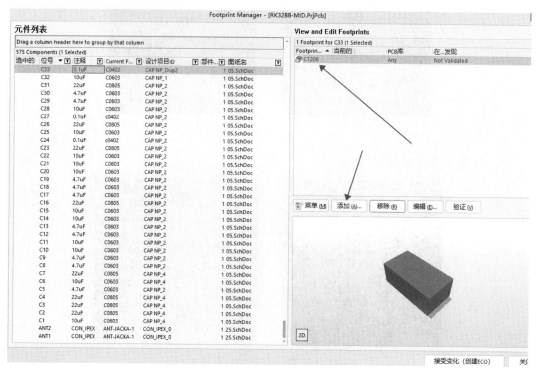

图 1-15　给 C33 分配电容封装 C1206

1.8　整个 PCB 版图设计的完整流程是什么？

　　流程为原理图检查，检查是否有单端网络、连接错误、没有指定封装等设计问题→原理图输出网表及网表检查→检查封装库，没有封装库的，匹配原理图并新建封装库→导入原理图网表，将所有元器件导入 PCB 中→核对产品结构图样，定位好结构器件→PCB 版图布局→布局优化及布线规划→层叠设计及整个 PCB 版图的设计规则添加→PCB 版图布线→PCB 版图电源分割与处理→布线优化→生产文件（Gerber）的输出。

1.9　什么叫金属化孔？

　　金属化孔（Plated Through Hole，PTH）又称沉铜、孔化、镀通孔，是指顶层和底层之间的孔壁上用化学反应将一层薄铜镀在孔的内壁上，使得印制电路板的顶层与底层连接。金属化孔要求有良好的机械韧性和导电性能，金属化铜层均匀完整，厚度在 5～10μm，镀层不允许有严重氧化现象，孔内不分层、无气泡、无钻屑、无裂纹，孔电阻在 1000μΩ 以下。在 PCB 版图中所看到的金属化孔效果如图 1-16 所示。

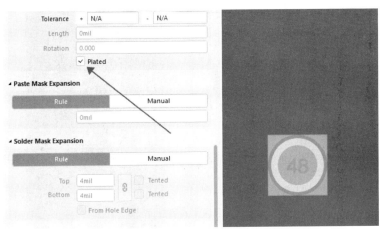

图 1-16　在 PCB 版图中所看到的金属化孔效果

1.10　什么叫非金属化孔，它与金属化孔的区别是什么？

非金属化孔（Non-Plated Through Hole，NPTH）就是指仅在 PCB 成品的后工序中钻一个孔，用作机械定位。这个孔跟金属化孔一样，也可以有钻孔和焊盘，只是过孔的内壁没有铜，所以叫非金属化孔。非金属化孔与金属化孔的最大区别就在于过孔的内壁是否有铜，在 PCB 版图中看到的非金属化孔效果如图 1-17 所示，最显著的特征就是非金属化孔的钻孔大小与焊盘是一样大的。

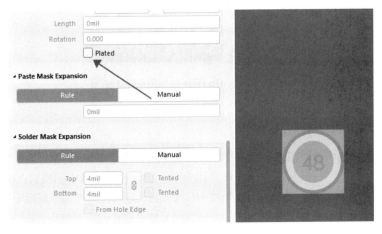

图 1-17　在 PCB 版图中看到的非金属化孔效果

1.11　什么叫槽孔？

槽孔就是不规则的钻孔。常规的普通 DIP 封装的钻孔都是圆形孔，但在实际生活过程中，有些元器件的安装定位脚为长方形或椭圆形，通常把这一类不规则的孔统称为槽孔。在 PCB 加工过程中，对于插件孔有两种刀具，一种叫钻刀，用来钻圆形孔，另一种叫铣刀，用来铣槽孔。在 PCB 版图中看到的槽孔效果如图 1-18 所示。

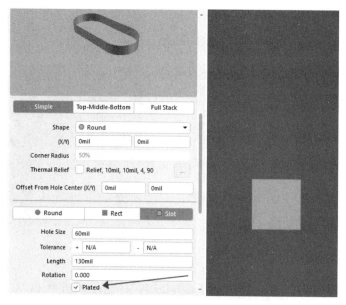

图 1-18　在 PCB 版图中看到的槽孔效果

槽孔在 PCB 版图中的 3D 效果如图 1-19 所示。

图 1-19　槽孔在 PCB 版图中的 3D 效果

1.12　什么叫特性阻抗?

特性阻抗, 又称 "特征阻抗", 它不是直流电阻, 属于长线传输中的概念。在高频范围内的信号传输过程中, 信号沿到达的地方, 信号线和参考平面 (电源或地平面) 间由于电场的建立会产生一个瞬间电流, 如果传输线是各向同性的, 那么只要信号在传输, 就始终存在一个电流 I, 而如果信号的输出电平为 V, 在信号传输过程中, 传输线就会等效成一个电阻, 大小为 V/I, 这个等效的电阻称为传输线的特性阻抗 Z。信号在传输过程中, 如果传输路径上的特性阻抗发生变化, 信号就会在阻抗不连续的节点产生反射。影响特性阻抗的因素有介电常数、介质厚度、线宽、铜箔厚度。

1.13　控制特性阻抗的目的是什么?

随着信号传输速度的提高和高频电路的广泛应用, 对 PCB 的要求也越来越高。控制特性阻抗的主要目的是让印制电路板提供的电路性能使信号在传输过程中不发生反射现象、保持完整,降低传输损耗，从而得到完整、可靠、精确、无干扰的传输信号。控制特性阻抗在高频设计中是很重要的，特性阻抗控制与否关系到信号质量的优劣。因此，在有高频信号传输的 PCB 中，特性阻抗的控制尤为重要。

1.14　影响 PCB 特性阻抗的因素有哪些?

一般来说，影响 PCB 特性阻抗的因素有介质厚度 H、铜的厚度 T、走线的宽度 W、走线的间距、叠层选取的材质的介电常数 ε_r、阻焊厚度。

通常介质厚度、线距越大，特性阻抗值越大；介电常数、铜厚、线宽、阻焊厚度越大，特性阻抗值越小。这些因素与特性阻抗的关系如图 1-20 所示。

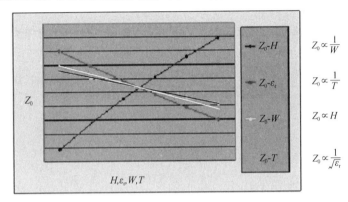

图 1-20　影响 PCB 特性阻抗的因素与特性阻抗的关系

（1）介质厚度。增加介质厚度可以增大特性阻抗，降低介质厚度可以减小特性阻抗；不同的半固化片有不同的胶含量与厚度。其压合后的厚度与压机的平整性、压板的程序有关，对所使用的任何一种板材，要取得其可生产的介质层厚度，工程设计、压板控制、来料公差是介质厚度控制的关键。

（2）线宽。增加线宽可减小特性阻抗，减小线宽可增大特性阻抗。线宽的控制要求在±0.1mil 的公差内，才能较好达到特性阻抗控制要求，信号线的缺口影响整个测试波形，其单点阻抗偏高，使其整个波形不平整，阻抗线不允许补线，其缺口不能超过 10%。线宽主要通过蚀刻工艺来控制。为保证线宽，应根据蚀刻侧蚀量、光绘误差、图形转移误差，对工程底片进行工艺补偿。

（3）铜厚。减小铜厚可增大特性阻抗，增大铜厚可减小特性阻抗；铜厚可通过图形电镀或选用相应厚度的基材铜箔来控制。对铜厚的控制要求均匀，对有细线、孤立线的板需要增加分流块来平衡电流，防止线上的铜厚不均，影响阻抗。对 cs 与 ss 面铜分布极不均的情况，要对板进行交叉上板，来达到二面铜厚均匀的目的。

（4）介电常数。增加介电常数可减小特性阻抗，减小介电常数可增大特性阻抗。介电常数主要通过材料来控制。不同板材其介电常数不一样，其与所用的树脂材料有关：FR4 板材的介电常数为 3.9～4.5，其会随使用频率的增加而减小；聚四氟乙烯板材的介电常数为 2.2～3.9，如果需要获得高的信号传输，就要高的特性阻抗值，从而需要低的介电常数。

（5）阻焊厚度。印上阻焊会使外层特性阻抗减小。正常情况下印刷一遍阻焊可使单端阻抗下降 2Ω，可使差分阻抗下降 8Ω，印刷两遍的下降值为印刷一遍时的两倍，当印刷 3 遍以上时，特性阻抗值不再变化。

1.15 怎样在 PCB 版图上做特性阻抗控制?

特性阻抗在 PCB 上主要是通过叠层、线宽、线距来控制的。在 PCB 版图布局完成以后，我们要对 PCB 进行层叠设计，将 PCB 按照一定的厚度叠好以后，根据层叠结构，通过 SI9000 软件进行阻抗线宽的计算，然后根据计算好的线宽进行布线，即可达到控制特性阻抗的效果。1.6mm 厚度的 PCB 的层压结构如图 1-21 所示。

TOP			0.5oz +Plating
	PP（2116）	4.23	
GND02			1oz
	Core	20.08	
ART03			1oz
	PP（1080*2）	4.59	
PWR04			1oz
	Core	20.08	
GND05			1oz
	PP（2116）	4.23	
BOTTOM			0.5oz +Plating

图 1-21　1.6mm 厚度的 PCB 的层压结构

第一步：根据图 1-22 所示的层叠结构，计算出单端阻抗 50Ω 表层所走线的线宽。

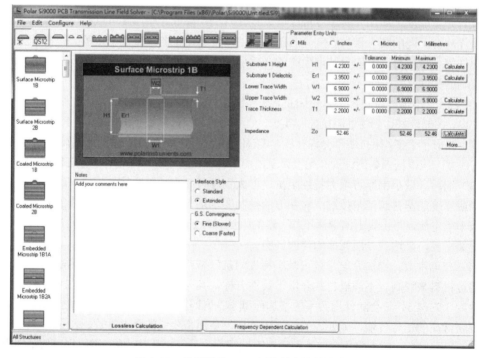

图 1-22　单端阻抗 50Ω 表层所走线的线宽

第二步：根据图 1-23 所示的层叠结构，计算出差分阻抗 100Ω 表层所走线的线宽与线距。

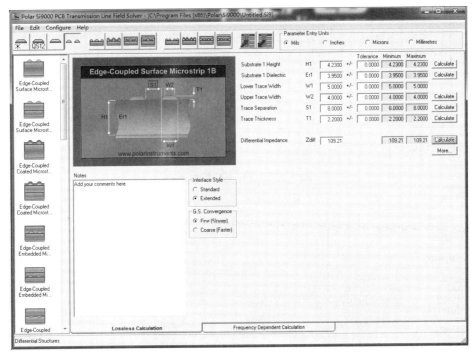

图 1-23　差分阻抗 100Ω 表层所走线的线宽与线距

1.16　常见的基板板材有哪些，怎么分类?

基板板材的种类繁多，按是否可以挠曲可分为刚性板材和挠性板材；按 T_g 值可以分为高 Tg 板材与常规 Tg 板材；按材料特性可以分为 FR4、CEM、非 PTFE 高频材料、PTFE 高频材料等。

FR4 材料系列如表 1-1 所示。

表 1-1　FR4 材料系列

厂家	类别	型号	厂家	类别	型号	厂家	类别	型号
生益	普通 Tg	S1141	ISOLA	高 Tg170	FR406	台耀	高 Tg180	TU-752
	中 Tg150	S1000		高 Tg180	FR408		中 Tg155	TU-742
	高 Tg170	S1141 170		高 Tg175	PCL-370HR	腾辉	高 Tg180	VT-47
	高 Tg170	S1170		高 Tg175	IS410		普通 Tg	MCL-BE-67G（H）
	高 Tg170	S1000-2	GETEK			日立	高 Tg170	MCL-E-679（W）
	普通 Tg 无卤素	S1155		高 Tg180	ML200		高 Tg170	MCL-E-679F（J）

厂家	类别	型号	厂家	类别	型号	厂家	类别	型号
生益	高Tg170无卤素	S1165	GETEK	高Tg180	RG200	日立	普通Tg	FR-4-86
生益	RCC（Tg150）	S6018	NELCO	高Tg175	N4000-6	日立	高Tg170	NP-170
联茂科技	中Tg150	IT158	NELCO	高Tg175	N4000-11	日立	高Tg180	NP-180
联茂科技	高Tg180	IT180	NELCO	高Tg190	N4000-12	宏仁	高Tg170	GA-170
联茂科技	普通Tg无卤素	IT140G	NELCO	高Tg210	N4000-13	台光	高Tg150	EM-825

PTFE 高频板材系列如表 1-2 所示。

表 1-2　PTFE 高频板材系列

厂家	类别	型号	厂家	类别	型号	厂家	类别	型号
ROGERS	RT5000 系列	RT5880，RT5870	TACONIC	TLX 系列	TLX-0，TLX-6	ARLON	Diclad 系列	Diclad522
ROGERS	RT6000 系列	RT6002，RT6006	TACONIC	TLX 系列	TLX-7，TLX-8	ARLON	Diclad 系列	Diclad527
ROGERS	RT6000 系列	RT6010	TACONIC	TLX 系列	TLX-9	ARLON	Diclad 系列	Diclad870
ROGERS	RO3000 系列	RO3003，RO3006	TACONIC	TLY 系列	TLY-3	ARLON	Diclad 系列	Diclad880
ROGERS	RO3000 系列	RO3203，RO3210	TACONIC	TLY 系列	TLY-5，TLY-5AT	ARLON	Cuclad 系列	Cuclad250GT
ROGERS	RO3000 系列	RO3010	TACONIC	TLC 系列	TLC-27	ARLON	Cuclad 系列	Cuclad250GX
NELCO	NX9000 系列	NX9240N，NX9245	TACONIC	TLC 系列	TLC-30，TLC-32	ARLON	Cuclad 系列	Cuclad233LX
NELCO	NX9000 系列	NX9250，NX9255	TACONIC	RF 系列	RF-30，RF-60	ARLON	Cuclad 系列	Cuclad217LX
NELCO	NX9000 系列	NX9260，NX9294	TACONIC	RF 系列	RF-35	ARLON	Isoclad 系列	Isoclad933
NELCO	NX9000 系列	NX9300，NX92320	TACONIC	RF 系列	RF-35P，RF-35A	ARLON	Isoclad 系列	Isoclad917
NELCO	NY9000 系列	NY9208，NY9217	TACONIC	TLT 系列	TLT-0，TLT-6	ARLON	Altium Designnr 系列	AD250，AD270
NELCO	NY9000 系列	NY9220，NY9233	TACONIC	TLT 系列	TLT-7，TLT-8	ARLON	Altium Designnr 系列	AD350，AD350A
NELCO	NY9000 系列	NH9294，NH9300	TACONIC	TL 系列	TLT-9	ARLON	Altium Designnr 系列	AD300，AD320
NELCO	NH9000 系列	NH99320，NH9338	TACONIC	TL 系列	TL-32，TL-35	ARLON	Altium Designnr 系列	AD450，AD600
NELCO	NH9000 系列	NH9348	TACONIC	其他系列	CER10	ARLON	Altium Designnr 系列	AD1000，AD10
泰兴微波	F4B 系列					ARLON	其他系列	AR1000，CLTE

1.17　什么是 PCB 厚度，通常推荐的 PCB 厚度有哪些？

PCB 厚度一般指的是其标称厚度，即绝缘层加铜箔的厚度。PCB 厚度的选取应该依据结构、电路板尺寸及所安装的元器件的量选取。

① 通常推荐的 PCB 厚度为 0.5mm、0.7mm、0.8mm、1mm、1.6mm、2.0mm、2.2mm 等；

② 常规下双面金手指板厚为 1.5mm，多层金手指板厚为 1.0mm 和 1.6mm；

③ 只装配集成电路、小功率晶体管、阻容等小功率元器件，在没有较强负荷振动条件下，使用厚度为 1.6mm 的 PCB 尺寸在 500mm×500mm 之内；

④ PCB 面积较大或无法支撑时，应该选择 2～3mm 厚度的 PCB；

⑤ 1mm 厚的 PCB 的最大拼板尺寸为 200mm×150mm。

1.18 常规板厚公差的要求是什么?

一般情况下板厚公差的要求如下:
● 板厚≤1.0mm，板厚公差为±0.1mm;
● 板厚>1.0mm，板厚公差为±10%。

1.19 什么是多层板，多层板的特点是什么?

多层板是指用于电气产品中的多层线路板。用一块双面作内层、二块单面作外层，或者二块双面作内层、二块单面作外层的印制线路板，通过定位系统及绝缘黏结材料交替在一起且导电图形按设计要求进行互连的印制线路板就成为四层、六层印制电路板了，也称为多层印制线路板。

随着 SMT（表面安装技术）的不断发展，以及新一代 SMD（表面安装器件）的不断推出，如 QFP、QFN、CSP、BGA（特别是 MBGA），使电子产品更加智能化、小型化，从而推动了 PCB 工业技术的重大改革和进步。自 1991 年 IBM 公司首先成功开发出高密度多层板（SLC）以来，市面上很多板厂也相继开发出各种各样的高密度互连（HDI）微孔板。这些加工技术的迅猛发展，促使 PCB 设计已逐渐向多层、高密度布线的方向发展。多层印制板以其设计灵活、稳定可靠的电气性能和优越的经济性能，广泛应用于电子产品的生产制造中。

多层板与单面板、双面板的最大不同就是增加了内部电源层（保持内电层）和接地层（保持完整的地平面），电源和地线网络主要在电源层上布线。但是多层板布线主要还是以顶层和底层为主，以中间布线层为辅。多层板的设计方法与双面板的设计方法基本相同，其关键在于如何优化内电层的布线，使电路板的布线更合理，电磁兼容性更好。

1.20 多层板是如何进行层压的?

层压就是把各层线路薄板黏合成一个整体的工艺。其整个过程，包括吻压、全压、冷压。在吻压阶段，树脂浸润黏合面并填充线路中的空隙，然后进入全压将空隙黏合。所谓冷压，就是使线路板快速冷却，并使尺寸保持稳定。

层压工艺需要注意的事项:

首先在设计上必须要有符合层压要求的内层芯板，主要是厚度、外形尺寸、定位孔等，需要按照具体的要求进行设计，总体上内层芯板要求无开路、短路、断路，无氧化，无残留膜。

其次，多层板层压时，需对内层芯板进行处理，处理工艺有黑色氧化处理和棕化处理。黑色氧化处理是在内层铜箔上形成一层黑色氧化膜；棕化处理是在内层铜箔上形成一层有机膜。

最后，在进行层压时，需要注意温度、压力、时间三大问题。温度方面，主要是注意树脂的熔融温度和固化温度、热盘设定温度、材料实际温度及升温的速度变化等；压力方面，以树脂填充层间空洞，排尽层间气体和挥发物为基本原则；时间方面，主要是加压时机的控制、升温时机的控制及凝胶时间等。

1.21　对多层板进行阻抗、层叠设计时考虑的基本原则有哪些?

在进行阻抗、层叠设计的时候，主要依据为 PCB 厚度、层数、特性阻抗值、电流的大小、信号完整性、电源完整性等，一般参考的原则如下:

- 层叠具有对称性;
- 特性阻抗具有连续性;
- 元器件面下面参考层尽量是完整的地或电源平面（一般是第二层或倒数第二层）;
- 电源平面与地平面紧耦合;
- 信号层尽量靠近参考平面层;
- 两个相邻的信号层之间尽量拉大间距，走线为正交;
- 信号上、下两个参考层为地和电源，尽量拉近信号层与地层的距离;
- 差分信号线的间距≤2 倍的线宽;
- 板层之间的半固化片≤3 张;
- 次外层至少有一张 7628 PP 片或 2116 PP 片或 3313 PP 片;
- 半固化片的使用顺序为 7628 PP 片→2116 PP 片→3313 PP 片→1080 PP 片→106 PP 片。

1.22　什么是 PCB 表面处理工艺?

表面处理最基本的目的是保证良好的可焊性及电气性能。由于自然界的铜在空气中倾向于以氧化物的形式存在，不可能长期保持为原铜，因此需要对表面的铜做其他处理，这个处理过程就是 PCB 表面处理工艺。

表面的铜以氧化物的形式存在，在后续的组装过程中，可以采用强助焊剂去除大多数的铜氧化物，但是强助焊剂本身不容易去除，所以 PCB 行业内一般不采用这种方法。

1.23　常见的 PCB 表面处理工艺有哪些?

一般来说，常见的 PCB 表面处理工艺有:

喷锡（Hasl）、有机涂覆（OSP）、化学镀镍/浸金（化学沉金）、浸银（沉银）、浸锡（沉锡）、电镀镍金、化学镀钯。

1.24　什么叫热风整平?

热风整平又名热风焊料整平，是在 PCB 表面涂覆熔融锡铅焊料并用加热压缩空气整（吹）平的工艺，使其形成一层既抗铜氧化，可提供良好可焊性的涂覆层。热风整平时，焊料和铜在结合处形成铜锡金属间化合物。保护铜面的焊料厚度大约为 1～2mil。PCB 进行热风整平时要浸在熔融的焊料中;风刀在焊料凝固之前吹平液态焊料;风刀能够将铜面上弯月状的焊料最小化及阻止焊料桥接。热风整平分为垂直式和水平式两种，一般认为水平式较好，主要是水平式热风整平镀层比较均匀，可实现自动化生产。热风整平工艺的一般流程为：微蚀→预热→涂覆助焊剂→喷锡→清洗。

1.25 什么叫有机涂覆（OSP）？

OSP 是印制电路板铜箔表面处理的符合 RoHS 指令要求的一种工艺。OSP（Organic Solderability Preservatives，有机保焊膜）又称为护铜剂，英文也称为 Preflux。简单地说，OSP 就是在洁净的裸铜表面，以化学的方法长出一层有机皮膜。这层膜具有防氧化，耐热冲击，耐湿性的特点，用于保护铜表面于常态环境中不再继续生锈（氧化或硫化等）；但在后续的焊接高温中，此种保护膜又必须很容易地被助焊剂清除，如此方可使露出的干净铜表面得以在极短的时间内与熔融焊锡立即结合成为牢固的焊点。试验表明：最新的有机涂覆工艺能够在多次无铅焊接过程中保持良好性能。有机涂覆工艺的一般流程为脱脂→微蚀→酸洗→纯水清洗→有机涂覆→清洗，过程控制相对其他表面处理工艺较为容易。

1.26 什么是化学镀镍/浸金（化学沉金）工艺？

化学镀镍/浸金工艺不像有机涂覆那样简单，这种工艺好像给 PCB 穿上厚厚的盔甲；另外，化学镀镍/浸金工艺也不像有机涂覆作为防锈阻隔层，它能够在 PCB 长期使用过程中实现良好的电性能。

化学镀镍/浸金工艺是在铜面上包裹一层厚厚的、电性能良好的镍金合金，这可以长期保护 PCB，同时它具有其他表面处理工艺所不具备的对环境的适应性。镀镍的原因是由于金和铜间会相互扩散，而镍层能够阻止金和铜间的扩散，如果没有镍层，金将会在数小时内扩散到铜中去。

化学镀镍/浸金的另一个优点是镍的强度，仅仅 5μm 厚的镍就可以限制高温下 Z 方向的膨胀。

此外化学镀镍/浸金也可以阻止铜的熔解，这将有益于无铅组装。化学镀镍/浸金工艺的一般流程为酸性清洁→微蚀→预浸→活化→化学镀镍→化学浸金，主要有 6 个化学槽，涉及近 100 种化学品，流程控制比较困难。

1.27 什么是浸银（沉银）工艺？

浸银工艺介于有机涂覆工艺和化学镀镍/浸金工艺之间，过程比较简单、快速；不像化学镀镍/浸金工艺那样复杂，也不是给 PCB 穿上一层厚厚的盔甲，但是它仍然能够提供好的电性能。即使暴露在热、湿和污染的环境中，银仍然能够保持良好的可焊性，但会失去光泽。浸银不具备化学镀镍/浸金所具有的好的物理强度，因为银层下没有镍。浸银是置换反应，它几乎是亚微米级的纯银涂覆。有时浸银过程中还包含一些有机物，主要是防止银腐蚀和消除银迁移问题。

1.28 什么是浸锡（沉锡）工艺？

由于目前所有的焊料都是以锡为基础的，所以锡层能与所有类型的焊料相匹配。从这一点来看，浸锡工艺极具发展前景。但是以前的 PCB 经浸锡工艺后出现锡须，在焊接过程中锡须和锡迁徙会产生可靠性问题，因此浸锡工艺的采用受到限制。后来在浸锡溶液中加入了有机添加剂，可使得锡层结构呈颗粒状结构，克服了锡须和锡迁徙的问题，而且具有较好的热稳定性和可焊性。浸锡工艺可以形成平坦的铜锡金属间化合物，这个特性使得浸锡工艺具有与热风整平工艺一样好的可焊性，而没有热风整平工艺那样令人头疼的平坦性问题。浸锡也没有化学镀镍/浸金金属间的扩散问题——铜锡金属间化合物能够稳固地结合在一起。浸锡板不可存储太久，必须根据浸锡的先后顺序进行组装。

1.29　什么是金手指，金手指的设计要求有哪些?

金手指是主要用于计算机硬件中，如内存条与内存插槽之间、显卡与显卡插槽之间的对插，所有的信号都是通过金手指进行传送的。金手指由众多金黄色的导电触片组成，因其表面镀金且导电触片排列如手指状，故称为"金手指"。因为金的抗氧化性极强，且传导性也很强，所以通常金手指实际上是在覆铜板上通过特殊工艺再覆一层金，金手指示意图如图 1-24 所示，箭头所指的部分就是金手指。

图 1-24　金手指示意图

金手指的设计要求一般有如下几点：

- 金手指上金的厚度通常为 0.25～1.3μm，金的厚度根据金手指的插拔次数而定；
- 金手指间的最小距离 6mil；
- 金手指板卡的设计厚度是 0.8～2.0mm；
- 金手指最大高度≤2in；
- 金手指倒角的角度可以是 20°、30°、45°、60°、90°；
- 沉锡、沉银焊盘的距离离金手指顶端最小间距 14mil；

金手指的倒角要求如图 1-25 所示，除了插入边要倒角，插板两侧也应该设计（1～1.5）45°的倒角或 R1～R1.5 的圆角，方便插拔。

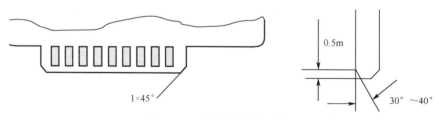

图 1-25　金手指的倒角要求

1.30　什么叫阻焊,设置阻焊层的目的是什么,常规的阻焊颜色有哪些?

阻焊就是 PCB 里所讲到的 Solder,是指 PCB 上要上绿油的部分。因为阻焊层使用的是负片输出,所以在阻焊层的形状映射到 PCB 上以后,并不是上了绿油阻焊,反而是露出了铜皮,因此我们通常的理解就是,有阻焊的地方就是不盖绿油的地方。

设置阻焊层的目的是防止氧化、防止焊接时桥连现象的发生,并起到绝缘作用。

常规的阻焊颜色有绿、黄、黑、蓝、红、白、绿色亚光等。

1.31　焊盘设计阻焊的一般原则有哪些,Altium Designer 软件中焊盘的阻焊设置在哪里?

焊盘设计阻焊的原则如下:

(1)阻焊开窗应该比焊盘大 6mil 以上;

(2)在进行 PCB 设计的时候,贴片焊盘之间、贴片焊盘与插件之间、过孔之间要保留阻焊桥,最小的宽度为 4mil;

(3)PCB 走线、铺铜、器件等到阻焊开窗的距离需 6mil 以上;

(4)散热焊盘应该做开全窗处理,并在焊盘上打上过孔;

(5)金手指焊盘的开窗应该做开全窗处理,上端与金手指上端平齐,下端要超出金手指下面的板边,金手指顶部的开窗与其他走线、铺铜、器件的间距要大于 20mil;

在 Altium Designer 软件中设计焊盘时,可以直接在封装库中执行菜单命令"放置"→"焊盘",然后双击焊盘可对焊盘的一些属性进行更改。阻焊设计同样在属性中进行更改,图 1-26 所示的数值是指从焊盘外扩 4mil 阻焊。

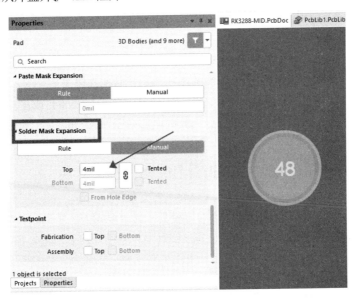

图 1-26　焊盘的阻焊设计示意图

1.32 过孔的阻焊应该怎么处理?

常规过孔一般设置为塞孔, 不开窗, 不做阻焊设计。需要开窗的过孔是打在散热焊盘上或打在裸露铜箔区域的过孔。当过孔进行如图 1-27 (a) 所示选项勾选时, 过孔是盖油的; 当过孔进行如图 1-27 (b) 所示选项去除勾选时, 过孔是开窗状态。

（a）无阻焊过孔　　　　　　　　　　　　　　　　（b）有阻焊过孔

图 1-27　过孔阻焊对比示意图

1.33 BGA 过孔的阻焊设计有什么原则?

（1）需要塞孔的过孔在正、反面都不做阻焊开窗;
（2）需要过波峰焊的 PCB, BGA 下面的过孔都需要做塞孔或盖油处理;
（3）Pitch 间距≤1.0mm 的 BGA 器件, 其下方的过孔都需要做塞孔或盖油处理;
（4）BGA 器件如需要增加 ICT 测试点, 测试焊盘直径为 32mil, 阻焊开窗直径为 37mil。

1.34 什么叫钢网, 设计钢网的目的是什么?

钢网也就是 SMT 模板, 是一种 SMT 专用模具。其主要功能是帮助锡膏的沉积, 目的是将准确数量的锡膏转移到空 PCB 上的准确位置。钢网最初是由丝网制成的, 那时叫网板, 开始是尼龙 (聚脂) 网, 后来由于耐用性的关系, 出现了铁丝网、铜丝网、不锈钢丝网, 无论是什么材质的丝网, 均有成型不好、精度不高的缺点。随着 SMT 的发展, 对网板的要求增高, 钢网就随之产生。受材料成本及制作难易程度的影响, 最初的钢网是由铁/铜板制成的, 也是因为易锈蚀, 不锈钢钢网就取代了它们, 也就是现在的钢网。

1.35 焊盘设计钢网的一般原则是什么，Altium Designer 软件中焊盘的钢网在哪里设置？

（1）钢网大小应该与焊盘是一样的；

（2）贴片焊盘才会有钢网，插件是不需要做钢网的；

（3）为保证足够的锡浆/胶水量及保证焊接质量，常用的推荐钢片厚度：印胶网为 0.18～0.2mm，印锡网为 0.1～0.15mm；

（4）为保证钢网有足够的张力和良好的平整度，通常建议钢片边缘距网框内侧保留 20～30mm；

在 Altium Designer 软件中设置焊盘的钢网时，如果是异形焊盘，可以在 PCB 封装顶层将做好的焊盘铜皮利用特殊粘贴的方法粘贴至 TOP Paste 层，如是常规的焊盘，其自带钢网，不需要进行单独设置。焊盘的钢网设计示意图如图 1-28 所示。

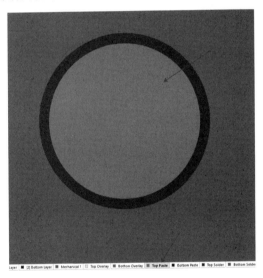

图 1-28　焊盘的钢网设计示意图

1.36 PCB 制板时的丝印设计有哪些？

PCB 制板时的丝印设计包括：PCB 制板时丝印包括丝印外框线与位号字符、PCB 的名称与版本编号、条形码丝印、安装孔、定位孔的丝印、波峰焊接的过板方向、扣板散热器、防静电标识。

1.37 PCB 设计中位号字符的宽度与高度推荐值是多少？

在常规设计中，为了方便后期查看 PCB 位号，一般采用字符高度（Text Height）/字符宽度（Stroke Width）的推荐值为：

① 常规的 PCB，为 30/5mil；

② PCB 密度较小，为 35/6mil；

③ PCB 密度较大或局部过密，为 20/4mil。

在 Altium Designer 软件设计中，双击放置的字符串，在弹出的属性框中可以对字符高度和笔画宽度进行修改，如图 1-29 所示。

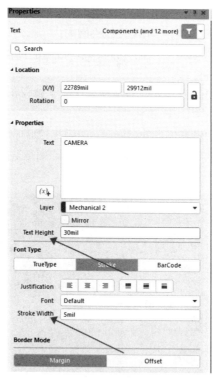

图 1-29　PCB 设计中位号字符的字符高度与笔画宽度

1.38　推荐 PCB 中位号字符与焊盘的间距为多少，方向怎么设定?

一般情况下，位号字符在与阻焊不干涉的情况下，推荐位号字符与 SMD 焊盘、插装焊接孔、测试点、Mark 点至少保持 6mil 的间距，位号字符之间部分重合是可以的，若位号字符由于重叠导致的无法辨认，必须对其位置进行调整。

位号字符的方向设定：一般推荐在正视的情况下，位号字符的排列是从左到右、从上到下的。图 1-30 所示为 Top 面与 Bottom 面的位号字符排列。

图 1-30　Top 面与 Bottom 面的位号字符排列示意图

1.39 什么叫翘曲度，一般 PCB 翘曲度的标准是多少?

翘曲度用于表述平面在空间中的弯曲程度，在数值上被定义为翘曲平面在高度方向上距离最远的两点间的距离。绝对平面的翘曲度为 0。

一般 PCB 翘曲度的标准如下:

① 贴片器件: IPC 标准≤0.75%，板厚<1.6mm，最大翘曲度为 0.7%; 板厚≥1.6mm，最大翘曲度为 0.5%。

② 插件: IPC 标准≤1.5%，最大翘曲度为 0.7%。

③ 背板: 最大翘曲度为 1%，同时最大变形量≤4mm。

1.40 拼板设计分为哪几种，拼板设计的好处有哪些?

常见的拼板设计方式有以下几种:

（1）无间距拼板，在板边加工艺边。具体方法为直接复制板框并沿着板框边缘紧密粘贴成需要的行列数，最后在长边加上工艺边。一般用于对外形、毛刺没有特殊要求的情况。连接处使用 V-CUT 机切割后直接掰开，这样的 PCB 四周可能会有轻微毛刺，但是一般不影响安装使用，此外特别易于打磨。工艺边有利于拼板的连接，能强化整个拼板的强度，使拼板在 V-CUT 以后不至于容易断开，在贴片的时候也更有韧性。加工艺边也易于 PCB 在后续生产过程中的固定，使 PCB 容易加工。

（2）有间距拼板，在板边加工艺边。具体方法为直接复制板框并距板框边缘相隔 1.5~2mm 的距离粘贴成需要的行列数，最后在长边加上工艺边。通常用于对外形要求特别高，板边不能有毛刺的情况。消除毛刺需要对板边进行铣操作，板与板之间需要有空间，一般预留 1.5~2mm。另外一种情况是 PCB 的尺寸太小，完全过不了 V-CUT 机，这种情况需要进行有间距拼板。

（3）放置邮票孔。所谓邮票孔就是采用很小的孔将板与板连接起来，由于形状看起来像邮票上面的锯齿形，所以称为邮票孔。放置邮票孔来拼板时，板与板之间的四周产生毛刺的情况比较严重，通常拼板时放置的邮票孔数量较少。

拼板设计的好处有如下几点:

● 满足生产需求。有些 PCB 太小，不满足做夹具的要求，故需要拼在一起进行生产。

● 提高成本利用率。针对异形 PCB，拼板可以更高效地利用 PCB 的面积，从而减少浪费。

1.41 什么叫 V-CUT?

V-CUT 指的是将几类外形规则的 PCB 或相同类型的 PCB 拼在一起加工，加工完成后在 PCB 连接处用 V-CUT 机割开一条 V 形槽，可以在使用时掰开。

V-CUT 机上有 V-CUT 刀，是 V-CUT 机上用于对 PCB 切削加工出 V 形槽的刀具，又名 V-CUT 微刻刀、微刻刀，有时也称为 V 坑刀或 V 槽刀，在不同地域，使用者的叫法也不尽相同。

1.42 什么叫PCB邮票孔?

拼板时在板框线上放置的过孔，由于生产出来后看起来像邮票上的锯齿形，所以通常称为邮票孔。邮票孔能使 PCB 之间连接，使 PCB 在过焊接元器件机器时能一次性过多块 PCB，并且过完焊接元器件机器之后能使板与板之间易分开，所以在拼板时使用邮票孔是比较常见的。采用邮票孔时，应均匀分布在每块 PCB 的四周，以避免焊接时由于 PCB 受力不均匀而导致变形。邮票孔的位置应靠近 PCB 内侧，防止拼板分离后邮票孔处残留的毛刺影响客户的整机装配。

1.43 桥连的分类有哪些?

桥连分为两类，一类带有邮票孔，另一类没有邮票孔。

1.44 什么是PCB的工艺边?

PCB 的工艺边也叫传送边，用于贴片的时候传送 PCB。一般情况下，作为 PCB 的传送边，必须保留至少 3mm 的宽度，工艺边正、反面在离边 3mm 的范围内不能有任何贴片器件或贴片焊点存在。

无论 PCB 是否拼板，都应该选择 PCB 的长边侧来添加工艺边；当 PCB 长边与短边的长度差不多，而短边与长边之比大于 80%时，可以在短边侧添加工艺边。当 PCB 中线路与过孔比较密而无法放置 mark 点的时候，则需要手动添加工艺边，宽度为 3mm 或 5mm，以便后期贴片，如图 1-31 所示。

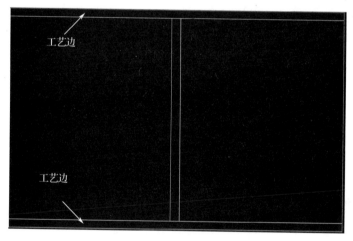

图 1-31 二合一拼板与工艺边示意图

1.45 PCB为什么要倒角，应该怎么倒角?

当 PCB 为矩形时，需要对 PCB 的四个角进行倒角处理，其好处如下：
● 防止 PCB 在传送过程中被磨损；

- 防止 PCB 的直角划伤手；
- 防止 PCB 在传送轨道上卡板。

一般在倒角的时候，把 PCB 板卡的四个角倒角成四个圆角或 45°斜角，倒斜角与圆角如图 1-32 和图 1-33 所示。

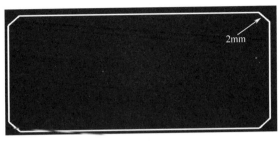 

图 1-32　倒斜角示意图　　　　　　　图 1-33　倒圆角示意图

1.46　什么叫光学定位点，其作用是什么？

光学定位点也就是通常所说的 Mark 点，主要用于锡膏印刷和元器件贴片的光学定位，可以为装配工艺中的所有步骤提供共同的可测量点，从而能够使装配使用的每个设备精确地定位电路图案。

单板上或工艺边上应该至少有三个 Mark 点，呈 L 形分布，且对角的 Mark 点关于中心是不对称的。如果 TOP 面与 Bottom 面都有贴片元器件，则每一面都需要放置 Mark 点；如果哪一面没有贴片元器件，则不需要放置 Mark 点。

关于 Mark 点的尺寸要求：形状是直径为 1mm 的实心圆，材料为铜，表面喷锡，需要注意平整度，边缘要光滑、齐整，颜色要与周围的背景色有明显区别，阻焊开窗与 Mark 点同心。为了减小电镀或蚀刻不均匀对 Mark 点造成的影响，推荐在 Mark 点外围增加保护环，如图 1-34 所示。

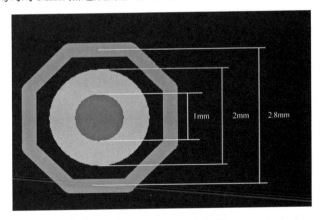

图 1-34　Mark 点示意图

1.47　在 PCB 上应该怎么处理 Mark 点？

在 PCB 上放置 Mark 点应该注意以下几点：

- 没有拼板的单板，应该在单板内部加 Mark 点，至少要有三个 Mark 点，且呈 L 形分布；
- 对于拼板的 PCB 来说，每个单板上可以不添加 Mark 点，把 Mark 点加在工艺边上即可；
- TOP 面和 Bottom 面都有贴片元器件的情况下，两面都需要添加 Mark 点；
- 单板上所添加的 Mark 点的中心点与板边的距离尽量保证至少 3mm；
- 为了保证印刷和贴片的识别效果，Mark 点范围内尽量没有焊盘、过孔、测试点、走线及丝印标识等，也不能被 V-CUT 槽所切造成机器无法辨识；
- 引线中心距≤0.5mm 的 QFP 及中心间距≤0.8mm 的 BGA 器件，应在通过该元器件中心点附近的对角上添加 Mark 点，以便对其进行精确定位。

1.48　什么叫 SMT?

SMT 是 Surface Mount Technology 的缩写，即表面贴装技术，是目前电子组装行业流行的一种技术和工艺，也是一种无需钻插装孔而直接将表面贴装元器件贴、焊到 PCB 规定位置上的电路装联技术。

表面贴装技术就是用一定的工具，将表面贴装元器件管脚对准预先涂覆了黏结剂和锡膏的焊盘图形，把表面贴装元器件贴装到 PCB 表面，然后经过波峰焊或回流焊，使得表面贴装元器件和电路之间建立可靠的机械与电气连接。

1.49　什么叫 SMD?

SMD 是 Surface Mounted Devices 的缩写，是指表面贴装元器件，也是 SMT 元器件中的一种。在电子线路板生产的初级阶段，过孔装配完全由人工完成。首批自动化机器推出后，它们可放置一些简单的管脚元件，但是复杂的元件仍需要手工放置方可进行波峰焊。

1.50　什么叫回流焊?

回流焊是指将空气或氮气加热到足够高的温度后吹向已经贴好元件的线路板，让元件两侧的焊料熔化后与主板黏结，从而实现表面贴装元器件与 PCB 焊盘的连接。这种工艺的优势是温度易于控制，在焊接过程中还能避免氧化，制造成本也更容易控制。

1.51　什么叫波峰焊，与回流焊的区别是什么?

波峰焊就是将熔化的焊料，经过专用的设备喷流成设计要求的焊料波峰，使预先装有电子元器件的 PCB 通过焊料波峰实现元器件与 PCB 焊盘的连接。

回流焊与波峰焊的区别如下：

① 回流焊工艺是通过重新熔化预先分配到 PCB 焊盘上的膏状软钎焊料，实现表面组装元器件焊端或管脚与印制板焊盘之间机械与电气连接的软钎焊；波峰焊是让插件板的焊接面直接与高温液态锡接触，从而达到焊接目的，其高温液态锡保持一个斜面，并由特殊装置使液态锡

形成一道道类似波浪的现象，故称为"波峰焊"，其主要材料是焊锡条。

② 波峰焊主要用于焊接插件；回流焊主要用于焊贴片式元件。

③ 波峰焊是通过锡槽将锡条熔成液态，利用电动机搅动形成波峰，让 PCB 与部品焊接起来，一般用于手插件的焊接和 SMT 的胶水板。回流焊主要用在 SMT 行业，其通过热风或其他热辐射传导，将印刷在 PCB 上的锡膏熔化与部品焊接起来。

④ 工艺不同。波峰焊要先喷助焊剂，再预热、焊接、冷却。回流焊则是预热、回流、冷却。另外，波峰焊适用于手插板和点胶板，而且要求所有元件要耐热，过波峰表面不可以有曾经回流焊的元件，而 SMT 锡膏的 PCB 则只可以过回流焊，不可以用波峰焊。

1.52　为了方便后期维修，PCB 上各类封装元器件的注意事项有哪些？

（1）BGA 器件与外围其他器件至少保持间距 3mm，有空间的情况下做到 5mm；

（2）QFN、QFP、PLCC、SOP 类型器件之间至少保持间距 2.5mm；

（3）QFP、SOP 类型器件与 Chip、SOT 类型器件之间至少保持间距 1mm；

（4）QFN、PLCC 类型器件与 Chip、SOT 类型器件之间至少保持间距 2mm；

（5）PLCC 类型器件表面贴脚座与其他元器件之间至少保持间距 3mm；

（6）插件器件正面（不需要焊接的面）与其他元器件至少保持间距 1.5mm；

（7）插件器件背面（焊接面）与其他元器件至少保持间距 3mm，最好插件器件里不要放置贴片的元器件，因为返修非常困难；

（8）小的、矮的器件不要放在大的、高的器件中间。

1.53　PCB 的组装工艺分为哪几种？

首先需要根据 SMD（贴装）与 THC（插装）在 PCB 上的布局来确认 PCB 的组装形式，不同的组装形式对应不同的工艺流程。根据不同的布局方式，PCB 的组装工艺分为如下几种，见表 1-3。

表 1-3　PCB 的组装工艺分类

组装方式	示意图	焊接方式	特征
单面表面组装		单面回流焊	工艺简单，适用于小型、薄型简单电路
双面表面组装		双面回流焊	高密度组装、薄型化
SMD 和 THC 都在 A 面		先 A 面回流焊，后 B 面波峰焊	一般采用先贴后插，工艺简单
THC 在 A 面 SMD 在 B 面		B 面波峰焊	PCB 成本低，工艺简单，贴后插。如果采用先插后贴，则工艺复杂

组装方式	示意图	焊接方式	特征
THC 在 A 面 A、B 两面都有 SMD		先 A 面回流焊，后 B 面波峰焊	适合高密度组装
A、B 两面都有 SMD 和 THC		先 A 面回流焊，后 B 面波峰焊，B 面插件后手工焊	工艺复杂，很少采用

1.54 什么是铜箔，铜箔的分类有哪些？

铜箔其实是一种阴质性电解材料，是沉淀于电路板基底层上的一层薄的、连续的金属箔。铜箔作为一种 PCB 导电体，容易黏合于绝缘层，在接受印刷保护层之后腐蚀形成电路图样。铜箔具有低表面氧气特性，可以附着于各种不同基材，如金属、绝缘材料等，拥有较宽的温度使用范围，主要应用于电磁屏蔽及抗静电，将导电铜箔置于衬底面，结合金属基材，具有优良的导通性，并达到电磁屏蔽的效果。

按照不同的方式，可以将铜箔分为如下几类：

（1）按厚度可以分为厚铜箔（大于 70μm）、常规厚度铜箔（大于 18μm 而小于 70μm）、薄铜箔（大于 12μm 而小于 18μm）、超薄铜箔（小于 12μm）。

（2）按表面状况可以分为单面处理铜箔（单面毛）、双面处理铜箔（双面粗）、光面处理铜箔（双面毛）、双面光铜箔（双光）和甚低轮廓铜箔（VLP 铜箔）等。

（3）按生产方式可分为电解铜箔、压延铜箔和皮铜。

（4）按应用范围划分，可以分为：

① 覆铜箔层压板（CCL）及印制电路板用铜箔：CCL 及 PCB 是铜箔应用最广泛的领域。PCB 目前已经成为绝大多数电子产品达到电路互连不可缺少的组成部件。铜箔已经成为在电子整机产品中起到支撑、互连元器件作用的关键材料。大部分应用于 CCL 和 PCB 行业的是电解铜箔。

② 锂离子二次电池用铜箔：根据锂离子电池的工作原理和结构设计，石墨和石油焦等负极材料需涂敷于导电集流体上。由于铜箔具有导电性好、质地较软、制造技术较成熟、价格相对低廉等特点，所以成为锂离子电池负极集流体首选。

③ 电磁屏蔽用铜箔：主要应用于医院、通信、军事等需要电磁屏蔽的部分领域，由于压延铜箔受幅宽的限制，所以电磁屏蔽铜箔多为电解铜箔。

1.55 铜箔的厚度与线宽、线距的关系是怎样的？

在常规条件下，铜箔的厚度与线宽、线距的关系见表 1-4 和表 1-5。

表 1-4　铜箔厚度与常规走线线宽、线距

基铜厚度		8 层及以下最小线宽/线间距（mil）				8 层以上最小线宽/线间距（mil）			
(oz/Ft²)	公制（μm）	内层		外层		内层		外层	
		推荐值	最小值	推荐值	最小值	推荐值	最小值	推荐值	最小值
4	140	9/14.5	8/13.5	8/20	7/19	9/13	7/11	11/17	9/15

基铜厚度		8层及以下最小线宽/线间距（mil）				8层以上最小线宽/线间距（mil）			
		内层		外层		内层		外层	
(oz/Ft²)	公制（μm）	推荐值	最小值	推荐值	最小值	推荐值	最小值	推荐值	最小值
3	105	7/9.5	6/8.5	8/12	7/11	6.5/8.5	5/7	9.5/13.5	8/12
2	70	6/6	5/5.5	5/8.5	4/8.5	5/6	4/5	7/9	6/8
1	35	4.5/5	4/4.5	5/5.7	4/5.7	4/4.5	3/4	5/6	4.5/5
0.5	18	4.5/4.5	4/4	4.5/5	4/4.5	3.5/3.5	3/3	4.5/4.5	4/4

备注：设计文件最小线宽及线间距在条件允许的情况下尽量大于推荐值

表 1-5　铜箔厚度与蛇形线线宽、线距

基铜厚度		8层及以下最小线宽/线间距（mil）				8层以上最小线宽/线间距（mil）			
		内层		外层		内层		外层	
(oz/Ft²)	公制（μm）	推荐值	最小值	推荐值	最小值	推荐值	最小值	推荐值	最小值
2	70	8/8	7/7	8/10	7.5/9.5	7/7	6.5/6.5	8/10	7/9
1	35	6/6	5.5/5.5	6/7	5.5/6.5	5.5/5.5	5/5	5.5/6.5	5/6
0.5	18	5.5/5.5	5/5	5.5/6.5	5/6	5/5	4.5/4.5	5/5.5	4.5/5.2

备注：设计文件最小线宽及线间距在条件允许的情况下尽量大于推荐值；推荐等长线间距（边缘到边缘）为设计线宽的两倍

1.56　什么叫 3W 原则?

为了使信号走线不产生串扰，通常保持信号走线与信号走线之间的间距为 3 倍线宽，这个间距指的是走线的中心到中心的间距，因为线宽英文是 width，所以该规则通常称为 3W 原则。当走线的中心间距不小于 3 倍线宽时，可以保证 70%的线间电场互相不干扰，如果信号需要达到 98%的线间电场互相不干扰，则可以使用 10W 原则。

1.57　什么叫 20H 原则?

20H 原则是指电源层相对地层内缩 20H 的距离，H 表示电源层与地层的距离。板的边缘会向外辐射电磁干扰，将电源层内缩，使得电场只在接地层的范围内传导，能有效地提高 EMC，抑制边缘辐射效应。若内缩 20H，则可以将 70%的电场限制在接地边沿内；若内缩 100H，则可以将 98%的电场限制在边沿内。

我们要求地平面大于电源或信号层，这样有利于防止对外辐射干扰和屏蔽外界对自身的干扰，一般情况下，在进行 PCB 设计的时候电源层比地层多内缩 1mm 基本上可以满足 20H 原则。

1.58　在 PCB 设计中如何体现 3W 原则与 20H 原则?

第一，3W 原则在 PCB 设计中很容易体现，只需保证走线与走线的中心间距为 3 倍线宽即可，如走线的线宽为 4.5mil，那么为了满足 3W 原则，在 Altium Designer 设置线到线的规则为 9mil，即中心距为 13.5mil，如图 1-35 所示。

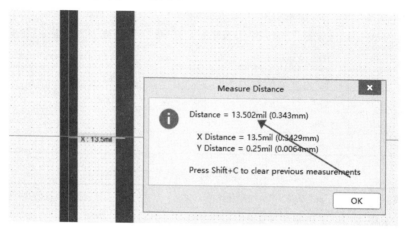

图 1-35　PCB 中 3W 原则设置

第二，在 PCB 设计的时候，为了体现 20H 原则，一般在平面层分割时将电源层比地层多内缩 1mm，如地层内缩 0.5mm，电源层则内缩 1.5mm。然后在多内缩的 1mm 内缩带打上屏蔽地过孔，150mil 一个，如图 1-36 所示。

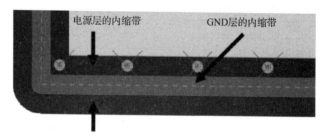

图 1-36　PCB 中 20H 原则设置

1.59　什么叫 π 型滤波？

通常所说的 π 型滤波指的是 LC 滤波电路，由于电路形状似 "π"，故称为 π 型滤波。如图 1-37 所示，L1、C1、C2 共同构成典型的 LC 滤波回路，其中，电感 L1 可以用电阻来进行替换。

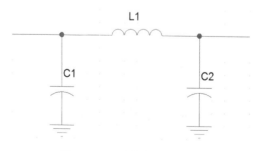

图 1-37　π 型滤波电路示意图

1.60　PCB 设计中应该怎么设计晶体的 π 型滤波？

在晶体的电路设计中一般采用 π 型滤波进行设计，原理图设计部分如图 1-38 所示，后期在进行 PCB 布局布线的时候要注意以下几点：

- 布局整体紧凑，一般放置在主控的同一侧，靠近主控 IC，尽量不要靠近 PCB 边。
- 布局时使电容分支尽量短，目的是减小寄生电容。
- 晶振电路一般采用 π 型滤波形式，放置在晶振的前面。
- 晶体和晶振的布局要注意远离大功率元器件、散热器等。

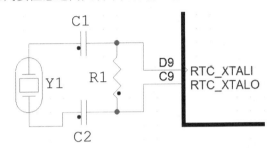

图 1-38　晶体 π 型滤波电路原理图设计部分

其 PCB 设计部分如图 1-39 所示。

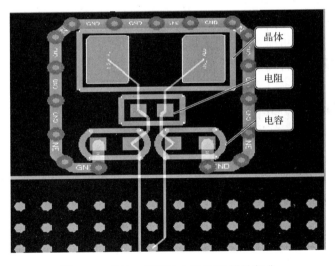

图 1-39　晶体 π 型滤波电路 PCB 设计部分

1.61　什么叫差分信号，差分传输与单根传输的区别是什么？

差分传输是一种信号传输技术（类型），区别于传统的一根信号线一根地线的做法，差分传输在这两根线上都传输信号，这两个信号的振幅相等、相位相反。在这两根线上传输的信号就是差分信号。差分信号用一个数值来表示两个物理量之间的差异。

差分信号就好比跷跷板上的两个人，当一个人被跷上去的时候，另一个人被跷下来，但是他们的平均位置是不变的。继续进行跷跷板的类推，正值可以表示左边的人比右边的人高，而负值表示右边的人比左边的人高。0 表示两个人处于同一水平。

当采用差分信号进行传输的时候，增加了相关接口电路的复杂性，其好处如下：

① 因为差分线可以控制基准电压，所以能够很容易地识别小信号。在一个地做基准（基准电压）、单端信号方案的系统里，测量信号的精确值依赖系统内"地"的一致性。信号源和信号接收器距离越远，它们局部地的电压值之间有差异的可能性就越大。从差分信号恢复的信号值在很大程度上与"地"的精确值无关。

② 差分线对外部电磁干扰（EMI）是高度免疫的。一个干扰源几乎相同程度地影响差分信号对的每一端。既然电压差异决定信号值，那么将忽视在两个导体上出现的任何同样干扰。除了对干扰不大灵敏外，差分信号比单端信号生成的 EMI 还要少。

③ 差分线在一个单电源系统中能够从容精确地处理"双极"信号。为了处理单端单电源系统的双极信号，必须在地和电源干线之间的某任意电压处（通常是中点）建立一个虚地。用高于虚地的电压来表示正极信号，用低于虚地的电压来表示负极信号。接下来，必须把虚地正确地分布到整个系统里。而对于差分信号，不需要虚地，这就使处理和传播双极信号有一个高逼真度，而无须依赖虚地的稳定性。

1.62 什么是爬电间距?

沿绝缘表面测得的两个导电零部件之间，在不同的使用情况下，由于导体周围的绝缘材料被电极化，导致绝缘材料呈现带电现象，此带电区的半径即为爬电间距。爬可以看作一个蚂蚁从一个带电体到另一个带电体必须经过的最短路程，即爬电距离。电气间隙则可以理解为一个带翅膀的蚂蚁飞的最短距离。

1.63 PCB 中信号线分为哪几类，以及区别是什么?

PCB 中的信号线分为两种，一种是微带线，另一种是带状线。

微带线是走在表面层的带状走线，如图 1-40 所示。由于微带线的一面裸露在空气里，可以向周围形成辐射或受到周围的辐射干扰，而另一面附在 PCB 的绝缘电介质上，所以它形成的电场一部分分布在空中，另一部分分布在 PCB 的绝缘介质。但是微带线中的信号传输速度要比带状线中的信号传输速度快，这是其突出的优点。

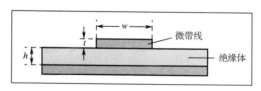

图 1-40 微带线示意图

带状线是指走在内层（stripline/double stripline）、埋在 PCB 内部的带状走线。如图 1-41 所示，蓝色部分是导体，绿色部分是 PCB 的绝缘电介质，带状线是嵌在两层导体之间的带状导线。因为带状线是嵌在两层导体之间的，所以它的电场分布在两个包它的导体（平面）之间，不会辐射出去能量，也不会受到外部的辐射干扰。但是由于其周围全是电介质（介电常数比 1 大），所以信号在带状线中的传输速度比在微带线中慢。

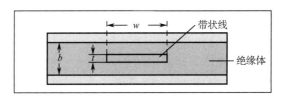

图 1-41　带状线示意图

1.64　什么叫EMC?

EMC是Electro Magnetic Compatibility的缩写，即电磁兼容性，是指设备或系统在电磁环境中能正常工作且不对该环境中任何事物构成不能承受电磁干扰的能力。传感器电磁兼容性是指传感器在电磁环境中的适应性，保持其固有性能，完成规定功能的能力。它包含两方面要求：一方面，要求传感器在正常运行过程中对所在环境产生电磁干扰不能超过一定限值；另一方面，要求传感器对所在环境中存在的电磁干扰具有一定程度的抗扰度。

1.65　形成EMC的三要素是什么?

EMC（电磁干扰）是电子产品困扰电子工程师的一大难题，为了解决电子产品设计中EMC的问题，我们必须先要弄清楚电磁干扰问题是怎么形成的。EMC问题形成的三点要素为：

> 电磁骚扰源；
> 耦合途径或传播途径；
> 敏感设备。

EMC三要素之间的关系如图1-42所示。

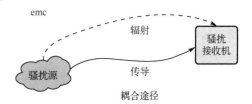

图 1-42　EMC三要素之间的关系

1.66　抑制EMC问题的方法有哪些?

在PCB设计中，抑制EMC问题主要从以下几个方面入手：屏蔽、滤波、合理接地、合理布局。但是随着电子系统向日益集成化、综合化方向发展，采取以上几个方面的措施往往会跟产品的成本、质量、功能要求等发生矛盾，所以要权衡利弊研究出最合理的措施来满足电磁兼容性的要求。

首先电磁兼容性控制是一项系统工程，应该在设备和系统设计、研制、生产、使用与维护的各阶段充分予以考虑和实施才可能有效。科学而先进的电磁兼容工程管理是有效控制技术的重要组成部分。

在控制方法上，除了采用众所周知的抑制干扰传播的技术，如屏蔽、接地、搭接、合理布线等，还可以采取回避和疏导技术处理，如空间方位分离、频率划分与回避、滤波、吸收和旁路等，有时这些回避和疏导技术简单而巧妙，可以代替成本昂贵且质量、体积较大的硬件措施，从而收到事半功倍的效果，是精明的工程师们经常采用的控制方法。

在解决电磁干扰问题的时机上，应该由设备研制后期暴露出不兼容问题而采取挽救修补措施的被动控制方法，转变成在设备设计初始阶段就开展预测分析和设计，预先检验计算，并全面规划实施细则和步骤，做到防患于未然。让电磁兼容性设计和可靠性设计，维护性、维修性设计与产品的基本功能结构设计同时进行，并行开展。电磁兼容控制技术是现代并行工程的组成内容之一。

电磁兼容控制策略与控制技术方案可分为如下几类：

（1）传输通道抑制：具体方法有滤波、屏蔽、搭接、接地、布线。

（2）空间分离：地点位置控制、自然地形隔离、方位角控制、电场矢量方向控制。

（3）时间分隔：时间共用准则、雷达脉冲同步、主动时间分隔、被动时间分隔。

（4）频率管理：频率管制、滤波、频率调制、数字传输、光电转换。

（5）电气隔离：变压器隔离、光电隔离、继电器隔离、DC/DC 变换。

1.67 电子设计中为什么要区分模拟地和数字地？

简单来说，数字地是数字电路部分的公共基准端，即数字电压信号的基准端；模拟地是模拟电路部分的公共基准端，即模拟信号的电压基准端（零电位点）。

数字信号一般为矩形波，带有大量谐波。如果电路板中的数字地与模拟地没有从接入点分开，则数字信号中的谐波很容易干扰到模拟信号的波形。当模拟信号为高频或强电信号时，也会影响数字电路的正常工作。模拟电路涉及弱小信号，但是数字电路门限电平较高，对电源的要求比模拟电路低些。既有数字电路又有模拟电路的系统中，数字电路产生的噪声会影响模拟电路，使模拟电路的小信号指标变差，克服的办法是分开模拟地和数字地。

存在问题的根本原因是，无法保证电路板上铜箔的电阻为零，在接入点将数字地和模拟地分开，就是为了将数字地和模拟地的共地电阻降到最小，关于数模分割的处理，更多的学习教程可以搜索凡亿 PCB 进行获取，或者到官方学习论坛"PCB 联盟网"进行学习。

1.68 PCB 设计中区分模拟地与数字地的设计方法有哪些？

处理模拟地、数字地的方法一般有以下几种：

（1）直接分开，在原理图中将数字区域的地连接为 DGND，将模拟区域的地连接为 AGND，然后将 PCB 中的地平面分割为数字地与模拟地，并把间距拉大；

（2）数字地与模拟地之间用磁珠连接；

（3）数字地与模拟地之间用电容连接，运用电容隔直通交的原理；

（4）数字地与模拟地之间用电感连接，感值从 μH 到几十 μH 不等；

（5）数字地与模拟地之间用 0Ω 电阻连接。

总结来说，电容隔直通交会造成浮地。电容不通直流，会导致压差和静电积累，摸机壳会感觉手麻。如果把电容和磁珠并联，则就是画蛇添足，因为磁珠通直，电容将失效。如果串联，则显得不伦不类。

电感体积大，杂散参数多，特性不稳定，离散分布参数不好控制。另外，电感也是陷波，LC 谐振（分布电容），对噪点有特效。

磁珠的等效电路相当于带阻陷波器，只对某个频点的噪声有抑制作用，不能预知噪点，以及如何选择型号，况且噪点频率也不一定固定，故磁珠不是一个好的选择。

0Ω 电阻相当于很窄的电流通路，能够有效地限制环路电流，使噪声得到抑制。电阻在所有频带上都有衰减作用（0Ω 电阻也有阻抗），这点比磁珠强。

总之，关键是模拟地和数字地要一点接地。建议，不同种类地之间用 0Ω 电阻相连；电源引入高频器件时用磁珠；高频信号线耦合用小电容；电感用在大功率低频电路设计上。

1.69　PCB 常用的 Silkscreen、Soldmask、Pastmask 的含义是什么？

Silkscreen 指的是 PCB 设计中的丝印，包括 TOP 面与 BOTTOM 面的丝印，正、反面的丝印刚好是镜像过的。丝印一般包括器件的外框丝印线、IC 器件的 1 脚标识、位号字符、有极性器件的极性标识。

Soldmask 指的是 PCB 设计中的阻焊，包括 TOP 面与 BOTTOM 面的阻焊，通俗地说其作用就是阻止绿油覆盖，即我们常说的"开窗"。常规的铺铜或走线都是默认盖绿油的，如果我们相应的在阻焊层处理，则会阻止绿油覆盖，铜就会露出来。

Pastmask 指的是 PCB 设计中的钢网，包括 TOP 面与 BOTTOM 面的钢网，与焊盘的大小是一样的，主要是在做 SMT 的时候可以利用这两层来进行钢网制作，在钢网上正好挖一个类似焊盘大小的孔，再把这个钢网罩在 PCB 上，用带有锡膏的刷子一刷就可以很均匀地刷上锡膏了，如图 1-43 所示。

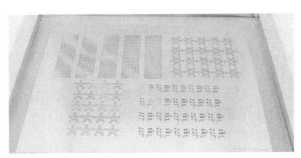

图 1-43　钢网实物示意图

1.70　通常所说的 0402、0603、0805、1206 是怎么计算的？

这些常规的贴片阻容感封装有 9 种，用两种尺寸代码来表示：一种尺寸代码是由 4 位数字表示的 EIA（美国电子工业协会）代码，前两位与后两位分别表示电阻的长与宽，以英寸为单位。常说的 0603 封装就是指英制代码。另一种是米制代码，也由 4 位数字表示，其单位为毫米。贴片电阻封装英制和公制的关系及详细尺寸如图 1-44 和表 1-6 所示，通常说的封装尺寸，像 0402、0603 等都是指英制尺寸。

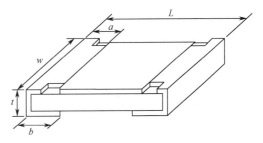

图 1-44　常规贴片阻容感封装关系

表 1-6　常规贴片阻容感封装尺寸

英制（in）	公制（mm）	长（L）（mm）	宽（w）（mm）	高（t）（mm）	a（mm）	b（mm）
0201	0603	0.60±0.05	0.30±0.05	0.23±0.05	0.10±0.05	0.15±0.05
0402	1005	1.00±0.10	0.50±0.10	0.30±0.10	0.20±0.10	0.25±0.10
0603	1608	1.60±0.15	0.80±0.15	0.40±0.10	0.30±0.20	0.30±0.20
0805	2012	2.00±0.20	1.25±0.15	0.50±0.10	0.40±0.20	0.40±0.20
1206	3216	3.20±0.20	1.60±0.15	0.55±0.10	0.50±0.20	0.50±0.20
1210	3225	3.20±0.20	2.50±0.20	0.55±0.10	0.50±0.20	0.50±0.20
1812	4832	4.50±0.20	3.20±0.20	0.55±0.10	0.50±0.20	0.50±0.20
2010	5025	5.00±0.20	2.50±0.20	0.55±0.10	0.60±0.20	0.60±0.20
2512	6432	6.40±0.20	3.20±0.20	0.55±0.10	0.60±0.20	0.60±0.20

1.71　什么叫旁路电容、去耦电容，两者的区别是什么？

可将混有高频电流和低频电流的交流电中的高频成分旁路（噪声）滤掉的电容称为"旁路电容"。对于同一个电路来说，旁路电容把输入信号中的高频噪声作为滤除对象，把前级携带的高频杂波滤除。

去耦电容是电路中装设在元件电源端的电容，此电容可以提供较稳定的电源，同时也可以降低元件耦合到电源端的噪声，间接地可以减小其他元件受此元件噪声的影响。

去耦电容和旁路电容都可以看作滤波电容。去耦电容相当于电池，避免由于电流的突变而使电压下降，相当于滤纹波。具体容值可以根据电流的大小、期望的纹波大小、作用时间来计算。去耦电容一般很大，对更高频率的噪声基本无效。旁路电容就是针对高频而言的，也就是利用了电容的频率阻抗特性。电容一般可以看成一个 RLC 串联模型。在某个频率会发生谐振，此时电容的阻抗等于其 ESR。看电容的频率阻抗曲线图可以发现一般是一个 V 形曲线。具体曲线与电容的介质有关，所以选择旁路电容还要考虑电容的介质，一个比较可靠的方法就是多并联几个电容，其关系示意图如图 1-45 所示。

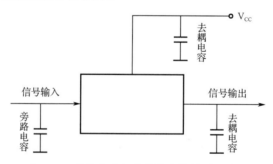

表 1-45　旁路电容与去耦电容的关系示意图

1.72　什么叫串扰？

串扰是指一条线上的能量耦合到其他传输线，其是由不同结构引起的电磁场在同一区域里的相互作用而产生的。串扰在数字电路中非常普遍地存在着，如芯片内部、PCB、接插件、芯片封装，以及通信电缆等。

　　串扰可能是数据进行高速传输中最重要的一个影响因素。其是一个信号对另外一个信号耦合所产生的一种不受欢迎的能量值。根据麦克斯韦定律，只要有电流存在，就会有磁场存在，磁场之间的干扰就是串扰的来源。这个感应信号可能会导致数据传输的丢失和传输错误。因此串扰对于综合布线来说无疑是个最厉害的天敌。

1.73　引起串扰的因素是什么？

　　互感是引起串扰的两个重要因素之一，互感系数表示了一根驱动传输线通过磁场对另外一根传输线产生感应电流的程度。从本质上来说，如果受害线和驱动线（侵略线）的距离足够接近，以至于侵略线产生的磁场将受害线包围其中，则在受害的传输线上将会产生感应电流，而这个通过磁场耦合产生的电流在电路模型中就通讨互感参数来表征（求得）。在互感的作用下，将根据驱动线上的电流变化率而在受害线上引起一定的噪声，噪声电压的大小与电流变换率成正比。

　　互容是引起串扰的另外一个重要因素，其是两导体间简单的电场耦合，这种耦合在电路模型中以互容的形式表现出来。互容将产生一个与侵略线上电压变换率成正比的噪声电流到受害线。

1.74　降低串扰的方法有哪些？

　　降低串扰的方法有：增加信号路径之间的间距、用平面作为返回路径、使耦合长度尽量短、在带状线层布线、减小信号路径的特性阻抗、使用介电常数较低的叠层、在封装和接插件中不要共用返回管脚、使用两端和整条线上有短路过孔的防护布线。更多关于 PCB 中降低串扰的处理方法可以到本书学习论坛"PCB 联盟网"免费下载学习。

1.75　什么是过孔，过孔包含哪些元素？

　　过孔也叫金属化孔。在双面板和多层板中，为连通各层之间的印制导线，在各层需要连通的导线的交汇处钻一个公共孔，即过孔。

　　过孔的实质其实就是一个通孔焊盘，有外径和内径，可以从图 1-46 所示的过孔 padstack 剖析图来看通孔焊盘在 Allegro 软件中所包含的元素。

　　（1）Regular Pad：规则焊盘。在正片中看到的焊盘，也是基本的焊盘。

　　（2）Thermal Relief：热风焊盘，也叫花焊盘。在负片中有效，设计用于在负片中焊盘与铺铜的连接方式，防止焊接时散热太快，影响工艺。

　　（3）Anti Pad：隔离焊盘。焊盘与铺铜的间距，负片工艺中有效。

　　（4）Soldermask：阻焊层。定义阻焊的大小，规定绿油开窗大小，以便进行焊接。

　　（5）Pastemask：钢网层。定义钢网开窗大小，贴片的时候会按照钢网的位置和大小进行锡膏涂敷。

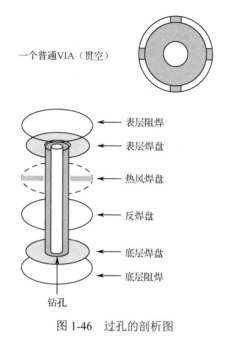

一个普通VIA（贯空）

表层阻焊
表层焊盘
热风焊盘
反焊盘
底层焊盘
底层阻焊

钻孔

图1-46　过孔的剖析图

1.76　什么是盲埋孔?

盲埋孔是盲孔与埋孔的统称。盲孔是将 PCB 内层走线与 PCB 表层走线相连的过孔类型，此孔不穿透整个板子。埋孔则只连接内层之间走线的过孔类型，所以从 PCB 表面是看不出来的。

盲孔一般是激光钻孔，从表层钻到 PCB 内层，并不穿透整个 PCB，激光钻孔的大小是 0.1mm，厚度为 60～70μm，具体要看 PCB 厂家的工艺能力。因此在 PCB 设计软件中设置的盲孔大小一般是 4mil 的钻孔、10mil 的焊盘。

埋孔跟普通钻孔所使用的钻刀是一致的。埋孔只连接内层之间的走线，连接表层通过盲孔，盲孔加上埋孔要将整个 PCB 进行贯通，如一个 6 层一阶板的设计，它的盲孔是 1-2、5-6；它的埋孔就是 2-5。在 PCB 设计中使用的埋孔大小要跟通孔的大小一样，一般设置为 8mil 的钻孔、16mil 的焊盘，关于盲埋孔的设计有疑问的读者，可以联系作者（微信：18874990390；邮箱：huangy@fanypcb.com）获取技术支持。

1.77　HDI 板卡的阶数是怎么定义的?

基于有盲埋孔的板子，要根据整个板子的压合次数及激光钻孔的次数来确定 HDI 板卡的阶数。这里以 6 层板为例来具体讲解，其他的可以按这个规律来依次类推：

（1）6 层一阶 HDI 板指盲孔：1-2、2-5、5-6，即 1-2、5-6 需激光打孔。

（2）6 层二阶 HDI 板指盲孔：1-2、2-3、3-4、4-5、5-6，即需 2 次激光打孔。首先钻 3-4 的埋孔，接着压合 2-5，然后第一次钻 2-3、4-5 的激光孔，接着第 2 次压合 1-6，然后第二次钻 1-2、5-6 的激光孔，最后才钻通孔。由此可见二阶 HDI 板经过了两次压合和两次激光钻孔。

（3）另外二阶 HDI 板还分为错孔二阶 HDI 板和叠孔二阶 HDI 板。错孔二阶 HDI 板是指盲孔 1-2 和 2-3 是错开的，而叠孔二阶 HDI 板是指盲孔 1-2 和 2-3 叠在一起，如盲：1-3、3-4、4-6。

1.78 过孔的两个寄生参数是什么，有什么影响，应该怎么消除？

过孔的两个寄生参数是寄生电容和寄生电感。

过孔本身存在对地的寄生电容，如果已知过孔在铺地层上的隔离孔直径为 D_2，过孔焊盘的直径为 D_1，PCB 的厚度为 T，板基材介电常数为 ε，则过孔的寄生电容近似可以用以下公式来计算：

$$C=1.41\varepsilon TD_1/(D_2-D_1)$$

过孔的寄生电容会给电路造成的主要影响是延长了信号的上升时间，降低了电路的速度。比如，对于一块厚度为 50mil 的 PCB，如果使用内径为 10mil、焊盘直径为 20mil 的过孔，焊盘与地铺铜区的距离为 32mil，则可以通过上面的公式近似算出过孔的寄生电容大致是：

$$C=1.41\times4.4\times0.050\times0.020/(0.032-0.020)\approx0.517pF$$

这部分电容引起的上升时间变化量为 $T_{(10\%\sim90\%)}=2.2C(Z0/2)=2.2\times0.517\times(55/2)\approx31.28ps$

从这些数值可以看出，尽管单个过孔的寄生电容引起的上升延变缓的效用不是很明显，但是如果走线中多次使用过孔进行层间切换，所产生的影响还是比较大的。

过孔存在寄生电容的同时也存在着寄生电感，在高速数字电路设计中，过孔的寄生电感带来的危害往往大于寄生电容带来的危害。它的寄生串联电感会削弱旁路电容的贡献，减弱整个电源系统的滤波效用。

用下面公式来简单计算一个过孔近似的寄生电感：

$$L=5.08h[\ln(4h/d)+1]$$

其中，L 指过孔的电感；h 是过孔的长度；d 是中心钻孔的直径。

从式中可以看出，过孔的直径对电感的影响较小，而对电感影响最大的是过孔的长度。仍然采用上面的例子可以计算出过孔的电感为：

$$L=5.08\times0.050[\ln(4\times0.050/0.010)+1]\approx1.015nH$$

如果信号的上升时间是 1ns，那么其等效阻抗大小为 $X_L=\pi L\approx3.19\Omega$。这样的阻抗在有高频电流通过时已经不能够被忽略，特别要注意，旁路电容在连接电源层和地层的时候需要通过两个过孔，这样过孔的寄生电感就会成倍增加。

为了消除过孔寄生电容与寄生电感所带来的影响，可以采取如下措施：

（1）选择合理尺寸的过孔大小，如对 6～10 层的 PCB 设计来说，选用 10/20mil（钻孔/焊盘）的过孔较好，对于一些高密度的小尺寸板子，也可以尝试使用 8/18mil 的过孔。

（2）使用较薄的 PCB 有利于减小过孔的两种寄生参数。

（3）PCB 上的信号走线尽量不换层，也就是说尽量不要使用不必要的过孔。

（4）电源和地的管脚要就近打过孔，过孔和管脚之间的引线越短越好，因为它们会导致电感的增加，同时电源和地的引线要尽可能粗，以减小阻抗。

（5）在信号换层的过孔附近放置一些接地过孔，以便为信号提供最近回路，甚至可以在 PCB 上大量放置一些多余的接地过孔。

1.79 什么是孤岛铜皮，有什么影响？

孤岛铜皮也叫作孤岛，指的是在 PCB 中孤立、没有与任何地方连接的铜箔。一般在设计时，如果是很大块的孤岛铜皮，则尽量在铜皮打上地过孔，让铜皮接地，使整个 PCB 地连接性更好；

而对于很小块的孤岛铜皮，则选择删除，双击铜皮，在铜皮属性中选中"Remove Dead Copper"，如图 1-47 所示，然后右击"铺铜操作→重新选中的铺铜"，如图 1-48 所示。

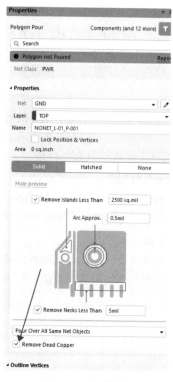

图 1-47　移除孤岛铜

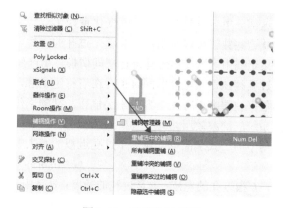

图 1-48　重新进行铺铜

孤岛铜皮的存在主要是会与周围的信号形成天线效应，从而引发 PCB 的 EMI 问题，对高速信号线造成干扰，所以建议 PCB 上的孤岛铜皮还是删除比较好。

1.80　什么是平衡铜，其作用是什么？

平衡铜是在 PCB 上铺的一些没有网络的网格铜皮，其并没有实质的电气连接。在 PCB 上铺平衡铜主要就是起平衡作用，防止 PCB 发生翘曲。因为 PCB 的叠层结构出现不对称的时候，会出现其中某一层的铜非常多，而相对应的层的铜很少，出现这种情况的时候就会在铜箔相对来说少的那一层铺上一些没有网络的铜箔来增加铜箔的含量，这样的铜箔就叫平衡铜。

1.81　什么是 PCB 中的正片与负片，二者有什么区别？

正片一般是 pattern 制程，其使用的药液为碱性蚀刻，即在顶层和地层进行走线，用 Polygon Pour 进行大块铺铜填充。其工艺为：需要保留的线路或铜面是黑色或棕色的，而不要的部分为透明的。经过线路制程曝光后，透明部分因干膜阻剂受光照而起化学反应硬化。显影制程会把没有硬化的干膜冲掉，然后在铜面上镀锡铅，再去膜，接着用碱性药水蚀刻去除透明的铜箔，剩下的黑色或棕色底片便是我们需要的线路。

负片一般是 tenting 制程，其使用的药液为酸性蚀刻。走线的地方是分割线，即生成负片之后一整层就已经被铺铜了，只需要分割铺铜，再设置分割后的网络即可。其工艺为：需要保留的线路或铜面是透明的，不要的部分则为黑色或棕色的。经过线路制程曝光后，透明部分因干膜阻剂受光照而起化学反应变得硬化。显影制程会把没有硬化的干膜冲掉，在蚀刻制程中，去除底片黑色或棕色的铜箔去膜以后，剩下的底片透明的部分便是线路。

PCB 正片和负片是最终效果为相反的制造工艺。PCB 正片的效果：凡是画线的地方印制板的铜被保留，而没有画线的地方铺铜被清除，如顶层、底层……的信号层就是正片。

PCB 负片的效果：凡是画线的地方印制板的铺铜被清除，而没有画线的地方铺铜被保留。Internal Planes 层（内部电源/接地层）（简称内电层）用于布置电源线和地线。放置在这些层面上的走线或其他对象是无铜区域，即这个工作层是负片的。

1.82   什么叫单点接地？

单点接地，即把整个电路系统中的一个结构点看作接地参考点，所有对地连接都接到这一点上，并设置一个安全接地螺栓，以防两点接地产生共地阻抗的电路性耦合。多个电路的单点接地方式又分为串联和并联两种，如图 1-49 所示，由于串联接地产生共地阻抗的电路性耦合，所以低频电路最好采用并联的单点接地式。为防止工频和其他杂散电流在信号地线上产生干扰，信号地线应与功率地线和机壳地线相绝缘，且只在功率地、机壳地和接往大地的接地线的安全接地螺栓上相连（浮地式除外）。更多关于单点接地的处理方法，可以到本书学习论坛"PCB联盟网"免费下载资料学习。

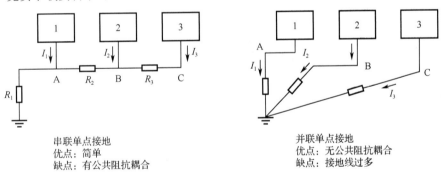

图 1-49   单点接地分类示意图

1.83   什么叫跨分割，有什么坏处？

PCB 中的信号都是阻抗线，是有参考的平面层。但是由于 PCB 设计过程中，电源平面的分割或地平面的分割会导致平面的不完整，所以信号走线的时候，它的参考平面就会出现从一个电源面跨接到另一个电源面的现象，通常称其为信号跨分割。跨分割现象如图 1-50 所示。

对于低速信号，跨分割可能没有什么关系，但是在高速数字信号系统中，高速信号以参考平面作为返回路径，即回流路径。当参考平面不完整的时候会出现如下影响：

➢ 导致走线的阻抗不连续；

➢ 容易使信号之间发生串扰；

- ➢ 引发信号之间的反射；
- ➢ 增大电流的环路面积、加大环路电感，使输出的波形容易振荡；
- ➢ 增加向空间的辐射干扰，同时容易受到空间磁场的影响；
- ➢ 加大与板上其他电路产生磁场耦合的可能性；
- ➢ 环路电感上的高频压降构成共模辐射源，并通过外接电缆产生共模辐射。

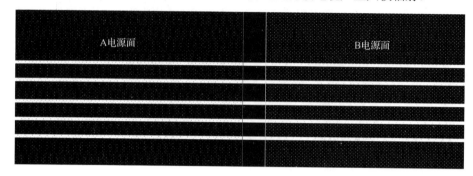

图 1-50　跨分割现象示意图

1.84　什么是 ICT 测试点，其设计要求是什么？

ICT（In Circuit Tester，自动在线测试仪）是印制电路板生产中重要的测试设备，用于焊接后快速测试元器件的焊接质量，迅速定位到焊接不良的管脚，以便及时进行补焊。PCB 设计中就需要添加用于 ICT 的焊盘。ICT 可以检测的内容有线路的开路和短路，线路不良，元器件的缺件、错件，元器件的缺陷，焊接不良等，并能够明确指出缺点的所在位置。

一般来说，常用的 ICT 设计要求如下：
- ➢ ICT 测试点焊盘的直径为 40mil，不小于 32mil；
- ➢ 测试点或固定孔不能被障碍物挡，不能添加在元器件里；
- ➢ ICT 测试的是信号网络，尽可能多地覆盖，最好百分之百覆盖，严格的会对器件的空脚也进行 ICT 测试；
- ➢ 测试点尽量在同一个面，可以减小测试成本；
- ➢ 可用作测试的点包括专用的测试焊盘、元器件管脚（常见的是通孔）、过孔；
- ➢ 测试点的测试焊盘要阻焊开窗；
- ➢ 测试点中心间距尽量不小于 50mil，过近时测试难度大，成本高；
- ➢ 测试点到 PCB 边的距离有一定要求，推荐为 100mil，最少要 50mil。

1.85　什么是 DC-DC 电路？

DC-DC 电路指的是直流/直流转换电路，主要目的就是电压的变换，通过开关变换的方式将直流变换成直流的电路。DC-DC 电路必须有调整管，调整管工作于开关状态或线性放大状态就决定了其工作方式。

DC-DC 电路的应用领域很广泛，主要有数字电路、电子通信设备、卫星导航、遥感遥测、地面雷达、消防设备和医疗器械教学设备等诸多领域。

DC-DC 电路的优点有很多，如功耗小、效率高、体积小、质量小、可靠性高、自身抗干扰能力强、输出电压范围宽、模块化功能强等。

DC-DC 电路可以分为以下三类：

（1）降压型 DC-DC 电路。

（2）升压型 DC-DC 电路。

（3）降压升压型 DC-DC 电路。

1.86 什么是 LDO 电路？

LDO 是一种低压降线性稳压器，使用在其线性区域内运行的晶体管或 FET，从应用的输入电压中减去超额电压，产生经过调节的输出电压。所谓压降电压，是指稳压器将输出电压维持在其额定值误差 100mV 之内所需的输入电压与输出电压差额的最小值。正输出电压的 LDO 稳压器通常使用功率晶体管（也称为传递设备）作为 PNP。这种晶体管允许饱和，所以稳压器可以有一个非常低的压降电压，通常为 200mV 左右。与之相比，使用 NPN 复合电源晶体管的传统线性稳压器的压降为 2V 左右。负输出 LDO 使用 NPN 作为它的传递设备，其运行模式与正输出 LDO 的 PNP 设备类似。更新的发展是使用 MOS 功率晶体管，它能够提供最低的压降电压。使用 MOS 功率晶体管，通过稳压器的唯一压降是由电源设备负载电流的 ON 电阻造成的。如果负载较小，则这种方式产生的压降只有几十毫伏。

低压降线性稳压器的成本低，噪声小，静态电流小，这些是它的突出优点。它需要的外接元件也很少，通常只需要一两个旁路电容。新的 LDO 可达到以下指标：输出噪声为 30μV，PSRR为 60dB，静态电流为 6μA（TI 的 TPS78001 达到 I_q=0.5μA），电压降只有 100mV（TI 公司量产了号称 0.1mV 的 LDO）。LDO 的性能之所以能够达到这个水平，主要原因在于其中的调整管用的是 P 沟道 MOSFET，而普通的线性稳压器使用的是 PNP 晶体管。P 沟道 MOSFET 是由电压驱动的，不需要电流，所以大大降低了器件本身消耗的电流；另外，采用 PNP 晶体管的电路中，为了防止 PNP 晶体管进入饱和状态而降低输出能力，输入和输出之间的电压降不可以太低，而P 沟道 MOSFET 上的电压降大致等于输出电流与导通电阻的乘积。由于 MOSFET 的导通电阻很小，故它上面的电压降非常低。

LDO 的四大关键数据是压差（Dropout）、噪声（Noise）、电源抑制比（PSRR）、静态电流（I_q），所以在选择应用 LDO 的时候，尽量结合这四大要素进行选择。

1.87 什么是 0Ω 电阻，其作用是什么？

0Ω 电阻又称为跨接电阻器，是一种特殊用途的电阻，0Ω 电阻真正的阻值并非为零，0Ω 电阻实际是电阻值很小的电阻。正因为有阻值，也就和常规贴片电阻一样有误差精度这个指标。电路板设计中两点不能用印刷电路的方式连接，常在正面用跨线连接，这在普通板中经常看到，为了让自动贴片机和自动插件机正常工作，用 0Ω 电阻代替跨线。

0Ω 电阻的作用有如下几种：

（1）在电路中没有任何功能，只是在 PCB 上出于调试方便或兼容设计等原因进行添加的元器件。

（2）可作跳线使用，而避免用跳针造成的高频干扰（成为天线）。

（3）在匹配电路参数不确定的时候，以 0Ω 代替，在实际调试的时候确定参数，再以具体数值的元器件代替。

（4）0Ω 电阻实际上是电阻值很小的电阻，想测某部分电路的耗电流时，接 0Ω 电阻，再接上电流表，从而方便测耗电流，可用于测量大电流。

（5）在布线时，如果实在布不过去，也可以加一个 0Ω 电阻，当作跳线。

（6）在高频信号下，充当电感或电容（与外部电路特性有关）电感用，主要是为解决 EMC 问题，如地与地、电源和 IC 焊盘之间。

（7）单点接地是指保护接地、工作接地、直流接地在设备上相互分开，各自成为独立系统。

（8）做电路保护，充当低成本熔丝。

（9）跨接时用于电流回路。当分割电地平面后，造成信号最短回流路径断裂，此时，信号回路不得不绕道，形成很大的环路面积，电场和磁场的影响就变强了，容易干扰/被干扰。在分割区上跨接 0Ω 电阻，可以提供较短的回流路径，从而降低干扰。

（10）在数字和模拟等混合电路中往往要求两个地分开，并且单点连接。可以用一个 0Ω 电阻来连接两个地，而不是直接连在一起。

（11）配置电路。一般产品上不要出现跳线和拨码开关，有时用户会乱动设置，易引起误会，为了减少维护费用，应用 0Ω 电阻代替跳线等焊在板子上。

1.88 对于 PCB 的散热，有哪些好的措施？

对于电子设备来说，工作时会产生一定的热量，使设备内部温度迅速上升，如果不及时将该热量散发出去，设备就会持续升温，器件就会因过热而失效，电子设备的可靠性能就会下降。因此，对电路板进行很好的散热处理是非常重要的，一般会采取如下措施：

（1）通过 PCB 本身散热。随着元器件集成化、小型化的发展，我们需要提高与发热元件直接接触的 PCB 的自身散热能力。

（2）对发热量大的器件加上散热片或导热管，如果温度还是降不下来，可采用带风扇的散热器，以增强散热效果。

（3）对于采用自由对流空气冷却的设备，最好是将集成电路（或其他器件）按纵长方式排列，或按横长方式排列。

（4）铜箔线路和过孔是热的良导体，因此可以提高铜箔剩余率和增加导热地过孔。

（5）合理对元器件进行布局，发热量小或耐热性差的器件（如小信号晶体管、小规模集成电路、电解电容等）放在冷却气流的最上游（入口处），发热量大或耐热性好的器件（如功率晶体管、大规模集成电路等）放在冷却气流最下游。

（6）对于大功率器件，尽量靠近 PCB 边放置，以便减小这些器件工作时对其他器件温度的影响。

（7）设备内印制板的散热主要依靠空气流动，所以在设计时要研究空气流动的路径，合理配置器件或印制电路板。

（8）避免 PCB 上热点的集中，尽可能将功率均匀地分布在 PCB 上，保持 PCB 表面温度性能的均匀和一致。

1.89　PCB 的验收标准是什么？

国外主要标准有国际电工委员会（IEC）249 和 326 系列标准，美国 IPC4010 系列、IPC6010 系列、IPC-TM-650 标准，日本 JPCA5010 系列标准，英国 BS9760 系列标准等。

我国有关印制板的标准分为国际、国军标和行业标准三个系列，国标主要有 GB4721～4725 等系列的材料标准，GB4588 系列的产品和设计标准，GB4677 系列的试验方法标准。国军标主要有 GJB362A（总规范）和 GJB2424（基材）系列标准。行业标准主要有 SJ 系列标准（电子行业）和 QJ 系列标准（航天行业）等。

国标 GB4588 系列标准中规定了印制板各项性能和要求，但是没有质量保证要求；而 IPC 标准系列配套性好，适用性强，我国的 PCB 标准修订正向这方面努力。在 IPC 的印制板验收标准中 IPC-A-600F 以验收要求的图解说明为主，图文并茂，技术要求直观，主要说明了能直接观察到的或通过放大和显微剖切能观察到的印制板内部及外部质量状况，但是没有通过其他方法测量的技术要求和质量保证条款；IPC-6011 系列标准对印制板的各项技术要求全面，也有质量保证条款。所以本书将以印制电路的现行国家标准 GB4588 系列及美国 IPC6011 系列和 IPC-A-600F 标准为基础，对印制电路的性能及验收要求做较为详细的介绍，并着重说明了制定这些要求的目的，采用了 600F 的部分图形，以供读者能直观地理解标准。了解这些验收标准，有助于设计时考虑 PCB 的可制造性，为设计时留有必要的工艺余量提供一些有用的参考数据。

1.90　如何区分高速信号和低速信号？

高速信号、低速信号的区分取决于以下两个因素：
（1）信号的有效频率 F；
（2）信号走线的有效长度 U。

一般来说，信号的有效频率 F 约等于信号频率的 5 倍，信号走线的有效长度等于 $U=(0.35/F)/D$，其中，D 是 PCB 上的走线延迟，在 FR4 的材质中，D 约等于 180，得出的结论就是在信号走线的长度小于有效长度的 1/6 时，信号为低速信号；反之，信号为高速信号。

因此判定信号为高速信号还是低速信号的步骤如下：
（1）获取信号的有效频率与信号走线的长度；
（2）计算出信号走线的有效长度；
（3）比较信号长度与 1/6 有效长度的关系。

1.91　高速电路设计中电容的作用是什么？

高速电路设计中电容的作用有如下几个：
（1）电荷缓冲池。电容的本质是储存电荷与释放电荷，当外界环境变化时，使得驱动器件的工作电压增加或减小时，电容可以通过积累或释放电荷来吸收这种变化，即将器件工作电压的变化转变为电容中电荷的变化，从而保持器件工作电压的稳定。

（2）高频噪声的重要泄放通路。高速运行的电路时刻存在着状态的改变，这些改变将在电路上产生大量噪声干扰，我们需要将这些干扰泄放到相对稳定的地平面上，以免影响器件工作，因为电容在频率较高时表现为低阻抗，所以可以作为泄放通路。

（3）实现交流耦合。电容的天然特性就是通交流、阻直流的，因此可以实现交流的耦合、直流的隔离。

1.92　高速电路设计中电感的作用是什么？

高速电路设计中电感的作用有如下几个：

（1）通交流、阻直流。

（2）阻碍电流变化、保持器件工作电流的稳定。电感是用外表绝缘的导线绕制而成的、电磁敏感的线圈，线圈中通电时，会产生磁场。电流变化时，线圈会产生感应电动势，阻碍电流变化，从而使得器件的工作电流保持稳定。

（3）滤波功能。电平状态高速变换的信号往往寄生有大量的高频谐波，严重影响电路的正常工作，所以需要构建低通滤波器来消除，根据电路原理，低通滤波器一般是基于电感和电容构建的，所以电感还具有滤波功能。

1.93　端接的种类有哪些？

端接是指消除信号反射的一种方式。在高速 PCB 设计中，信号反射将给 PCB 的设计质量带来很大的负面影响，采用端接电阻来达到线路的阻抗匹配，是减小反射信号影响的一种有效可行的方式。端接分为以下两类：

➢ 源端端接（接在信号源端或信号发送端的端接）一般与信号走线串接；

➢ 终端端接（接在信号终端或信号接收端的端接）一般与信号走线并接。

源端端接的优点是接供较慢的上升沿时间，减少反射量，产生更小的 EMI，从而降低过冲，增加信号的传输质量。在 PCB 设计中处理源端端接时，串接的电阻、电容要靠近信号源或信号发射端放置。

终端端接的优点是可用于分布负载，并能够全部吸收传输波以消除反射，其缺点是需额外增加电路的功耗，会降低噪声容限。在 PCB 设计中处理终端端接时，串接的电阻、电容要靠近末端或信号接收端放置。

1.94　PCB 设计中常用的存储器有哪些？

PCB 设计中常用的存储器有如下几种：

（1）SDRAM。SDRAM（Synchronous Dynamic Random Access Memory，同步动态随机存储器）采用 3.3V 工作电压，带宽 64 位，SDRAM 将 CPU 与 RAM 通过一个相同的时钟锁在一起，使 RAM 和 CPU 能够共享一个时钟周期，以相同的速度同步工作，与 EDO 内存相比速度能提高 0.5 倍。

（2）DDR（Dual Data Rate，双倍速率同步动态随机存储器）。严格的说，DDR 应该叫 DDR

SDRAM，人们习惯称为 DDR。与传统的单数据速率相比，DDR 技术实现了一个时钟周期内进行两次读/写操作，即在时钟的上升沿和下降沿分别执行一次读/写操作。

（3）DDR2。DDR2（Double Data Rate 2）SDRAM 是由 JEDEC（电子设备工程联合委员会）进行开发的新生代内存技术标准，它与上一代 DDR 内存技术标准最大的不同就是，虽然都采用了在时钟的上升沿/下降沿同时进行数据传输的基本方式，但 DDR2 内存却拥有两倍于上一代 DDR 内存的预读取能力（即 4bit 数据读预取）。换句话说，DDR2 内存每个时钟能够以 4 倍外部总线的速度读/写数据，并且能够以 4 倍内部控制总线的速度运行。

（4）DDR3。DDR3（Double Data Rate 3）SDRAM 是 DDR2 的升级产品，采用 8bit 预取设计，而 DDR2 为 4bit 预取，采用点对点的拓扑架构，以减轻地址/命令与控制总线的负担，采用 100nm 以下生产工艺，将工作电压从 DDR2 的 1.8V 降至 1.5V，增加异步重置（Reset）与 ZQ 校准功能。

（5）FLASH。FLASH 内存即 Flash Memory，全名叫 Flash EEPROM Memory，又名闪存，是一种长寿命的非易失性（在断电情况下仍能保持所存储的数据信息）存储器。实际应用中的闪存主要分为 NOR 和 NAND 两种。NOR 有着较快的数据读取速度，但数据写入速度很慢。在电子产品中一般作为程序存储器，而 NAND 虽然数据读取速度比 NOR 慢，但数据写入速度却比 NOR 快得多，因此在电子产品中一般作为数据存储器。

（6）QDR。QDR（Quad Data Rate，4 倍数据倍率）在 DDR 的基础上拥有独立的写接口和读接口，以此达到 4 倍速率，如 QDR-SRAM 等。DDR2-SDRAM，DDR3-SDRAM 的基本原理和 DDR-SDRAM 是一样的，通过提高时钟频率来提升性能，因为时钟频率提高了，必须做相应的预处理（DDR 支持 2、4、8busrt，DDR2 支持 4 和 8，而 DDR3 只支持 8）。

1.95　什么叫阻焊桥？

阻焊桥又称绿油桥、阻焊坝，是 SMD 焊盘之间的阻焊油墨，其作用是防止在焊接的时候 SMD 焊盘之间间距过小而产生桥接，从而产生短路。阻焊桥一般做的最小宽度是 4mil，否则无法生产。

1.96　常规基板板材的性能参数有哪些？

常规基板板材的性能参数有如下几种：

（1）Tg，玻璃化转变温度。当温度升高到某一区域时，基板将由"玻璃态"转变为"橡胶态"，此时的温度称之为玻璃化转变温度。

（2）Td，分解温度。表示印制板基材的热分解温度，是指基材的树脂受热失重 5%时的温度，作为印制板的基材受热引起分层和性能下降的标志。

（3）CTE，热膨胀系数。物体由于温度改变而有胀缩现象。其变化能力以等压（p 一定）下，单位温度变化所导致的长度量值的变化，即热膨胀系数表示。

（4）CTI，相对漏电起痕指数。基材在表面经受住 50 滴电解液，一般为 0.1%氯化铵水溶液，而没有形成漏电痕迹的最高电压值，单位为 V。

（5）Dk，相对介电常数，决定了电信号在该介质中的传播速度。电信号的传播速度与介电常数平方根成反比。介电常数越低，信号传播速度越快。

（6）Df，散失因素，是指信号线中已经漏失到绝缘板材中的能量与尚存在于导电线中的能量的比值。基材的散失因素越大，介质吸收波长与热损失就越大，从而在高频信号的传输过程中严重影响传输的效率。

1.97　上拉电阻、下拉电阻的作用有哪些？

上拉电阻、下拉电阻的作用有如下几种：

（1）提高电压准位：当 TTL 电路驱动 COMS 电路时，如果 TTL 电路输出的高电平低于 COMS 电路的最低高电平（一般为 3.5V），则需要在 TTL 的输出端接上拉电阻，以提高输出高电平的值；OC 门电路必须加上拉电阻，以提高输出的高电平值。

（2）加大输出管脚的驱动能力，有的单片机管脚上也常使用上拉电阻。

（3）N/A pin 防静电、防干扰：在 COMS 芯片上，为了防止静电造成损坏，不用的管脚不能悬空，一般接上拉电阻，这样会降低输入阻抗，提供泄荷通路。同时管脚悬空比较容易接受外界的电磁干扰。

（4）电阻匹配，抑制反射波干扰：长线传输中电阻不匹配容易引起反射波干扰，链接下拉电阻使电阻匹配，有效抑制反射波干扰。

（5）预设空间状态/默认电位：在一些 CMOS 输入端接上拉或下拉电阻是为了预设默认电位。当不用这些管脚的时候，这些输入端下拉接 0 或上拉接 1。在 I²C 等总线上，空闲时的状态由上拉、下拉电阻获得。

（6）提高芯片输入信号的噪声容限：如果输入端是高阻状态，或者高阻抗输入端处于悬空状态，此时需要加上拉或下拉电阻，以免收到随机电平而影响电路工作。同样如果输出端处于被动状态，也需要加上拉或下拉电阻，如输出端仅仅是一个三极管的集电极，从而提高芯片输入信号的噪声容限，增强抗干扰能力。

1.98　什么叫背钻？

背钻其实就是控深钻比较特殊的一种，在多层板的制作中，如 12 层板的制作，我们需要将第 1 层连到第 9 层，通常我们钻出通孔（一次钻），然后沉铜。这样第 1 层直接连到第 12 层，实际上只需要第 1 层连到第 9 层，由于第 10 到第 12 层没有线路相连，像一个柱子，这个柱子影响信号的通路。在通信信号中会引起信号完整性问题。将这个多余的柱子（业内叫 STUB）从反面钻掉（二次钻），所以叫背钻，但是一般也不会钻太干净，因为后续工序会电解掉一点铜，且钻尖本身也是尖的，所以 PCB 厂家会留下一小点，这个留下的 STUB 的长度叫 B 值，一般为 50～150μm 为好，如图 1-51 所示。

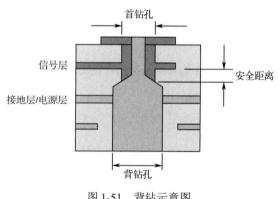

图 1-51　背钻示意图

1.99　什么是屏蔽罩，其作用是什么？

屏蔽罩就是用来屏蔽电子信号的工具，由支腿及罩体组成，支腿与罩体为活动连接，罩体呈球冠状。主要应用于手机、GPS 等领域，用于防止电磁干扰（EMI），对 PCB 上的元件及 LCM 起屏蔽作用。屏蔽罩的材料一般采用 0.2mm 厚的不锈钢和洋白铜，其中，洋白铜是一种容易上锡的金属屏蔽材料。

屏蔽罩的作用主要有以下几点：

（1）用屏蔽体将元部件、电路、组合件、电缆或整个系统的干扰源包围起来，防止干扰电磁场向外扩散。

（2）用屏蔽体将接收电路，设备或系统包围起来，防止它们受到外界电磁场的影响。

（3）屏蔽静电、防止电磁干扰、对电子元件起保护作用。

1.100　在进行 PCB 设计时为什么需要做等长设计？

在 PCB 设计中，等长走线主要是针对一些高速并行总线来讲的。由于这类并行总线往往有多根数据信号基于同一个时钟采样，每个时钟周期可能要采样两次（DDRSDRAM）甚至 4 次，而随着芯片运行频率的提高，信号传输延迟对时序的影响比重越来越大，为了保证在数据采样点（时钟的上升沿或下降沿）能正确采集到所有信号的值，就必须对信号传输的延迟进行控制。等长走线的目的就是为了尽可能地减小所有相关信号在 PCB 上传输延迟的差异。

一般来说，时序逻辑信号要满足建立时间和保持时间并有一定余量。只要满足这个条件，信号是可以不严格等长的。然而实际情况是，对于高速信号来说（如 DDR2、DDR3、FSB），在设计的时候无法知道时序是否满足建立时间和保持时间的要求（影响因素太多，包括芯片内部走线和容性负载造成的延时差别，很难通过计算估算出实际值），必须在芯片内部设置可控延时器件（通过寄存器控制延时），然后扫描寄存器的值来尝试各种延时，并通过观察信号（直接看波形，测量建立时间和保持时间）来确定延时的值使其满足建立时间和保持时间的要求。不过同一类信号一般只对其中一根或几根信号线做这种观察，为了使所有信号都满足时序要求，只好规定同一类信号走线全部严格等长。

本章小结

本章通过 100 个问答的形式，对电子设计中的一些基本概念做了详细解答，旨在让读者在做具体项目的电子设计之前，对所做的项目有一个宏观把控，避免走入不必要的误区。

第 2 章
原理图库创建常见问题解答 50 例

 学习目标

> 掌握原理图库的基本概念。
> 掌握使用 Altium Designer 软件绘制原理图库文件。
> 掌握使用 Altium Designer 软件绘制原理图库的技巧。
> 掌握绘制原理图库的基本标准。
> 掌握绘制原理图库过程中各种问题的解决办法。

2.1 在 Altium Designer 软件中如何新建原理图库文件？

第一步：执行菜单命令文件→新的…（N）→库（L）→原理图库（L），新建一个原理图库文件，如图 2-1 所示。

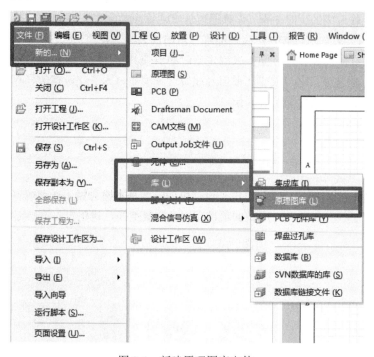

图 2-1 新建原理图库文件

第二步：弹出新建好的元器件创建界面，然后单击菜单栏工具（T）→新部件（C），如图 2-2 所示。之后会弹出一个创建新元器件对话框（如图 2-3 所示）。

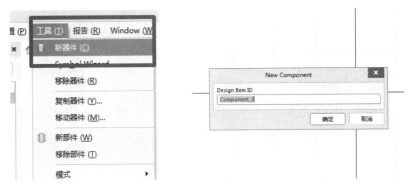

图 2-2　工具菜单栏　　　　　图 2-3　创建新元器件对话框

第三步：在创建新元器件对话框中，输入创建元器件的名称即可开始设计原理图元器件，接着根据规格书上所描述的规范进行库创建。

2.2　Altium Designer 系统自带的原理图库位置在哪里？

在我们进行设计的过程中可以直接调用 Altium Designer 系统自带的原理图库，但是很多人不清楚它在哪里？下面以 Altium Designer 20 版本为例进行说明：路径为 C:\Users\Public\Documents\Altium\AD20\Library（默认安装在 C 盘，前面路径为软件的安装路径），后缀名称为".IntLib"的文件就是 Altium Designer 系统自带的原理图库，如图 2-4 所示。此文件为集成库文件，把 PCB 封装文件和原理图封装文件集成在一起，如需调用，可以先进行库的安装，然后再调用。

图 2-4　系统自带的集成库文件路径

2.3　已经存在的原理图库如何添加到 Altium Designer 工程中？

在工程文件上单击右键，执行下拉菜单中的"添加已有文档到工程"命令，如图 2-5 所示，选择其需要添加的元件库，然后保存工程即可完成添加。

同样，当不需要某个元件库存在于当前工程目录下时，可以在需要移除的元件库上单击鼠标右键，执行下拉菜单中的"从工程中移除…"命令，如图 2-6 所示，即可移除相应的元件库。

图 2-5　添加已有文档到工程

图 2-6　从工程中移除元件库

2.4　如何创建集成库?

集成库的创建是在元件库和 PCB 库的基础上进行的。它可以让原理图的元件关联好 PCB 封装、电路仿真模块、信号完整性模块、3D 模型等文件,以方便设计者直接调用存储。集成库具有很好的共享性,特别适用于公司的集中管理。

下面介绍集成库的创建方法。

(1)执行菜单命令"文件→新的→项目→集成库",新建一个集成库工程文件。

(2)执行菜单命令"文件→新的→库→原理图库",新建一个元件库文件。

(3)执行菜单命令"文件→新的→库→PCB 库",新建一个 PCB 库文件。

第一步:保存以上 3 个新建文件:右击新建文件并保存。完成界面如图 2-7 所示。

图 2-7　保存 3 个新建文件

第二步:自行创建元件并创建 PCB 封装,创建完成后,将创建好的原理图封装及 PCB 封装对应起来,如图 2-8 所示。

图 2-8　为原理图封装添加相对应的 PCB 封装

第三步：添加好之后，元件库中的元件和 PCB 库中的 PCB 封装其实还是没有关联的，需要对这个库工程文件进行编译才行。右击库工程文件，执行"Compile Integrated Library Integrated-Library1.LibPkg"命令，对其进行编译操作，如图 2-9 所示。

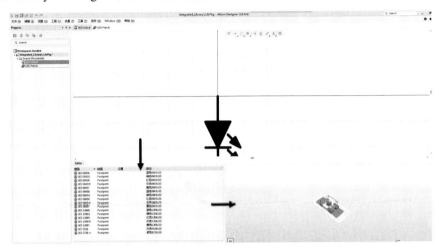

图 2-9　编译窗口简介

第四步：编译完成之后，在文件夹"Project Outputs for Integrated_Library1"中会自动生成一个"Integrated_Library1.IntLib"文件，这个文件就是集成库文件，如图 2-10 所示。

图 2-10　集成库文件展示

2.5　如何离散集成库？

集成库是一个原理图库和 PCB 封装库对应封装好的，其优点是可以直接调用，但是我们往往需要对封装库添加或修改，而集成库已经封装好了不能进行编辑，如果需要编辑则需要先离散。

（1）找到集成库文件，双击打开需要离散的 PCB 集成库文件，系统会自动提示一个如图 2-11 所示的对话框，单击"解压源文件"按钮。

（2）"解压源文件"可以把集成库文件分成元件库文件和 PCB 封装库文件，如图 2-12 所示。

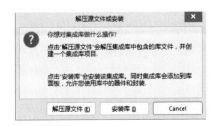

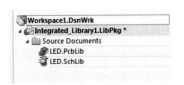

图 2-11　离散集成库　　　　　图 2-12　离散之后的元件库文件及 PCB 封装库文件

2.6 如何在软件中安装与移除集成库?

集成库被创建完成后，如何对其进行调用呢？这时就涉及集成库的安装和使用了。

（1）如图 2-13 所示，单击右上角面板栏中的" ✿ "图标。

（2）对于"Data Management-Installed Libraries"选项卡，加载的封装库只对当前工程有作用，如果当前工程需要额外的封装库，则可以单击右下角的"安装"选项卡进行添加。

（3）使用"安装"选项卡，安装的集成库、原理图封装库、PCB 封装库通用于所有工程。单击"从文件安装…"选项（如图 2-14 所示），添加"Project Outputs for Integrated_Library1"文件夹中的集成库文件"Integrated_Library1.IntLib"，即表示安装成功。

图 2-13　单击右侧面板栏中的" ✿ "图标

图 2-14　库使能界面

（4）对于不需要的集成库文件，可以在选中之后单击"删除"按钮（如图 2-15 所示）进行移除。同样，可以根据目前的安装集成库，使用"上移"或"下移"按钮来调整默认顺序。

图 2-15　集成库的安装与移除

2.7　当左边的元件库列表消失时，如何从菜单栏上调出？

绘制原理图时，一般需要从元件库列表调用原理图元件，但是有时候找不到元件库列表界面，能通过什么方法打开呢？一般有两种方法。

第一种：执行菜单命令"视图→面板→Components"，如图 2-16 所示。

第二种：单击右下角的"Panels→Components"即可调出消失的元件库列表，如图 2-17 所示。

图 2-16　元件调用界面

图 2-17　元件库列表的调用

2.8 创建元件时，格点在哪里设置，一般推荐怎么设置？

原理图库里的格点设置一般跟原理图里的格点设置是一致的，这样就可以保证元件都在格点上，连接的时候会方便很多，不会出现没在格点上的警告或造成连接不上的情况。栅格的设置有利于放置元件及绘制导线的对齐，以达到规范和美化设计的目的，如图 2-18 所示。

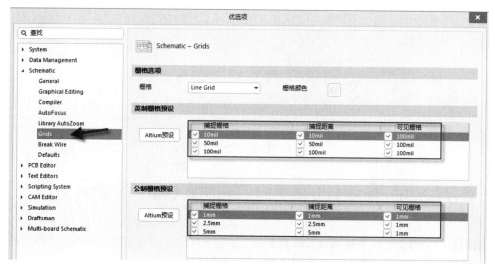

图 2-18　Grids 选项卡的设置

1. 可视栅格显示开关

执行菜单命令"视图→栅格→切换可视栅格"，如图 2-19 所示，可以对可视栅格进行显示或关闭操作，也可以按此命令在开和关之间进行切换。熟悉之后可以按组合快捷键"V+G+V"进行栅格的显示与关闭。

2. 捕捉栅格的设置

执行菜单命令"视图→栅格→设置捕捉栅格..."，如图 2-19 所示，可以对捕捉栅格进行设置，一般设置值为 5 的倍数，推荐设置为 100。

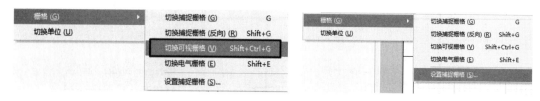

图 2-19　栅格设置菜单

2.9 什么是快捷键？如何设置自定义快捷键？

快捷键对于软件的使用是非常重要的，熟练使用快捷键可以给复杂设计提供很多便利。下面列举的是一些常用快捷键。

（1）常用视图快捷键如表2-1所示。

表2-1 常用视图快捷键

快 捷 键	功 能 说 明
VD	当设计图页不在设计目视范围内时，可快速归位
VF	对整个图纸文档进行归位
Page up	以鼠标指针为中心进行放大
Page down	以鼠标指针为中心进行缩小
VE	可以快速对选择的对象进行放大

（2）常用排列对齐快捷键如表2-2所示。

表2-2 常用排列对齐快捷键

快 捷 键	功 能 说 明
AL	向左对齐
AR	向右对齐
AT	向上对齐
AB	向下对齐
AD	水平等间距
AI	垂直等间距

（3）其他常用快捷键如表2-3所示。

表2-3 其他常用快捷键

快 捷 键	功 能 说 明
PW	放置导线
PB	放置总线
PP	放置元件
PN	放置网络标号
PT	放置字符标注
ED	删除
Shift+拖动	递增复制
Ctrl+F	快速查找
JC	跳转到元器件
Alt+单击	高亮原理图中相同网络
TP	系统参数设置面板

以上是常用的系统默认快捷键，也可以根据习惯设置自己想要的快捷键，如图 2-20 所示。选择菜单栏中的一个命令，按 Ctrl+鼠标左键，即可进入自定义快捷键对话框，如图 2-21 所示，找到"快捷键→可选的"下拉选项，选择需要自定义的快捷键。

图 2-20　菜单命令

图 2-21　快捷键的设置

2.10　绘制原理图库的常用命令有哪些?

在原理图库中制作元器件封装的时候，常用的快捷键如下：

放置管脚—PP　　　　　　　　放置矩形—PR

放置线—PL　　　　　　　　　放置多边形—PY

创建新器件—TC　　　　　　　创建新部件—TW

复制器件—TY　　　　　　　　移动器件—TM

移除器件—TR

再者就是对齐命令，通常用于器件管脚较多时候的对齐：

左对齐—AL　　　　　　　　　水平等间距—AD

右对齐—AR　　　　　　　　　垂直等间距—AI

 小 助 手 提 示

作者对 Altium Designer 快捷键进行了汇总，共 1000 多个，可以按照下述方式进行获取：打开 PCB 联盟网直接搜索"最全快捷键"即可下载。

2.11　如何创建一个简单的元件模型，其步骤是什么?

实践是检验真理的唯一标准。很多新手不清楚创建元件库的具体步骤，下面通过一个实际案例来进行说明。

（1）执行菜单命令"文件→新的→库→原理图库"，创建一个新的元件库。

（2）在元件库面板的元件栏中，单击“添加”按钮添加一个名称为“CAP”的新元件。

（3）执行菜单命令“放置→线”放置两条线，代表电容的两极，如图 2-22（a）所示。

（4）执行菜单命令“放置→管脚”，在放置状态下按 Tab 键，对管脚属性进行设置，管脚名称和管脚序号统一为数字 1 或 2，上、下分别放置管脚序号为“1”“2”的管脚，如图 2-22（b）、（c）所示。

（5）对于这类电容，管脚不需要进行信号识别。可以双击管脚，然后单击属性框中“Name”后面的“ ”图标，使其变成“ ”，即可隐藏管脚名称，这样可以得到更加清晰的显示效果，如图 2-22（d）所示。

（6）如果想要这个电容有极性，那么可以根据实际的管脚情况，用菜单命令“放置→线”或“放置→文本字符串”绘制极性标识，如图 2-22（e）所示。

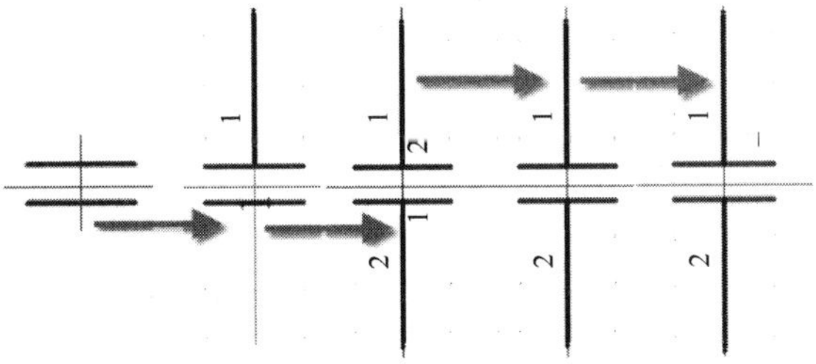

（a）（b）（c）（d）（e）

图 2-22　电容的绘制过程

（7）双击名称为“CAP”的元件，对其元件属性进行设置，如图 2-23 所示，位号设置为“C?”，Comment 值填写为“10μF”，Description 填写为“极性电容”，模型选择为“Footprint”，并填写名称为“3528C”。到这步即完成了电容元件的创建。

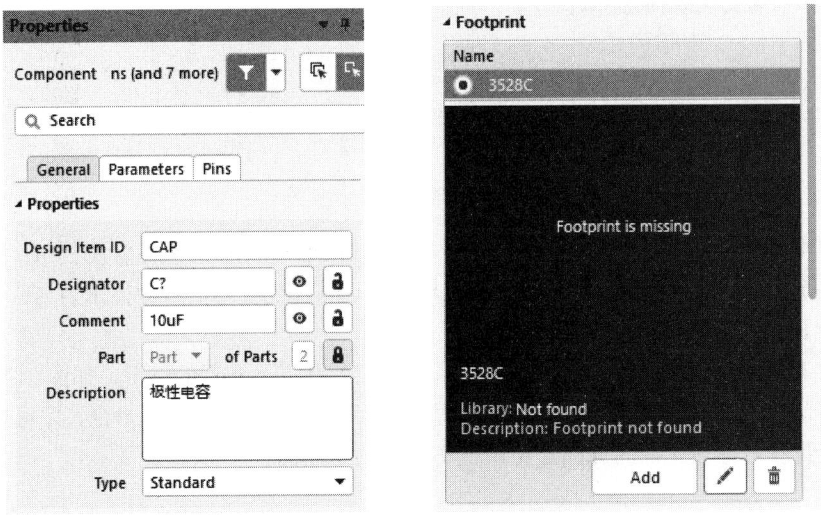

图 2-23　电容元件属性的设置

2.12　如何创建 IC 类器件的元件模型？

IC 类器件的元件模型的创建与简单电容电阻器件的创建不同，下面以 TPS54531 电源 IC 类为例讲解 IC 器件封装创建的方法，首先查找 TPS54531 的 Datasheet，其封装信息如图 2-24 所示。

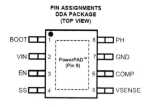

图 2-24　Datasheet 示意图

（1）在创建好的库文件中单击菜单命令"工具→新器件"创建一个新器件，并且命名为 "TPS54531"，如图 2-25 所示。

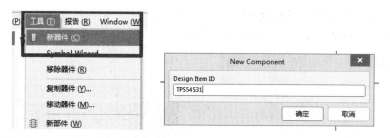

图 2-25　创建器件示意图

（2）用快捷键 PR 放置一个矩形框，然后用快捷键 PP 放置一个 PIN 管脚，用"shift+拖动"管脚复制 9 个管脚，双击管脚，在其属性窗口的"Name"栏填写资料中显示的名称和管脚号，即可完成此 IC 类器件的创建。

（3）如果出现管脚序号有显示，而管脚名称在矩形框下不显示的情况，如图 2-26 所示，则可以执行菜单命令"编辑→移动→移动到后面"，激活移动命令后单击矩形框，即可把管脚名称显示出来。管脚名称被遮挡的原因是矩形框在视图的最前面。

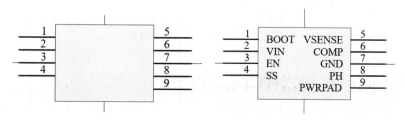

图 2-26　管脚属性编辑框

2.13　如何在原理图库中进行单部件元件的创建?

单部件元件的创建方法和常规的用原理图库创建一个新器件的方法一样，可以参考本章2.11的创建方法。

2.14　如何在原理图库中使用封装向导快速创建元件?

熟练使用原理图封装向导，可以加快原理图封装设计。原理图封装向导一般用于复杂IC、管脚数量特别多的封装。这个时候运用原理图封装向导可以快速创建封装。

（1）在原理图库界面，执行菜单命令"工具→Symbol Wizard..."，如图2-27所示。

（2）执行菜单命令后弹出如图2-28所示的对话框，即可根据自己需求设置参数，创建好了后直接单击"Place"选项放置。

图2-27　工具菜单栏

图2-28　封装向导设置界面

（3）Number of Pins：填写原理图封装需要的管脚数量。

（4）Layout Style：选择管脚的排序方式，如图2-29所示。

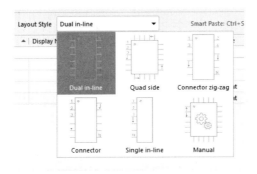

图2-29　管脚排序方式展示

（5）在属性窗口部分基于属性要求直接填写相关信息，右侧窗口就会出现创建完成之后的一个预览，单击窗口右下角的"Place"选项即可放置到原理图库中，从而完成向导的创建，如图2-30所示。

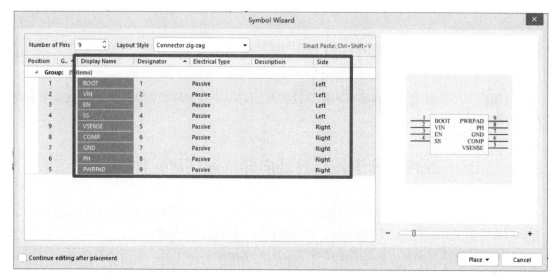

图 2-30 属性展示窗口

2.15 如何创建一个多 Part 元件?

当一个元件封装包含多个相对独立的功能部分(部件)时,可以使用子件。原则上,任何一个元件都可以被任意地划分为多个 Part(子件),这在电气意义上没有错误,在原理图的设计上增强了可读性和绘制的方便性。

子件属于元件的一个部分,如果一个元件有子件,则子件的数量至少有两个,元件的管脚会被分配到不同的子件中。下面以一个例子来讲解多 Part 元件的创建方法。

如图 2-31 所示,芯片 74HC00 中的 4 个与非门可以分别创建一个子件。

(1)分析子件管脚的分配,如图 2-32 所示,74HC00 可以根据 4 个与非门的独立功能划分为 4 个子件。

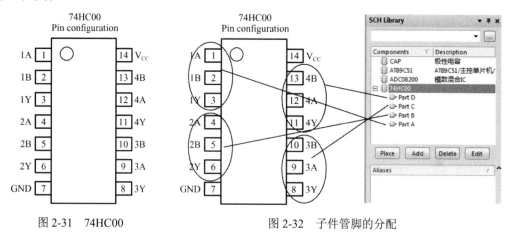

图 2-31 74HC00   图 2-32 子件管脚的分配

(2)执行菜单命令"工具→新器件",新建一个名称为"74HC00"的元件。

(3)利用绘制多边形命令"放置多边形"绘制一个三角形,如图 2-33 所示。

图 2-33　绘制三角形

（4）可以按照三角形的方式放置 Part A 规划的管脚，公用的 VCC 和 GND 管脚也可以放置在这个子件里，如图 2-34 所示。

（5）执行菜单命令"工具→新部件"，分别创建 Part B、Part C 和 Part D。

（6）按照第（1）步功能模块的分类及第（3）、（4）步的创建方法分别绘制元件内容，如图 2-35 所示。

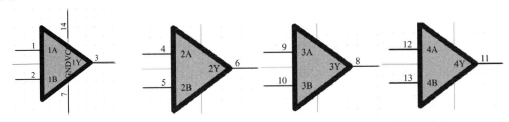

图 2-34　Part A 的管脚放置　　　　图 2-35　Part B、Part C 和 Part D 的管脚放置

（7）双击该元件，对其元件属性进行设置，如图 2-36 所示，位号设置为"U?"，Comment 值填写为芯片型号"74HC00"，模型选择为"Footprint"，从查询的资料中选出相应的封装，填写为"SSOP14"，即可完成此多子件元件的创建。

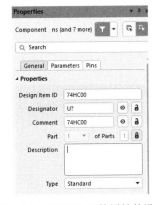

2.16　如何移除多 Part 元件的某个 Part？

创建多 Part 元件以后，有时多创建了 Part。那么如何移除多建立的那个 Part 呢？如图 2-37 所示，选中需要删除的多余 Part，执行右击"删除"命令即可。

图 2-36　74HC00 元件属性的设置

图 2-37　多余 Part 的移除

2.17　多 Part 元件的 Part 绘制是如何划分的?

在创建多管脚的器件封装时，划分 Part 的依据一般如下：
（1）查看器件的 Datasheet，根据芯片手册的分类划分 Part；
（2）把电源管脚与信号管脚分开；
（3）把功能一致的管脚分为一个 Part；
对于空管脚比较多的器件，把所有的空管脚分为一个 Part。

2.18　放置菜单命令下 IEEE 符号的含义是什么?

Altium Designer 里的 IEEE 符号通常用来表示元件某个管脚的输入或输出属性，便于分析电路图。如图 2-38 所示为"放置"下面的 IEEE 符号。

图 2-38　IEEE 符号的含义展示

2.19　在图 2-39 所示的元件管脚属性框"Electrical Type"一栏中各个类型的意思是什么?

在创建原理图器件封装库时，"Electrical Type"一栏是管脚的类型定义，每一种类型的含义解释如下：
（1）Input：输入信号。作为输入管脚使用。
（2）I/O：双向型。既可作为输入管脚，又可作为输出管脚。
（3）Output：输出信号，一般用于 IC 类器件的输出管脚。
（4）Open Collector：表示开集电极，一般用于三极管或 MOS 管。
（5）Passive：无源类型，一般信号管脚选择该类型。

（6）Hiz：高阻型，为高阻状态的管脚。

（7）Open Emitter：表示开发射极，一般用于三极管或 MOS 管。

（8）Power：电源类型，一般用于电源管脚。

2.20 元件编辑属性时 Designator、Description 和 Comment 的含义分别是什么？

图 2-39　元件属性框

（1）Designator：元件位号，元件的唯一标识，用来标识原理图中不同的元件，常见的有"U？"（IC 类）、"R？"（电阻类）、"C？"（电容类）、"J？"（接口类）。◉ 用来选择是否可见；ⓐ 用来选择是否可更改。

（2）Description：描述，用来填写元件的功能描述，如数模转换、逻辑器件、移位寄存器、串转并等，或者直接填写元件芯片的型号，这个根据设计者的实际需要进行填写。

（3）Comment：元件注释，通常用来设置元件的参数，如电阻的阻值、电容的容值、IC 的芯片型号等。

2.21 在 Altium Designer 中如何对元器件的管脚进行统一属性更改？

针对管脚数目比较多的 IC 类器件，可以先把全部管脚数目放置出来，然后进行属性的统一修改。操作步骤如下：

（1）首先在绘制库的界面中按照规格放置 IC 类器件相对应的管脚数目、管脚名称（Name），以及管脚编号（Numbers），如图 2-40 所示。

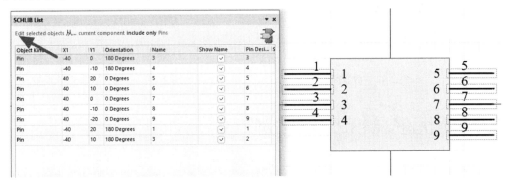

图 2-40　SCHLIB List 界面设置

（2）选中需要更改属性的管脚，单击右下角"Panels-SCHLIB List"，调出 SCHLIB List 界面，在左上角处选择"Edit"进入可编辑的模式。

（3）设计者可以在 SCHLIB List 界面所显示的列表中对应统一编辑成自己需要的属性，可以运用快捷键 Ctrl+C、Ctrl+V 来进行复制和粘贴操作，方便快捷。如图 2-41 所示。

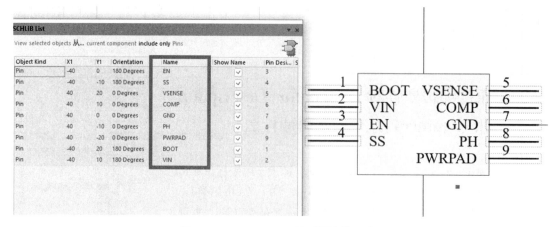

图 2-41　SCHLIB List 界面属性的更改

2.22　如何更改元器件的管脚长度?

在绘制原理图库元器件的时候, 元器件很小但元器件管脚很长, 显得很不协调。如何进行管脚长度的灵活调整呢?

（1）执行快捷键命令"PP"放置管脚, 如图 2-42 所示。

（2）双击放置好的管脚, 在弹出的属性框中找到"Pin Length", 在这里输入需要修改的值即可, 建议修改为 100 的整数倍, 如"100""200""300", 如图 2-43 所示。

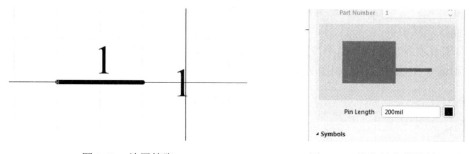

图 2-42　放置管脚　　　　　　　　图 2-43　管脚长度属性的设置

2.23　如何快速复制元器件的管脚?

在绘制元器件封装的时候可以对管脚进行复制。Altium Designer 里面的复制功能在很多地方都会用到, 比如, 元器件的复制、PCB 封装的复制, 以及在绘制原理图的过程中遇到相同模块的时候也可以通过复制来减少时间, 提高设计效率。在 Altium Designer 库里对元器件的管脚进行复制一般有以下两种方法:

（1）执行快捷键命令"Ctrl+C"和"Ctrl+V", 可以复制和粘贴管脚, 但是复制的管脚号是一样的。

（2）选中管脚, 执行快捷键命令"Shift+鼠标左键拖动"可以进行递增复制, 复制的管脚号是可以递增的, 所以在一些数字序号管脚比较多的座子上这种复制方法用得比较多。

2.24 创建元件时如何批量放置管脚?

绘制多管脚原理图封装的时候,可以通过批量放置管脚功能来进行管脚的快速放置。

(1)执行快捷键命令"PP"放置一个管脚,对放置的管脚执行快捷键"Ctrl+C"进行复制。

(2)执行菜单栏命令"编辑→阵列式粘贴"进入如图 2-44 所示的菜单,对应填写或设置里面的参数:

① 对象数量:管脚放置的数量。

② 主增量:管脚序号的增长量。

③ 次增量:管脚名称的增长量。

④ 水平的:放置管脚水平方向的间距。

⑤ 垂直的:放置管脚垂直方向的间距。

(3)参数设置好之后,单击"确定"按钮,即可批量复制管脚,如图 2-45 所示。

图 2.44 编辑菜单栏设置

图 2-45 粘贴阵列对话框参数设置

2.25 如何批量移动元器件的管脚?

在绘制原理图元器件封装的时候,要制作一个管脚特别多的原理图元器件封装,需要一个一个地将功能模块分开,同功能的管脚需要放置到一起。运用批量移动的方法则可以节约大量时间。

下面以一个连接器为例说明,如图 2-46 所示。

(1)选中需要移动的管脚。

(2)将鼠标指针直接放置在选择管脚的区域,按住鼠标左键直接拖动,还可以按空格键使管脚进行旋转,选中之后也可以执行快捷键 MS,然后单击选择区域来进行移动操作。

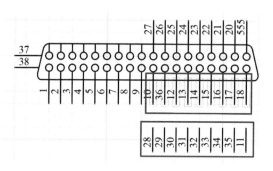

图 2-46　管脚的展示图

2.26　创建元件时如何使管脚序号默认从 1 开始?

创建元件时管脚序号默认从 1 开始的方法如下:

（1）双击管脚，进入属性中可以修改管脚编号。但此种方法治标不治本，下次再放置管脚时，还是不会从修改以后的管脚编号开始。

（2）执行快捷键命令"TP"，进入原理图参数设置选项卡，选择"Defaults→Pin"选项，对管脚的属性"Designator"和"Name"进行默认设置，如图 2-47 所示。

（3）设置完成后需要勾选图 2-47 所示的"Permanent"选项，使其永久生效。

（4）返回原理图库页面，当再次执行放置管脚命令时，管脚序号即按照设置的默认参数开始。

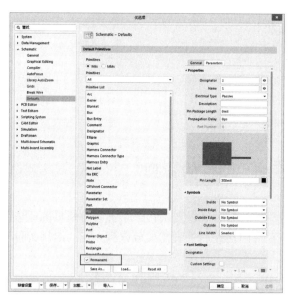

图 2-47　管脚序号的默认设置及生效设置

2.27　创建元器件时如何放置管脚并修改管脚的颜色?

在绘制原理图封装库的时候，一般放置的管脚颜色是黑色的，可以通过修改管脚的颜色来分辨信号的重要性，这种情况在日常设计中经常遇到，可以根据下面的步骤进行设置：

执行快捷键命令"PP"放置管脚。放置完成后，双击管脚进入管脚属性编辑界面，在"Pin Length"处单击小黑方框，弹出颜色更改界面即可更改管脚的颜色，如图 2-48 所示。

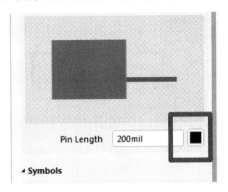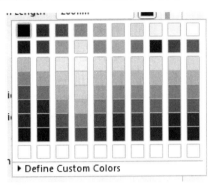

图 2-48　颜色更改

2.28　创建元器件库时如何放置填充图形，并修改其颜色？

在绘制二极管或三极管的时候，一般需对那个小三角形区域进行绘制，通常可以利用多边形绘制的方式进行绘制并通过填充的方式来实现。

（1）执行菜单命令"放置→多边形"绘制一个三角形。

（2）双击放置的三角形，在弹出的属性编辑对话框中的"Fill Color"处进行勾选操作，并且单击后面的小方框修改其填充颜色，一般选择和绘制边框一样的颜色，如图 2-49 所示。

图 2-49　多边形的颜色填充

2.29　元器件的管脚名称如何带上横线显示？

设计过程中有时需要在原理图中通过给管脚名称上面添加横线来标注此管脚低电平有效。

方法如下：首先执行快捷键"PP"放置管脚，接着双击管脚，弹出管脚属性编辑界面。在 Name 栏填写网络名称时加上"\"，如"E\A\"（如图 2-50 所示）。

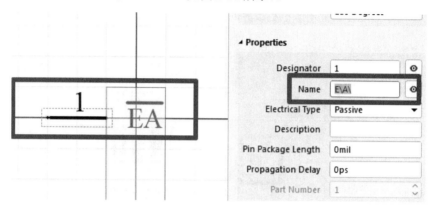

图 2-50　管脚高、低电平设置

2.30　如何显示与隐藏管脚序号和名称？

在绘制原理图元器件的时候，有时会想把管脚序号和名称隐藏，方法如下：

双击管脚进入管脚属性编辑框，单击管脚序号"Designator"后的"〇"图标，使其变成"〇"即可隐藏管脚序号，再次单击图标使其恢复成"〇"即可重新显示管脚序号，如图 2-51 所示。管脚名称的显示或隐藏方法与此一致。

图 2-51　管脚名称或管脚序号的显示与隐藏

2.31　如何显示或隐藏所创建元器件的 Value 值？

元器件的 Value 值一般填写在元器件属性的"Comment"栏，创建好原理图元器件以后，在 SCH Library 界面单击创建好的元器件，接着单击下面的"编辑"按钮，如图 2-52 所示，弹出元器件属性编辑框，单击 Comment 后面的"〇"图标即可关闭显示 Value 值，如图 2-53 所示。

图 2-52　SCH Library 界面

图 2-53　元器件属性编辑框

2.32　制作元器件时如何旋转元器件管脚的角度?

Altium Designer 中仕制作元器件封装时旋转元器件管脚的方法一般有以下两种:

（1）选中并双击管脚，弹出属性编辑框，在 Rotation 选项下选中管脚的旋转角度，如图 2-54 所示。

（2）选中管脚，在拖动状态下按空格键即可完成角度旋转。

2.33　原理图库创建过程中如何对字体大小进行设置?

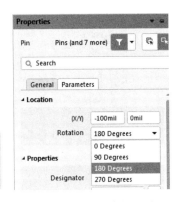

图 2-54　管脚角度的设置

利用 Altium Designer 软件在绘制原理图封装时，有时会用到 Text 文本进行标注，从而提高设计的可读性。放置的文本不宜过大或过小，需要大小适当。

执行快捷键 "PT"，在放置状态下按 Tab 键或放置成功之后双击进入字体属性编辑界面，在 Text 栏中填入需要填写的文本，在 Font 栏中选择字体的大小即可，如图 2-55 所示。

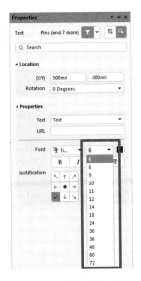

图 2-55　字体属性编辑界面

2.34 创建元器件库时如何添加图像元素?

图像元素的放置可以更加形象地描述元器件的相关信息,在绘制过程中可以进一步增加可读性,通常可以按照如下步骤完成图像元素的添加:

(1)执行菜单命令"放置→图像",如图2-56所示。

(2)单击鼠标确定图像区域的左下角顶点位置,并且移动鼠标到所需要的图像区域右上角顶点位置后再次单击,即可确定图像区域的大小。

(3)区域大小设置完后会弹出图像选择框,选择图片并进行导入,导入后可以对其大小进行额外调整,以满足可读性的要求,如图2-57所示。

图 2-56 放置图像

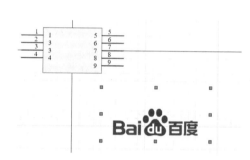

图 2-57 放置图像的效果

2.35 如何实现把元器件从一个库复制到另外一个库?

(1)把需要复制的原理图库打开,通过执行右下角命令"Panels→SCH Library"打开库列表,在库列表中选择需要的元器件,执行复制命令,如图2-58所示。

(2)打开需要粘贴的原理图库,同样打开库列表,在库列表的空白处单击右键执行"粘贴"命令,如图2-59所示。

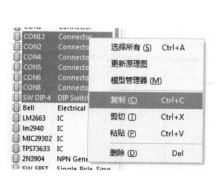

图 2-58 库列表的复制

图 2-59 原理图库的粘贴

2.36　如何从现有原理图中生成原理图封装库?

在设计过程中经常会遇到需要从某张原理图中调用原理图元器件的情况,通常采用生成封装库的方法来解决。具体操作如下:

(1)打开原理图,执行菜单命令"设计→生成原理图库",或者按快捷键"DM",如图2-60所示。

(2)在弹出的"元件分组"对话框中,去除所有的勾选,这时就会生成一个原理图封装库文件,直接调用即可,如图2-61所示。

图2-60　执行生成原理图库命令

图2-61　元件分组的选择

2.37　如何将修改好的元器件库更新到原理图中?

绘制完原理图后发现原理图中的元器件封装有错误,且数量很多,这时可以在库中把修改好的元器件直接更新到原理图,而无须在原理图中删除后再一个一个重新放置。采用更新原理图封装库的方法可以节约很多设计时间。举例如下:

(1)首先打开原理图库文件,找到需要修改更新的元器件封装,如图2-62所示为一个连接器的元器件封装,双击PIN脚弹出属性框,将其19脚的Designator改成39,然后按回车键确认修改。

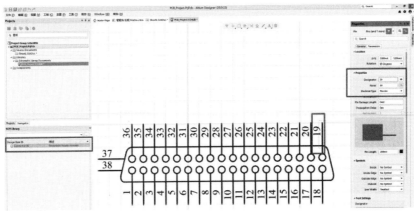

图2-62　元器件管脚设置

（2）修改完成以后，进入库列表界面，右击元器件→更新原理图，如图 2-63 所示。

（3）更新完成以后弹出如图 2-64 所示的对话框。

图 2-63　元器件更新

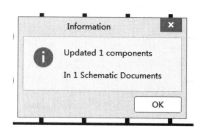

图 2-64　元器件更新完成

（4）单击"OK"按钮，回到工程下面的原理图，检查是否已经修改并更新，如图 2-65 所示。

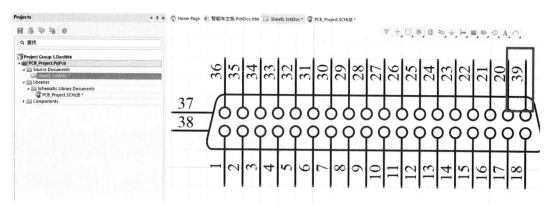

图 2-65　原理图修改并更新展示

2.38　如何在原理图库中直接分配元器件的 PCB 封装?

在绘制原理图封装的时候，可以对其进行 PCB 封装的分配，这样会节省很多设计时间，并且不容易出错，在导入 PCB 时能减少很多不必要的封装匹配错误。

（1）创建好元器件的原理图模型之后，在 SCH Library 界面下单击"编辑"按钮，如图 2-66 所示。

（2）弹出元器件的属性框，选择执行"Parameters→Add→Footprint"命令即可添加封装库，如图 2-67 所示。

（3）在封装库添加窗口，单击"浏览"按钮即可在已经安装的库列表中选择需要添加的 PCB 封装库，如图 2-68 所示。

图 2-66　元器件的编辑

图 2-67　添加封装库设置

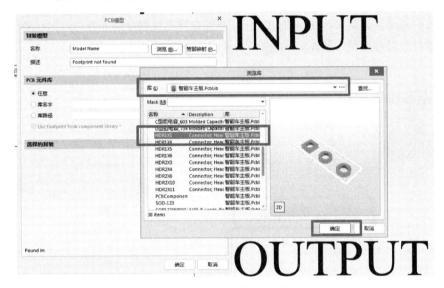

图 2-68　PCB 封装库的添加

2.39　如何在元器件模型绘制过程中绘制出实心圆形？

绘制实心圆形的方法与前文中所提到的器件的填充大同小异，实心圆形一般用于表示原理图中的测试点封装。

（1）执行菜单命令"放置→椭圆"，在空白区域绘制一个圆，如图 2-69 所示。

（2）放置完成之后，双击该"圆"，在弹出的属性框中勾选 Fill Color，并在其后面的小方框设置和边缘同样的颜色，即可绘制一个实心圆形，如图 2-70 所示。

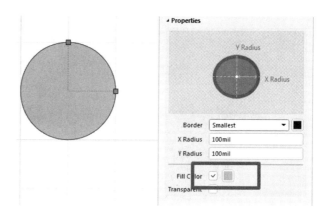

图 2-69　放置菜单栏　　　　　　　　　　图 2-70　圆形的填充

2.40　如何在当前元器件库中删除不想要的元器件？

在当前元器件库中删除不想要的元器件一般有以下两种方法：

（1）打开原理图封装库，在 SCH Library 界面选择需要删除的元器件，右击删除即可，如图 2-71 所示。

（2）打开原理图封装库，在 SCH Library 界面选择需要删除的元器件，执行菜单命令"工具→移除器件"也可以对元器件进行删除，如图 2-72 所示。

图 2-71　删除元器件　　　　　　　　　图 2-72　工具菜单栏删除元器件

2.41　如何在已经打开的原理图库中快速查找并定位到所需要的元器件？

设计者在设计时清楚快速查找并定位元器件的方法是很有必要的，快速查找并定位到原理图能使设计者快速放置所需要的元器件，缩短不必要的翻找元器件的时间，从而提升设计速度。方法如下：

（1）执行右下角命令"Panels→Components"，打开库搜索界面，如图 2-73 所示。

（2）在库搜索界面，输入元器件的首字母，光标会自动跳转到与首字母相同的一系列元器件的位置，如图 2-74 所示，如需调用，直接按住鼠标左键拖动过去即可。

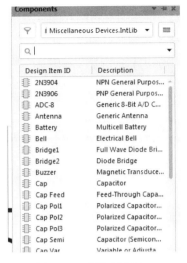

图 2-73　库搜索界面

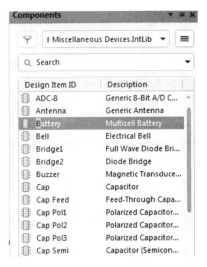

图 2-74　搜索展示

2.42　如何再次修改位号前缀已经确定好的元器件?

位号是标识元器件的编号,修改前缀已经确定好的元器件位号的方法如下:

(1)打开 SCH Library 界面,双击需要修改位号前缀的元器件,弹出元器件属性编辑框,如图 2-75 所示。

(2)选择 Designator 栏,修改成需要的位号前缀。

(3)修改完成以后,在原理图里重新放置元器件,即可更新到原理图,如图 2-76 所示。

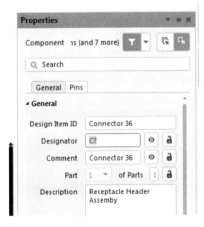

图 2-75　元器件属性编辑框

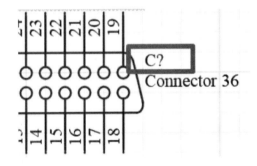

图 2-76　更新完成图示

2.43　在 Altium Designer 软件中怎么用 Excel 创建元器件?

对于一些管脚号特别多的元器件,一个管脚一个管脚地放置会耗费大量时间。我们可以利用 Excel 表格的优势结合 Altium Designer 软件来创建元器件。

(1)首先在 Excel 中建立一个表格,表格内容包括 X 坐标、Y 坐标、方向、名字、电气属

性和管脚号等。（最重要的是名称和管脚号一定要对应）

（2）以图 2-77 所示的数据为例，为了能在后面步骤中将数据自动更新进去，首行内容一定要与图 2-77 中的内容保持一致。编辑好表中的数据之后选中表中内容并复制（一定要先复制，否则操作下面第 5 步时会无反应）。

object kind	X1	Y1	Orientation	name
Pin	-100mil	-100mil	180 Degrees	5999
Pin	-100mil	-200mil	180 Degrees	6999
Pin	-100mil	0mil	180 Degrees	7999
Pin	-100mil	100mil	180 Degrees	8888

图 2-77　选择数据

（3）打开原理图库编辑器新建一个元器件，如图 2-78 所示。

（4）执行右下角菜单"Panels→SCHLIB List"，如图 2-79 所示，打开"List"列表。

图 2-78　新建元器件　　　　　　图 2-79　选择 SCHLIB List

（5）在 SCHLIB List 窗口中，查看其是否处于 Edit 模式，如是 View 模式，则在左上角选择"Edit"，当处于如图 2-80 所示的 Edit 模式时，在空白处单击右键，可以发现"智能栅格插入"由之前的灰色不可选变成了黑色可选。

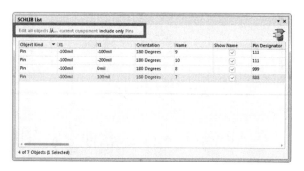

图 2-80　智能栅格插入变色

（6）右击图中选项，选择"智能栅格插入"，如图 2-81 所示。

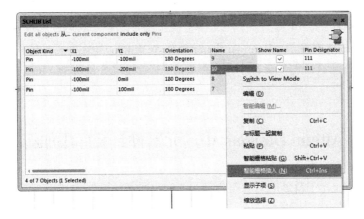

图 2-81　SCHLIB List 选项栏界面

（7）弹出 Smart Grid Insert 窗口，先后单击"Automatically Determine Paste"和"OK"按钮，完成 Smart Grid Insert 操作。这样 Excel 表里的信息就被成功导入了，如图 2-82 和图 2-83 所示。

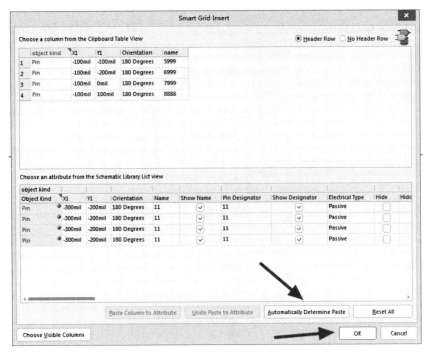

图 2-82　单击按钮

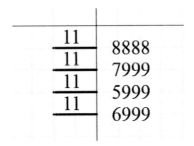

图 2-83　导入完成示意图

这个功能很好地利用了 Altium Designer 软件与 Windows 软件良好的数据交换特点。可以在 Excel 中快速编辑任何复杂器件的管脚属性，然后通过 Smart Grid Insert 操作来完成管脚的自动放置。

2.44 如何给 Altium Designer 中的元器件封装库添加新的属性描述?

在 Altium Designer 中新建的封装库会自动生成一些默认属性,如果需要添加一些特殊属性,则需要手动添加。添加方法如下:

（1）打开原理图库,执行右下角命令"Panels→SCH Library"进入库列表,在库列表中选中需要修改的元器件。

（2）在 SCH Library 界面下单击"编辑"按钮,然后在弹出的属性对话框中选择 Description 栏,给元器件添加新的属性描述,如图 2-84 所示。

（3）添加完毕之后直接按回车键保存库文件,新的属性描述就已经添加好了。

图 2-84 添加新的属性描述

2.45 创建完成元器件之后如何运用 DRC 检测其规范性?

在 Altium Designer 中绘制完元器件以后,为了避免一些常规性错误,可以进行库元件规则检测。

（1）执行菜单命令"报告→器件规则检查",完成后弹出库元件规则检测对话框,如图 2-85 所示。

（2）对原理图器件封装进行规则检测选项的勾选,常规来说,一般选择"元件名称""管脚""管脚号""序列中丢失管脚",如图 2-86 所示。

（3）单击"确定"按钮弹出一个报告,如图 2-87 所示。如果元器件报错,则报错的内容都会显示在上面，返回进行修改即可。

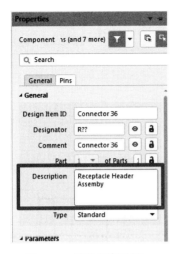

图 2-85　器件规则检测

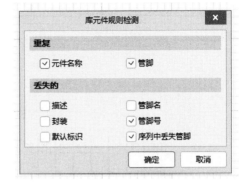

图 2-86　勾选规则检测选项

图 2-87　检测报告

2.46　元件 DRC 检测项的介绍包含什么?

元件创建完成以后，一般会对元件进行库元件规则检测，以下是常用检查项的介绍。

（1）元件名称：元件是否被命名。

（2）管脚：元件的管脚编号及管脚名称是否重复。

（3）描述：是否对元件进行描述。

（4）管脚名：放置的管脚是否命名。

（5）封装：绘制完成的元件是否进行封装分配。

（6）默认标识：元件的默认标识。

（7）序列中丢失管脚：一个序列的管脚缺少某个号码。

2.47　元件 DRC 检测解读——元件管脚号重复该如何处理?

（1）元件绘制完成以后，运行"库元件规则检测"出现报错，如图 2-88 所示。

（2）从图中描述可以看出是元件"Connector 36"的 19 号管脚重复了。

（3）从图中找到报错的元件并打开，找到相同的管脚并修改保存，如图 2-89 所示。

（4）Missing Pin Number in Sequence 的含义：管脚序列号丢失，把缺少的 20 号管脚补上。

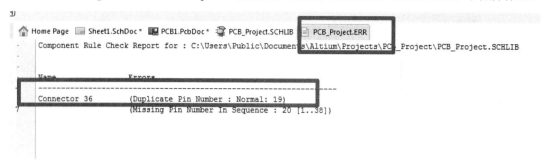

图 2-88　检测报错报告

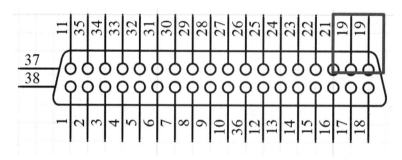

图 2-89　修改管脚

2.48　元件DRC检测解读——元件NO Description 报错该如何处理?

（1）当库元件规则检测出"NO Description"报错时，其原因是元件缺少描述，如图 2-90 所示。

（2）可以打开该报错的元件属性，在 Description 栏中填写元件的描述。

（3）再次执行"库元件规则检测"就不会出现该报错了。

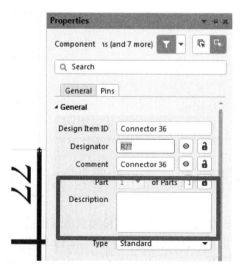

图 2-90　元件描述框展示

2.49 如何解决原理图库编辑界面无法显示问题?

对于初学者来说,在创建原理图封装的时候,有时误操作会造成封装库编辑界面消失的情况,如图 2-91 所示。图 2-92 所示为编辑界面的正常状态。

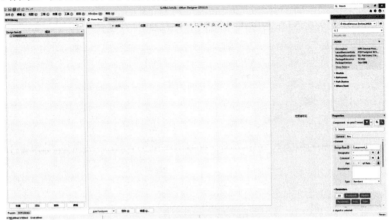

图 2-91 编辑界面消失

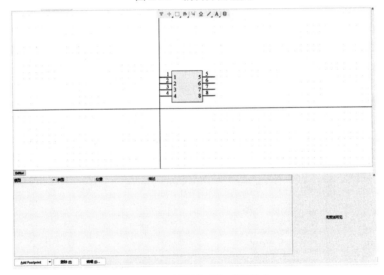

图 2-92 编辑界面的正常状态

单击图 2-93 所示的小箭头,即可将编辑界面显示出来。

图 2-93 原理图封装编辑界面

2.50 如何解决原理图库分配 PCB 封装时报 Footprint not found?

在设计完成 PCB 封装后要进行 PCB 封装的分配，在库里找到对应的封装单击确认后出现 Footprint not found，如图 2-94 所示。

解决方法如下：

第一步：在 PCB 封装分配界面单击库路径一栏后面的"选择"按钮，如图 2-95 所示。

图 2-94　PCB 封装分配界面　　　　　　图 2-95　在 PCB 封装分配界面中选择

第二步：单击以后进行库路径选择，选择与原理图封装相对应的 PCB 封装库，如图 2-96 所示。

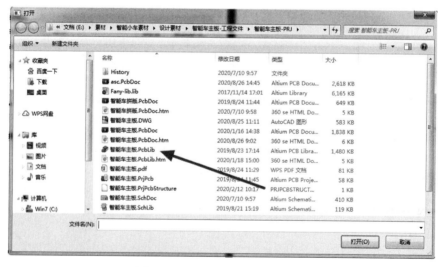

图 2-96　选择对应的 PCB 封装库

第三步：找到对应的封装库后单击打开，即可出现 PCB 封装的预览，如图 2-97 所示。

图 2-97　PCB 封装的预览界面

本章小结

　　本章主要讲述了 50 个 PCB 库创建过程中遇到的常见问题，通过问答的方式，阐述其中的原因，并找到解决方法。为了方便读者学习，作者为本书提供了丰富的 2D 标准库和 3D 库文件，读者可以从 PCB 联盟网获取或直接联系作者获取。

第 3 章

Altium Designer 原理图设计常见问题解答 90 例

 学习目标

- ➢ 掌握原理图中的基本概念。
- ➢ 熟练掌握使用 Altium Designer 软件原理图工具。
- ➢ 掌握使用 Altium Designer 软件绘制原理图文件。
- ➢ 掌握 Altium Designer 软件绘制原理图的技巧。
- ➢ 掌握绘制原理图的基本标准。
- ➢ 掌握绘制原理图过程中各种问题的解决办法。

3.1　如何新建及保存原理图？

将原理图库绘制完成后需要绘制原理图，首先需要新建原理图，怎么在 Altium Designer 中新建原理图文件呢？

（1）执行菜单命令"文件→新的"，然后选择原理图，即新建了一个原理图，如图 3-1 所示。

（2）新建原理图成功后，单击选中该原理图，执行"保存"命令，即可保存该原理图文件，如图 3-2 所示。

图 3-1　执行原理图命令　　　　　图 3-2　保存原理图文件

3.2　如何对创建好的原理图进行重新命名？

新建原理图时默认命名为 Sheet1、Sheet2 等，这样不利于辨认原理图文件，文件过多的情况下容易造成混乱，尤其是在一个工程中有多个原理图时，一个好的原理图命名既可以提高文件的可读性，也可以提高设计效率。

（1）执行菜单命令"文件→新的"，然后选择原理图，即新建一个原理图页，默认命名为Sheet1.SchDoc，如图3-3所示。

（2）在没有保存新建原理图页的情况下，可以直接执行快捷键"Ctrl+S"保存，同时可以重命名。

（3）如果原理图页已经保存，则可以选中需要重新命名的原理图页，然后右击选择"另存为"选项，重新输入需要更改的名字即可。

图 3-3　原理图页的重命名

3.3　如何将额外的原理图页文件添加到指定工程中？

在进行软件操作时，经常会因为原理图页文件没有放到工程中而导致一些操作无法正常进行，如图3-4所示，怎么把已有的原理图页文件放到指定的工程中呢？

可以把鼠标指针放置在需要移动的原理图页文件上，按住鼠标左键拖拽至上方的工程中即可，如图3-5所示。

图 3-4　原理图页文件不在工程中

图 3-5　将原理图页文件拖拽至工程中

3.4　怎么快速跳转到原理图工作区？

在对原理图页进行操作时，经常会因为缩小或拖拽导致原理图工作区消失，如图3-6所示，如何快速跳转到原理图工作区呢？

执行"视图→适合所有对象"命令，或按快捷键"V+F"可以快速跳转回原理图工作区，如图 3-7 所示。

图 3-6　原理图工作区消失　　　　图 3-7　执行适合所有对象命令

3.5　如何快速放大、缩小和拖动原理图工作区？

在绘制和查看原理图时，放大、缩小和拖动原理图是常用操作，快速执行这些操作有利于提高设计效率。

（1）放大和缩小：将鼠标光标放到原理图某处，按住鼠标中键向前移动可以放大原理图，按住鼠标中键向后移动可以缩小原理图。可以利用此快捷操作快速查看器件、网络等元素。

（2）拖动：拖动原理图工作区可以快速浏览原理图，按住鼠标右键向左移动可以向左拖动原理图界面，向右移动则可以向右拖动原理图界面。

3.6　原理图工具栏图标不显示了，怎么调出来？

Altium Designer 原理图界面默认是将工具栏图标显示出来，如图 3-8 所示，但是经常会出现误操作后工具栏图标不显示的情况，如何再次调出工具栏图标呢？

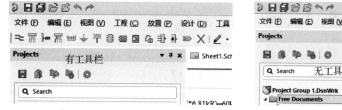

图 3-8　原理图默认界面

执行菜单命令"视图→工具栏→布线"或直接右击菜单栏空白处，选择"布线"和"原理图标准"命令，即可显示出来，如图 3-9 所示。

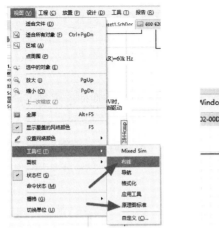
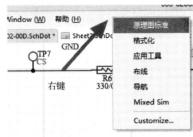

图 3-9　调出原理图工具栏图标

3.7　原理图绘图工具栏中的每个选项主要代表什么？

为了提高设计效率，Altium Designer 高版本在原理图界面新增了一个绘图工具栏，在绘制原理图时会经常用到此工具栏，其中的每个图标分别代表什么呢？

原理图界面绘图工具栏如图 3-10 所示。

图 3-10　原理图界面绘图工具栏

（1）"▽"代表过滤器。过滤器中可以筛选原理图中的某些属性，在过滤器中没有被选中的在原理图中也无法被选中，如图 3-11 所示，只选中 Components，即原理图中只有元件可以被选中。

（2）"+"表示拖动对象。光标移动到图标处后单击左键会显示关于移动的一些方式，最常用的是拖动、移动和通过 X,Y 移动选中对象，如图 3-12 所示。

图 3-11　选择 Components

图 3-12　常用移动命令

（3）"□"表示框选。光标移动到图标处后单击左键会显示选择元件的一些方式，最常用的是矩形接触到对象（框选）和直线接触到对象（线选）两个命令，如图 3-13 所示。

（4）"▥"表示对齐元器件。光标移动到图标处后单击左键会显示左对齐、右对齐、水平中心对齐等选项，如图 3-14 所示。

（5）"▥"表示放置元器件。单击图标会弹出放置元器件的弹框，如图 3-15 所示。

（6）"≈"代表放置走线。光标移动到图标处后单击右键会显示总线及入口选项。

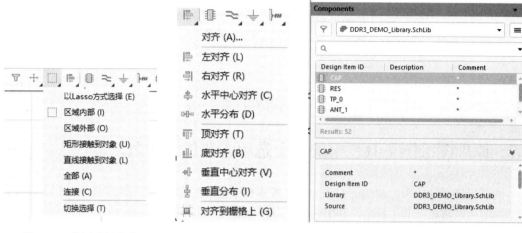

图 3-13 常用选择命令   图 3-14 对齐命令   图 3-15 元器件的放置

（7）"⏚"代表地标识。光标移动到图标处后单击右键会显示电源、12V 等标识。

（8）"⊢⊶"代表线束。光标移动到图标处后单击右键会显示线束入口选项。

（9）"▤"代表页面符。

（10）"▷"代表 Port 端口。光标移动到图标处后单击右键会显示端口和离图连接器选项。

（11）"⊕"代表参数设置。光标移动到图标处后单击右键会显示 NO ERC 等选项。

（12）"A"代表文本字符串。光标移动到图标处后单击右键会显示文本框，即注释选项。

（13）"⌒"代表圆弧。光标移动到图标处后单击右键会显示圆圈、椭圆等选项。

3.8　大光标有助于原理图设计中的各种对齐，如何进行切换？

为了满足设计者的不同需求，Altium Designer 原理图中设计了几种不同的光标，可以根据个人的设计习惯进行设置。对于新学者，这里建议使用全屏十字光标，从而有利于提高效率。

执行快捷键"T+P"，进入优选项设置界面，在"Schematic-Graphical Editing"选项卡中找到"光标"，在"光标类型"中可以改成"Large Cursor 90"，大光标设置即完成了，如图 3-16 所示。

（1）Large Cursor 90：全屏十字光标（最常用）。

（2）Small Cursor 90：小型十字光标。

（3）Small Cursor 45：小型 X 形光标。

（4）Tiny Cursor 45：微小型 X 形光标。

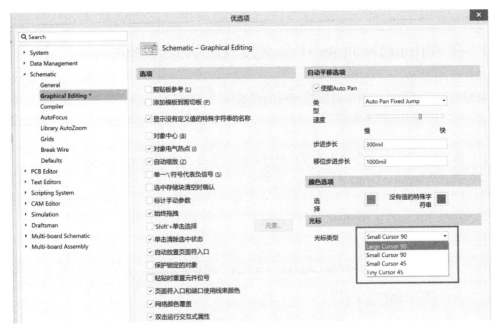

图 3-16　将光标类型更改为 Large Cursor 90

3.9　如何做到全屏显示原理图设计界面？

在设计原理图时，如果用全屏显示原理图会更加方便。在 Altium Designer 中怎么用全屏显示原理图呢？这主要是一个视图设置问题。

（1）执行菜单命令"视图→全屏"，或者执行快捷键"Alt+F5"，即可全屏显示原理图，如图 3-17 和图 3-18 所示。

（2）如果需要退出全屏，则再次执行这个操作进行切换即可。

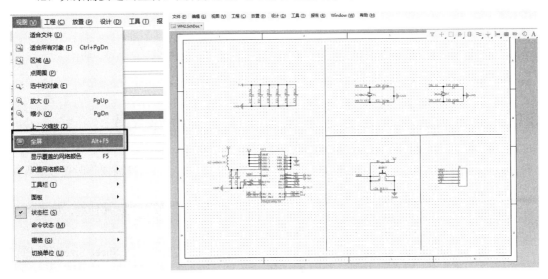

图 3-17　执行全屏显示命令　　　　　　　　图 3-18　原理图的全屏显示

3.10 在 Altium Designer 中怎么设置默认原理图的图纸尺寸?

绘制原理图时通常需要设置好原理图的图纸尺寸,建议可以将默认原理图的图纸设置为 A3,A3 纸可以容纳大部分原理图,这样就不用每次画原理图前去修改图纸了,可以提高设计效率。

(1)执行快捷键"T+P"进入优选项设置界面后单击"Schematic-General"。

(2)在"Schematic-General"选项卡中的右下角找到"默认空白纸张模板及尺寸"栏,在"图纸尺寸"处设置原理图默认图纸大小为 A3,单击"确定"按钮,再次新建原理图时默认图纸就是"A3"了,如图 3-19 所示。

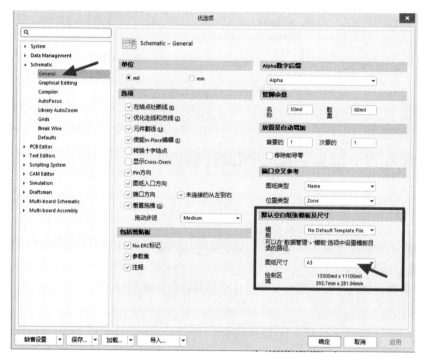

图 3-19　设置默认空白纸张模板及大小

3.11 在图纸上画不下时,如何更改原理图的图纸尺寸?

除了默认纸张,还有一些纸张可能会根据设计的电路来调整,这时就需要临时更改原理图的纸张尺寸。

(1)在需要更改的原理图页,双击原理图右侧栏空白处,进入原理图页属性框,如图 3-20 所示。

(2)进入属性框后在"Page Options 栏"单击"Standard"选项卡,在 Sheet Size 栏选择合适的原理图模板尺寸即可完成更改,如图 3-21 所示。

(3)也可以选择"Custom"选项卡对原理图页的尺寸进行自定义更改。

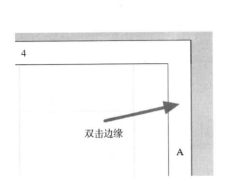

图 3-20　双击原理图页边缘

图 3-21　更改原理图的图纸尺寸

3.12　绘制原理图时如何快速设置格点的大小？

栅格的设置有利于放置元件及对齐导线，以达到规范和美化设计的目的。

（1）栅格大小的设置。

执行快捷键"T+P"进入优选项设置界面，然后单击"Schematic-Grids"选项卡，进入如图 3-22 所示的格点设置界面，参数建议设置为 5 的倍数。

图 3-22　格点设置界面

（2）可视栅格显示开关。

执行菜单命令"视图→栅格→切换可视栅格"，如图 3-23 所示，可以对可视栅格进行显示或关闭操作，也可以按快捷键"V+G+V"进行格点显示的开与关。

图 3-23　执行切换可视栅格命令

（3）捕捉栅格的设置。

执行菜单命令"视图→栅格→设置捕捉栅格"，如图 3-24 所示，可以对捕捉栅格进行设置，一般设置为 5 的倍数，推荐设置为 100。

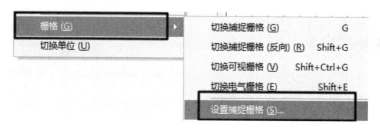

图 3-24　执行设置捕捉栅格命令

3.13　原理图设计中电气栅格、捕捉栅格、可视栅格有什么区别?

在用 Altium Designer 软件进行某些操作时，经常需要对栅格进行设置，而在 Altium Designer 中有电气栅格、捕捉删格、可视栅格，这几种栅格有什么区别呢?

（1）电气栅格：在移动或放置元件时，当元件与周围电气实体的距离在电气栅格的设置范围内时，元件与电气实体会互相吸住。假设设定值为 30mil，按下左键，当鼠标的光标离电气对象、焊盘、过孔、零件管脚、铜箔导线的距离在 30mil 之内时，光标就自动跳到电气对象的中心上，以便对电气对象进行操作，如选择电气对象、放置零件、放置电气对象、放置走线、移动电气对象等，电气栅格设置的尺寸大，光标捕捉电气对象的范围就大，如果设置得过大，则会错误地捕捉到比较远的电气对象上。

（2）捕捉栅格：捕捉栅格是指光标每次移动的距离，也叫跳转栅格，是看不见的。假设设定值是 10mil，用鼠标拖动零件管脚距离捕捉栅格在 10mil 之内时，零件管脚自动准确地跳到附近捕捉栅格上。

（3）可视栅格：在工作区上可以看到的栅格。其作用类似于坐标线，可帮助用户掌握元件间的距离。

3.14　怎么更改原理图栅格的显示模式?

绘制原理图时可以根据习惯来更改原理图栅格的显示模式和颜色，以提高设计效率，方法如下:

（1）打开原理图文件，执行快捷键"T+P"进入优选项设置界面，然后找到"Schematic-Grids"。

（2）在栅格栏将显示模式更改为 Line Grid（Dot Grid 为点状，Line Grid 为线状），如图 3-25 所示。

（3）右侧的"栅格颜色"可以进行自定义颜色设置，如图 3-26 所示。

（4）设置完成栅格属性及颜色后单击优选项界面确定选项，即设置成功，其效果图如图 3-27 所示。

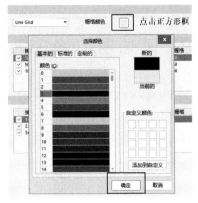

图 3-25　选择栅格栏的显示模式　　　　　　图 3-26　设置栅格颜色

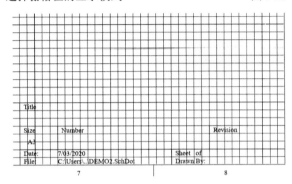

图 3-27　栅格效果图

3.15　如何更改原理图纸张和边框显示颜色？

由于每个人的设计习惯不同，在绘制原理图时可能会出现需要更改纸张和边框颜色的情况，方法如下：

（1）在需要更改的原理图页，双击原理图右侧的边缘空白处，进入原理图页属性框，如图 3-28 所示。

（2）在属性框界面找到"General"栏，可以分别对"Sheet Border（原理图边框）"和"Sheet Color（原理图纸张）"更改颜色，从而实现设计者自定义原理图页的颜色显示，如图 3-29 所示。

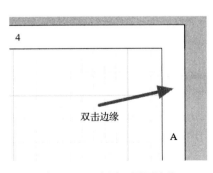

图 3-28　双击原理图页边缘

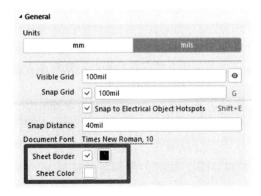

图 3-29　原理图页颜色的设置

3.16　原理图右下角 Title 栏如何进行隐藏和显示?

Altium Designer 原理图默认右下角有 Title 栏存在，在里面可以设置项目名称、日期等属性，如图 3-30 所示，但是在不需要时为了更加方便地绘制原理图通常将其隐藏，方法如下：

（1）在需要更改的原理图页，双击原理图右侧边缘空白处，进入原理图页属性框。

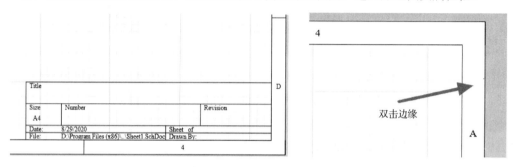

图 3-30　原理图页的 Title 栏

（2）找到属性框里的"Page Options"选项，在"Formatting and Size"栏，取消勾选"Title Block"，即可隐藏右下角的 Title 栏，如图 3-31 所示。

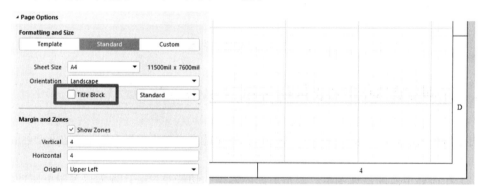

图 3-31　Title 栏的隐藏

3.17　如何让原理图模板中 Title 栏的日期跟随实际日期的变化而变化?

在绘制原理图时，设计者经常会使用自己绘制的原理图模板，在绘制模板时通常会加上日期显示，但是如果手动放置日期，日期并不会随着实际时间的变化而变化，那么怎么实现模板中的日期跟随实际时间变化呢？

（1）首先执行命令"放置→文本字符串"，在 Date 栏中放置 Text，如图 3-32 所示。放置成功后，单击 Text，进入原理图界面右侧属性框。

（2）在属性框单击"Text"旁的小箭头，然后选择"=CurrentDate"，在模板中则会显示计算机的当前日期，如图 3-33 和图 3-34 所示。

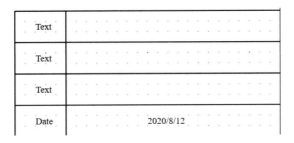

图 3-32 自定义模板

图 3-33 选择执行命令

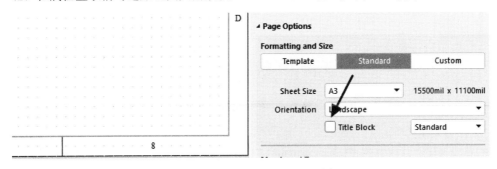

图 3-34 显示日期效果图

3.18 如何进行原理图模板的编辑信息更改？

在进行原理图设计的时候，有时不想用软件自带的模板，而想要用自己设计的模板，那么如何编辑自己设计的模板呢？下面介绍一下具体方法：

（1）执行菜单命令"文件→新的→原理图"，新建一个原理图页，命名为"Demo.SchDot"，保存到自己的文件目录下，注意后缀一定是".SchDot"。

（2）在属性里取消勾选原理图页的默认"Title Block"栏，如图 3-35 所示。

图 3-35 取消勾选 Title Block 栏

（3）在原理图页的右下角，根据自己的需求可以利用菜单命令"放置→线"和"放置→文本"绘制一个个性化的标题栏，包含自己设计所需的信息，如图 3-36 所示。在不会绘制的情况下，根据系统模板来进行修改并保存即可。

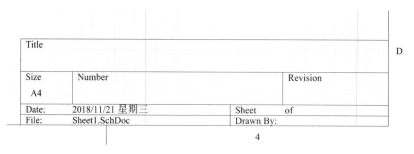

图 3-36　自定义标题栏的绘制

3.19　如何调用做好的原理图模板？

1）系统模板的调用

执行菜单命令"设计→模板→通用模板"，选择显示的模板，如图 3-37 所示，选择之后会弹出一个更新模板提示框，选择适配的范围进行更新即可。

（1）选择文档范围。

① 仅该文档。

② 当前工程的所有原理图文档。

③ 所有打开的原理图文档。

（2）选择参数作用。

① 不更新任何参数。

② 仅添加模板中存在的新参数。

③ 替代全部匹配参数。

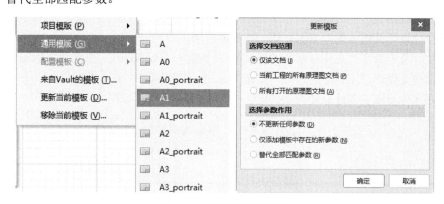

图 3-37　系统模板的调用

2）自定义模板的调用

如果要调用之前保存的"Demo.SchDot"，则可以执行菜单命令"设计→模板→通用模板"，选择保存目录下的"Demo.SchDot"文件，并按照"系统模板的调用"中的更新范围和参数选项进行更新即可。

3.20 什么是平坦式原理图，其优点有哪些？

平坦式原理图是一种基础的电路图设计方法，其结构简单，所用元器件能够在一张电路图上全部表示出来。功能模块是不能进行重复调用的，基本上每一页就是一个功能模块，不同页之间的网络用 Offsheet 连接，不同页面属于同一层次，相当于在一个电路图文件夹中。

（1）绘制平坦式原理图的方法和新建原理图的方法一致，执行菜单命令"文件→新的→原理图"，如图 3-38 所示。

（2）新建完成后，保存时一般以模块进行命名，如图 3-39 所示。

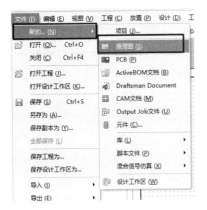

图 3-38　执行原理图命令

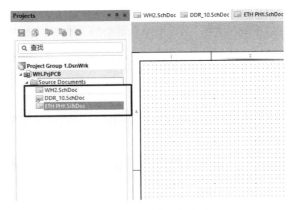

图 3-39　以模块进行命名

平坦式原理图绘制在日常处理中用得非常多，其优点如下：

（1）设计简单，操作容易，对结构的理解更容易。

（2）逻辑关系清楚，可以非常直观地表达电路之间的连接关系。

（3）简单明了，可以在一张图上将所有连接关系全部表达出来。

3.21 什么是层次式电路设计？其优点有哪些？

层次式电路设计（Hierarchical Design）是在设计比较复杂的电路和系统时采用的一种自上而下的电路设计方法，即首先在一张图纸上设计电路总体框图，然后在层次图纸上设计每个框图代表的子电路结构，下一层次中还可以包括框图，按层次关系将子电路框图逐级细分，直到最低层次上是具体电路图，不再包括子电路框图为止。

层次式原理图是一种先进的原理图，使用符号代表功能，并且能够重复调用。层次式原理图有两种设计方法：自下而上（Bottom-up）和自上而下（Top-Down）。层次式原理图结构分明，模块化清晰，其优点如下；

（1）分工：将一个复杂的电路设计分为几个部分，然后分配给几个工程技术人员同时进行设计。

（2）模块化：让具有不同特长的设计人员负责不同部分的设计。

（3）设备限制：让打印输出设备不支持幅面过大的电路图页面。

（4）自上而下的设计策略：目前该策略已成为电路和系统设计的主流。

3.22 在 Altium Designer 软件中如何绘制层次式原理图?

设计层次式原理图时需要先创建好一个工程,或者在已经存在的工程中进行操作。此处以一个简单的电路为例进行说明。

(1)执行菜单命令"放置→页面符"或单击 图标,激活放置图纸方块图命令,单击空白位置,移动光标,即可放置方块图,如图 3-40 所示。

(2)在放置状态下按 Tab 键,或者放置完成之后进行双击,出现如图 3-41 所示的对话框对方块图属性进行设置。

① Designator:方块图命名,此处为"DSP"。

② File Name:模块电路原理图的文件名,此处为"DSP 芯片"。

图 3-40　放置方块图　　　　　图 3-41　设置方块图属性

(3)再一次执行第(2)步操作,放置同样的方块图,分别命名为"ADV""FPGA""POWER",如图 3-42 所示。

(4)执行菜单命令"放置→端口"或单击 图标,放置方块图的端口。在放置状态下按 Tab 键,即可对端口属性进行设置,如图 3-43 所示。

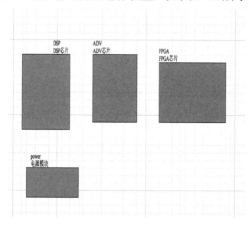

图 3-42　模块方块图　　　　　图 3-43　端口属性的设置

① _x0001_Name：端口的名称。

② I/O Type：有 Unspecified（不指定）、Output（输出）、Input（输入）、Bidirectional（双向）4 种。

多次执行这个操作，放置 CPU 模块方块图的端口，如图 3-44 所示。

（5）执行菜单命令"放置→离图连接器"或单击 图标，放置方块图的内部 I/O 端口。

与端口放置一样，在放置状态下按 Tab 键，可以对内部 I/O 端口的属性进行设置。多次执行这个操作，放置 CPU 模块方块图的内部 I/O 端口，如图 3-45 所示。

（6）执行快捷键"PW"，端口和内部 I/O 端口对应连接，如图 3-46 所示。

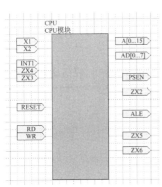

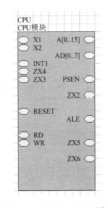

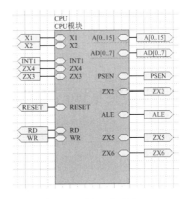

图 3-44　放置 CPU 模块方块图
的端口

图 3-45　放置 CPU 模块
方块图的内部 I/O 端口

图 3-46　端口和内部 I/O
端口对应连接

（7）重复第（4）、（5）、（6）步，完成其他几个模块方块图端口、内部 I/O 端口的放置与连接，并对相同名称的端口用导线进行连接。完成的原理方块图如图 3-47 所示。

（8）自上而下设计层次式电路时，应先建立方块图，再绘制方块图相应的电路图。而绘制电路图时，其端口符号必须和方块图的内部 I/O 端口符号相对应，不能多也不能少。执行菜单命令"设计→Create Sheet Symbol From Sheet"，如图 3-48 所示，并单击 CPU 模块方块图，可以快速产生新图形文件，并且自动生成相应的端口，与方块图的内部 I/O 端口对应，如图 3-49 所示。

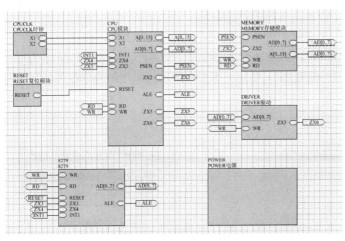

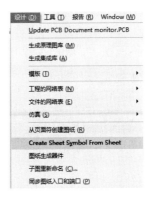

图 3-47　完成的原理方块图

图 3-48　执行快速产生新图形文件命令

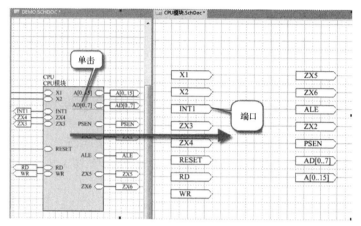

图 3-49　子图的自动生成

（9）重复操作，可以对应产生 CPUCLK 时钟、MEMORY 存储模块、RESET 复位模块、8279、DRIVER 驱动、POWER 电源的子图，如图 3-50 所示。

图 3-50　自动生成的子图

（10）按照前面原理图设计的内容，分别完成子图设计，即完成整个层次式原理图的设计。

 小 助 手 提 示

层次式原理图的设计核心是将原理图母图的端口和子图的端口进行关联，子图的设计按照常规原理图设计来完成即可。

自下而上的层次式原理图设计和自上而下的层次式原理图设计的顺序刚好相反，首先设计好各个模块的子原理图，然后通过子图来生成母图的方块图。

（1）同样，设计的时候需要在一个工程中进行操作，或者创建一个工程，在这个工程中，按照原理图设计的常规方法把子图设计好，如图 3-51 所示。

（2）执行菜单命令"文件→新的→原理图"，新建一个空白层次式原理图的母图页，保存为"MAIN.SchDoc"，如图 3-52 所示。

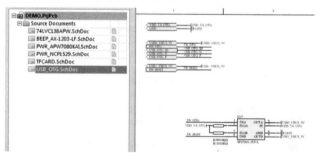

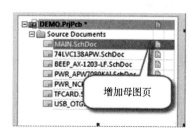

图 3-51　设计的子图　　　　　　　　　　图 3-52　增加母图页

（3）双击打开空白母图页，执行菜单命令"设计→Create Sheet Symbol From Sheet"，进入原理图关联对话框，如图 3-53 所示，列出所有的子图。

（4）在原理图关联对话框中双击需要放置方块图的子图，激活方块图的放置，单击母图的空白处即可放置，如图 3-54 所示。

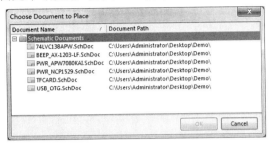

图 3-53　选择需要放置方块图的子图

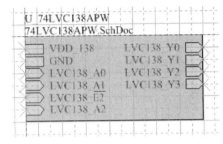

图 3-54　子图方块图的放置

（5）重复第（4）步，可以把需要放置的子图方块图都放置在母图中，如图 3-55 所示。对整个工程进行保存，然后编译，即完成设计，如图 3-56 所示，可以看到编译之后的层次结构。

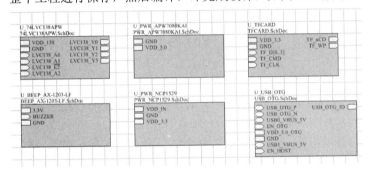

图 3-55　放置好的方块图

图 3-56　编译之后的层次结构

3.23　原理图库中的元件怎么放置到原理图里？

绘制原理图的第一步就是把原理图库里的元件放置到原理图里，有下列两种方法。

（1）单击放置。双击打开原理图库，执行右下角命令"Panels→SCH Library"，进入元件库列表页面，然后选中需要放置的元件，直接单击下方的"放置"按钮，就能够把库里的元件放置到原理图中，如图 3-57 所示。

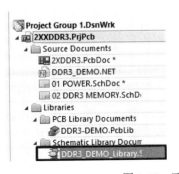

图 3-57　元件的放置

（2）拖动放置。在原理图页界面，执行右下角命令"Panels→Components"，直接到达元件列表页面，如图 3-58 所示，将鼠标指针放置到需要放置的"器件"上面，再将鼠标左键拖动到原理图页面即可。

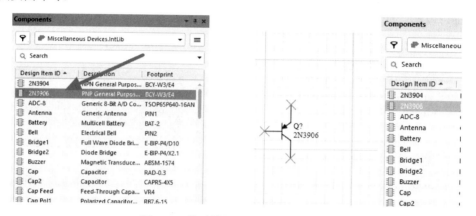

图 3-58　拖动放置元件到原理图页面

3.24　绘制原理图时如何对元器件进行拖动与旋转？

在绘制原理图时，拖动、旋转元器件都是常用的操作，具体方法如下：

1）拖动

（1）移动鼠标指针到元器件上，按下左键直接拖动。

（2）选中元器件，执行按键命令"M"，选择"移动选中对象"，单击左键进行移动。选择"通过 X,Y 移动选中对象"，可以在 X、Y 轴上进行精准移动，如图 3-59 所示。其他常用移动命令释义如下。

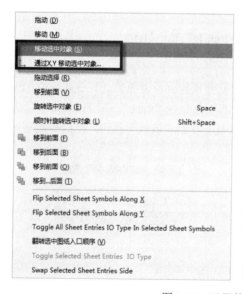

图 3-59　元器件的移动

① 拖曳：在保持元件之间电气连接不变的情况下移动元件的位置。

② 移动：类似于拖曳，不同的是在不保持电气性能的情况下移动。

③ 拖曳选中对象：适合多选之后进行保持电气性能的移动。

2）旋转

为了使电气导线放置更合理或元器件排列整齐，往往需要对元器件进行旋转操作，Altium Designer 软件提供了几种旋转的操作方法。

（1）选中元器件，然后在拖动元器件的同时按空格键进行旋转。每执行一次旋转一次。

（2）选中元器件，执行按键命令"M"，选择旋转命令。

① 旋转选中对象：逆时针旋转选中元器件，每执行一次旋转一次，和空格键旋转功能一样。

② 顺时针旋转选中对象：顺时针旋转选中元器件，同样可以多次执行，快捷键为"Shift+空格键"。

元器件的旋转状态如图 3-60 所示。

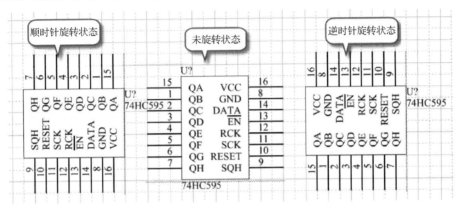

图 3-60   元器件的旋转状态

3.25   绘制原理图过程中怎么切换连接导线的角度？

绘制原理图时不同的设计者习惯不同，走线在原理图中的要求不同于在 PCB 中。在 PCB 中由于直角走线会产生信号反射，一般使用 135 度走线，而原理图没有电气属性，对于走线没有明确规定，设计者一般使用直角走线，但是少数人也习惯使用 135 度走线，在原理图中如何切换走线的角度呢？

执行菜单命令"放置→线"或按快捷键"Ctrl+W"进行走线，在走线状态下可以执行快捷键"Shift+space（空格键）"进行走线的角度切换，即可将直角走线切换成 135 度或任意角度走线，如图 3-61 所示。

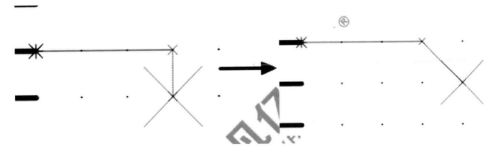

图 3-61   将走线角度切换为 135 度

Altium Designer 中使用快捷键时需切换到美式键盘，如图 3-62 所示，搜狗和微软自带的输入法可能会存在一些问题。

图 3-62　美式键盘

3.26　在原理图绘制过程中怎么设置走线的宽度类型？

在绘制比较复杂的原理图时，为了突出主要的电源输入/输出部分设计者经常会改变走线的宽度类型、加粗电源部分的连线，从而方便后续进行 PCB 设计，Altium Designer 在原理图中设置走线宽度类型的方法如下：

（1）执行菜单命令"放置→线"或按快捷键"Ctrl+W"进行走线，在走线状态下按 Tab 键，在属性框中将"Width"类型更改为"Large"，这样后面的走线宽度类型就会改变，如图 3-63和图 3-64 所示。

（2）当绘制其他模块时，若想将走线宽度更改为"Small"，则需要重复上面操作，在属性框中将走线宽度类型更改为"Small"即可。

图 3-63　更改宽度为"Large"

图 3-64　走线示意图

3.27　在绘制过程中移动元器件的时候，怎么做可以不让连线跟着移动？

在进行原理图绘制时，经常需要拖拽元器件，原理图中走线是默认和元器件一起移动的，这样在元器件摆放错误需要进行移动时会很不方便，如何使连线不和元器件一起移动呢？

（1）按快捷键"TP"进入优选项设置界面，在"Schematic-Graphical Editing"选项卡中取消勾选"始终拖拽"选项即可，如图 3-65 所示。

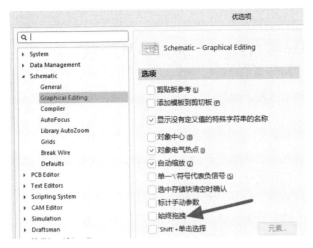

图 3-65　优选项设置

（2）取消勾选后移动元器件时连线就不会一起移动了，如图 3-66 所示。

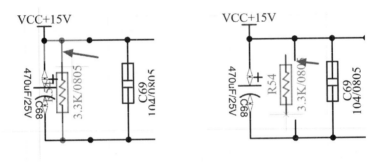

图 3-66　移动元器件时连线不一起移动

3.28　如何确认原理图导线连接交叉是不是连上了？

在 Altium Designer 中绘制原理图时，软件默认原理图连线与连线交界处是不连接的，如图 3-67 所示。对于需要连接在一起的走线，在交叉处应该怎么处理呢？

执行菜单命令"放置→线"，当一条连线拉到另一条连线上时，单击左键暂停，形成一个"节点"，这表示两个相交的网络是连接在一起的，如图 3-68 所示。

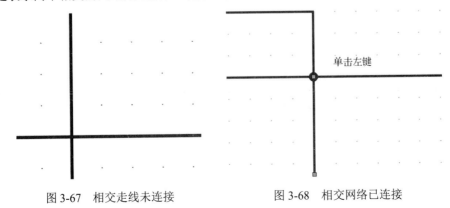

图 3-67　相交走线未连接　　　　图 3-68　相交网络已连接

3.29　如何调整导线自动节点的大小及颜色?

电气节点分为自动节点和手工节点，Altium Designer 20 现已删除手工放置节点功能，在上一问中已经讲述了怎么在连线交叉处自动产生节点。有些设计者不太习惯使用默认大小及颜色的节点，在 Altium Designer 中更改节点的大小及颜色的方法如下：

按快捷键"TP"进入优选项设置界面，在"Schematic-Compiler"选项卡的自动节点一栏中可以分别设置线上格点和总线格点的颜色及大小，这里以线上格点为例进行讲述。如图 3-69 所示，常用的三个选项是显示在线上、大小和颜色。

（1）显示在线上：勾选后才会显示线上节点。

（2）大小：单击方框箭头进入弹框可以设置节点的大小。

（3）颜色：单击正方形小框进入颜色面板可以设置节点的颜色。

图 3-69　设置节点的大小和颜色

3.30　为了方便移动等，在原理图中怎么创建或打散联合?

一般根据模块来绘制原理图，在原理图中创建联合可以方便原理图中某个模块的移动和旋转，不用进行框选后再整体移动，这在一定程度上可以提高设计的效率，那么如何在原理图中创建及打散联合呢？这里以 DS18B20 模块为例说明：

（1）首先框选元器件后单击鼠标右键，选择联合→从选中的器件创建联合，然后会弹出创建联合的弹框，单击"OK"按钮即完成创建，如图 3-70 所示。

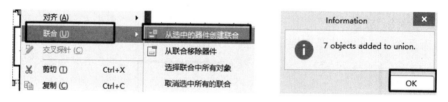

图 3-70　执行从选中的器件创建联合命令

（2）创建完成后将鼠标光标移动至模块中的器件和线段处，然后单击鼠标左键就可以直接进行拖拽，移动时按空格键可进行旋转。

 小助手提示

移动联合时，如果用鼠标左键选中器件后再进行移动，这样移动的只有单个器件。

（3）在绘制完成后有些设计者习惯将联合解除，框选联合中的所有器件，单击鼠标右键，选择"联合→从联合移除器件"，弹出"确定分割对象 Union"对话框，直接单击"确定"按钮即可完全解散联合，如图 3-71 所示。

图 3-71　把对象从联合中移除

3.31　绘制原理图时，导线无法整齐连接管脚，是由什么原因造成的？

进行原理图绘制时有时会出现导线无法捕捉到元器件管脚端点的现象，这样会造成连接不美观，当出现如图 3-72 所示的情况时应该如何解决呢？

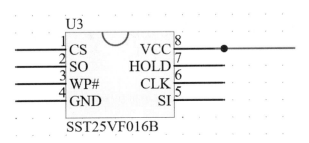

图 3-72　无法捕捉到元器件管脚端点

无法捕捉到元器件管脚端点是因为电气栅格不对造成的。执行菜单命令视图→栅格-切换电气栅格，或者在走线命令下按快捷键"Shift+e"，切换电气栅格即可成功捕捉到管脚端点后连接导线，如图 3-73 所示。

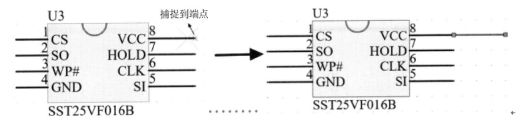

图 3-73　捕捉端点进行连接

3.32 想在原理图绘制过程中打断导线，如何操作？

在绘制原理图时，有时可能遇到需要将连线进行网络关系更改的情况，如果把整条线删除重新绘制会比较麻烦，这个时候通常会把这条很长的线切断，再进行更改，这样能够大大提高效率。

（1）首先执行菜单命令"编辑→打破线"或按快捷键"EW"，激活切断命令，此时原理图中光标位置会出现"▯"图标，按空格键可以进行放大或缩小，如图 3-74 所示。

（2）将图标移动到走线处，当走线呈现透明状时单击左键即可打破走线，如图 3-75 所示。

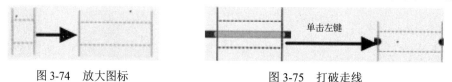

图 3-74 放大图标　　　　　　　　　图 3-75 打破走线

（3）注意，图标的方向会随着走线的方向变化，图标默认为水平方向，将图标移动到垂直方向走线时，图标也会变为垂直的，如图 3-76 所示。

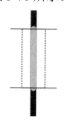

图 3-76 更改图标的方向

3.33 进行导线连接时，"放置→导线"与"放置→线条"命令有什么区别？

原理图中线分为"导线"和"线条"，一般用导线连接元器件，用线条绘制元器件。"放置→导线"与"放置→线条"的区别如下。

（1）"放置→导线"与"放置→线条"的本质区别是导线是有电气属性的，而线条是没有电气属性的，用导线连接元器件，原理图编译时不会报错，但是导入 PCB 后器件焊盘是没有网络的，如图 3-77 和图 3-78 所示，R20 两端用线条进行连接，然后导入 PCB。

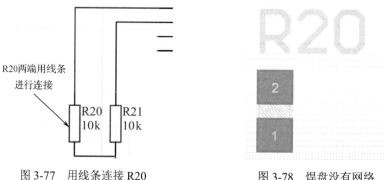

图 3-77 用线条连接 R20　　　　　　　图 3-78 焊盘没有网络

（2）从上图可以看出，在原理图中连接元器件需要用"导线"，若用"线条"连接则会导致 PCB 中的焊盘没有网络。

3.34 Altium Designer 原理图中怎么镜像元器件，对电气性能有影响吗？

原理图只是电气性能在图纸上的表示，可以对绘制图形进行水平或垂直翻转而不影响电气属性。选中需要镜像的元器件，在拖动元器件的状态下按"X"键可以实现关于 X 轴的镜像，按"Y"键可以实现关于 Y 轴的镜像，如图 3-79 和图 3-80 所示。

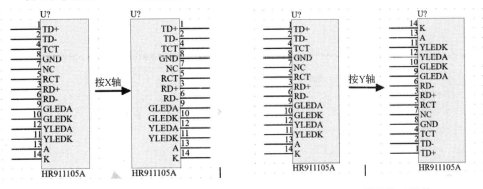

图 3-79　X 轴镜像元器件　　　　　　　图 3-80　Y 轴镜像元器件

3.35 放置的元器件不是很齐，如何快速地将原理图中的元器件对齐？

在绘制原理图时为了保证设计的美观性，需要将元器件进行对齐，但是手动对齐会降低设计效率，如何在原理图中快速对齐元器件呢？

1. 调用排列与对齐命令

可以通过以下几种方法来调用排列与对齐命令，在进行此步操作之前要先选中需要执行操作的元器件。

（1）执行菜单命令"编辑→对齐"，进入排列与对齐命令菜单，如图 3-81 所示。

图 3-81　排列与对齐命令菜单

（2）直接执行按键命令"A"。

2．常用命令

为了更加直观地学习排列与对齐命令，下面进行常用命令的介绍。

（1）上对齐、下对齐、左对齐、右对齐效果如图 3-82 所示。

① 向左对齐。

② 向右对齐。

③ 向上对齐。

④ 向下对齐。

（2）等间距对齐效果如图 3-83 所示。

① 水平等间距对齐。

② 垂直等间距对齐。

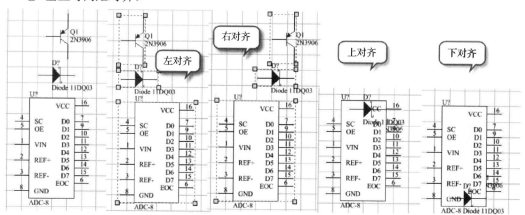

图 3-82　上、下、左、右对齐效果

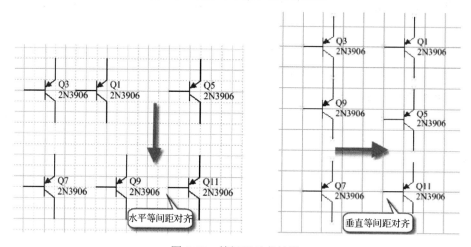

图 3-83　等间距对齐效果

3.36　在原理图中进行元器件选择时，若框选不是很方便，怎么办?

Altium Designer 原理图设计提供了多种方式的"选择"功能，可以在应用时选择合适的"选择"命令。

执行"编辑→选择"命令或按快捷键"S"，如图 3-84 所示。

- 以 Lasso 方式选择：画一个区域，区域里所有的元器件被选中。
- 区域内部：也称框选鼠标。向上框选，接触到的元器件都被选中；向下框选，被框选的元器件被全部选中。一般用向上框选。
- 区域外部：也称反选。不被框选的元器件被选中。
- 矩形接触到对象：画矩形，矩形接触到的元器件被选中。
- 直线接触到对象：也称线选，画直线，直线接触到的元器件被选中。
- 全部：一般使用快捷键"Ctrl+A"全部选中。
- 绘制原理图时最常用到的选择命令就是框选、线选。反选偶尔会用。

图 3-84　选择命令示意图

3.37　在原理图中如何更换选择元素的颜色，以便辨别？

在原理图中经常需要进行器件、器件标号及走线的选择，将原理图设置为比较容易辨认的颜色会更加方便设计。

（1）按快捷键"TP"进入优选项设置界面，在"Schematic-Graphical Editing"选项卡中找到"颜色选项"。

（2）在颜色选项框中可以直接更改需要的高亮颜色，推荐选用较为明显的颜色，如红色、紫色等，如图 3-85 所示。

（3）设置成功之后，可以看一下效果图，如图 3-86 所示。

图 3-85　颜色设置

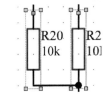

图 3-86　选择颜色效果图

3.38　在原理图中如何对同一网络进行颜色标注?

为了能够更好地分辨一些重要的网络信号,设计者会给原理图中的网络设置颜色,如 VCC 电源网络,从而方便后续进行设计。

(1)首先执行菜单命令"视图→设置网络颜色",可以看到颜色选项,选择"自定义"能够设置更多的颜色,如图 3-87 所示。

(2)例如,将整板电源 3V3 设置为绿色,选择正确的颜色后单击 VCC 网络即可设置颜色,如图 3-88 所示。

(3)如果需要清除设置的网络颜色,则执行菜单命令"视图→设置网络颜色→清除网络颜色",然后在原理图中单击网络即可恢复默认颜色。

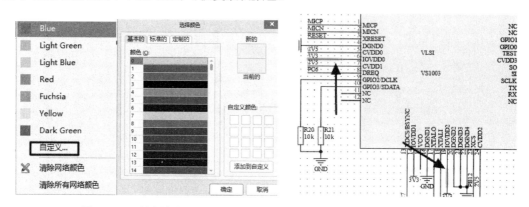

图 3-87　网络颜色的设置　　　　　　　　图 3-88　网络颜色的显示

3.39　对原理图中同一网络颜色进行了设置,但是无法显示时如何解决?

在原理图中给重要的网络信号赋予了颜色但是却没有显示出来,这种情况的解决方法如下:

(1)这里已经给原理图中 3V3 网络设置了颜色,但是没有显示所设置的颜色,如图 3-89 所示。

(2)执行菜单命令"视图→显示覆盖的网络颜色",也可以直接按快捷键 F5,即可显示设置的网络颜色,再按一次 F5,则不显示设置的网络颜色,如图 3-90 所示。

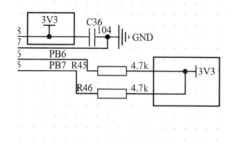

图 3-89　不显示设置的网络颜色

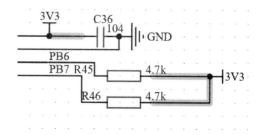

图 3-90　显示设置的网络颜色

3.40 如何放置专用的电源、地信号的符号?

对于原理图设计,Altium Designer 专门提供一种电源和地符号,是一种特殊的网络标号,可以让设计工程师比较形象地识别。在原理图中,电源和地符号有多种形式,下面讲述一下如何放置电源、地信号的符号及如何更换符号类型?放置有两种方法,即直接放置法和菜单放置法。

1)直接放置法

(1)单击绘图工具栏中的"⏚"图标,可以直接放置接地符号。

(2)单击绘图工具栏中的"Vcc"图标,可以直接放置电源符号。

(3)单击绘图工具栏中的"⏚"图标,可以打开常用电源端口菜单,选择自己需要放置的端口类型进行放置,如图 3-91 所示。

2)菜单放置法

(1)执行菜单命令"放置→Power 端口"。

(2)在放置状态下按 Tab 键,进入如图 3-92 所示的电源端口属性设置对话框,Rotation 表示符号放置的角度,Style 表示符号的形状,单击方框中的箭头可以选择形状,单击旁边的正方形小框可以切换符号的颜色,如图 3-92 所示。

图 3-91 放置 GND 端口

图 3-92 更改端口属性

3.41 如何使用导线上的网络标签,与线有什么区别?

对于一些较长的网络连接或数量比较多的网络连接,在进行原理图绘制时如果全部采用导线连接方式连接,则不方便。这个时候可以采取网络标号(Net Label)方式来协助设计,网络标签和线都是连接网络的方式。

(1)执行菜单命令"Place→Net Label"或单击绘图工具栏中的"Net"图标进行放置,如图 3-93 所示。

(2)把网络标号放置到导线上,这时放的网络标号都是如 NetLabel1 的流水号。

(3)在放置状态下按 Tab 键,或者双击放置好的网络标号,可以在属性框对网络标号的颜色、名称、字体进行设置,如图 3-94 所示。

① Net Name:表示网络标号的名称。

② Time：表示网络标号的字体。

③ ■：表示网络标号的颜色，单击可进入颜色面板设置颜色。

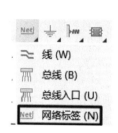

图 3-93　网络标签放置命令

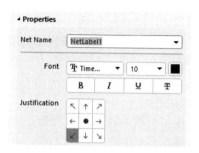

图 3-94　网络标号属性框的设置

3.42　为了方便识别，怎么快捷地更改网络标签的显示颜色？

为了使原理图更加简洁，绘制原理图时经常需要放置网络标签来进行原理图的连接，Altium Designer 中网络标签的默认颜色为红色，但是有些使用者想使用其余颜色的网络标签该怎么操作呢？

执行菜单命令"放置→网络标签"，在放置状态下按 Tab 键，在属性界面右侧网络标签属性框进行颜色设置，如图 3-95 和图 3-96 所示。

图 3-95　将颜色改为蓝色

NetLabel9

图 3-96　网络标签效果图

小助手提示

这样更改后接下来放置的所有网络标签都为蓝色，如果只想更改单个网络标签，则双击网络标签在属性框更改即可。

3.43　在原理图中如何批量修改位号或网络标号属性值字体的大小？

在布局原理图时，布局布线完成后，为了方便辨认器件，经常会把器件的位号改大，但是一个一个修改会很浪费时间，如何批量修改位号的字体大小呢？与修改网络标号属性值字体大小的操作是一样的，这里以修改位号的字体大小为例进行讲解。

（1）首先选择器件位号，然后单击右键，再单击"查找相似对象"命令，进入查找相似对话框，正常情况下单击"确定"按钮即可，如图 3-97 所示。

（2）此时原理图界面右侧属性框 Value 值栏显示*号代表可以批量更改，如图 3-98 所示。

（3）如果显示具体某个器件的位号，则不可以批量更改位号的大小，只能更改单个器件的位号。然后在 Font 栏更改字号大小即可，这里将 10 改为 14，即更改完成，如图 3-99 所示。

图 3-97　查找相似对话框

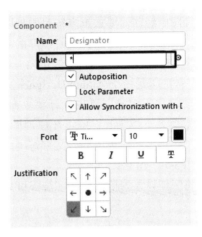

图 3-98　属性框

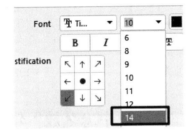

图 3-99　更改字号大小

3.44　网络标签、端口、离图连接器有什么区别?

Altium Designer 原理图中放置命令下有多种网络标识符，如网络标签（Net Label）、端口（Port）、离图连接器（Off Sheet Connector）、电源端口（Power Port）、图纸入口（Sheet Entry）等，这些网络标识符的区别如下：

（1）网络标签：执行菜单命令"放置→网络标签"进行放置。在单张图纸设计中，它们可以代替导线来表示元件之间的连接；在多张图纸设计中，其功能未变，只能表示单张图纸内部的连接。

（2）端口：执行菜单命令"放置→端口"进行放置。既可以表示单张图纸内部的网络连接，也可以表示图纸页与图纸页间的网络连接，常见于层次原理图设计中。

（3）离图连接器：执行菜单命令"放置→离图连接器"进行放置。跨图纸接口用于不同原理图之间的电气连接，可以把连接的电气属性扩大到整个工程。

（4）电源端口：执行菜单命令"放置→电源端口"进行放置。完全忽视工程结构，全局连接所有端口。

（5）图纸入口：执行菜单命令"放置→图纸入口"进行放置。总是垂直连接到图表符号所调用的下层图纸端口，常见于层次原理图设计中。

3.45　在原理图页放置字符，总是显示为乱码，如何解决？

在原理图中经常需要放置字符对原理图模块进行说明，但是在 Altium Designer 原理图页放置字符很容易出现字符乱码的问题，如图 3-100 所示，其解决方法如下：

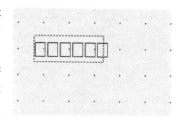

（1）字符乱码是由于 Altium Designer 原理图不支持某些字符类型而出现的乱码情况。首先执行菜单命令"放置→文本字符串"，在放置命令下按 Tab 键即可在原理图右边属性框 Font 栏更改字体类型，这里建议更改为中文字符类型，如宋体、楷体、黑体等，如图 3-101 所示。

图 3-100　字符乱码

（2）将字体设置为楷体后，字符即可正常显示，如图 3-102 所示。

图 3-101　字体设置为楷体

图 3-102　字符正常显示

3.46　什么是辅助线？在原理图中怎么放置辅助线？

辅助线没有电气性能，是可以辅助原理图进行更好阅读的线条，其不能用于信号连接，否则会产生开路现象。设计中，可以通过放置辅助线来标识信号方向或对功能模块进行分块标识，如图 3-103 所示。

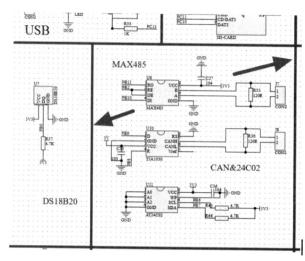

图 3-103　放置辅助线进行标识

这里以绘制箭头辅助线标注信号流向为例进行说明：

（1）执行菜单命令"放置→绘图工具→线"，或者按快捷键"P+D+L"进行放置。

（2）在一个合适的位置单击左键，找到下一个位置再单击左键确认结束点，绘制过程中按空格键改变绘制形状。

（3）在放置状态下按 Tab 键，在属性框中将结束线段的形状改为"箭头（Solid Arrow）"，如图 3-104 和图 3-105 所示。

① Line：设置辅助线的线宽及颜色。

② Line Style：可以选择辅助线是实线还是虚线。

③ Start Line Shape：可以设置起始线段的形状。

④ End Line Shape：可以设置结束线段的形状。

⑤ Line Size Shape：设置结束线段的大小。

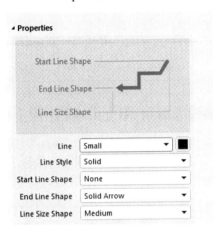

图 3-104　属性框显示

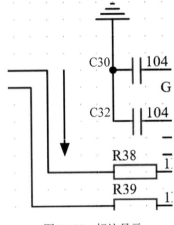

图 3-105　标注显示

3.47　如何在原理图上添加字符标注和文本框？

进行原理图设计时，经常需要对一些功能进行说明，文字注释可以大大增强线路的可读性，后期也可以让布线工程师对所关注线路进行特别处理。在原理图中字符标注主要针对较短的文字说明，而较长的文字说明通常用放置文本框进行处理。

1）放置字符标注

（1）执行菜单命令"放置→文本字符串"进行放置。

（2）在放置状态下按 Tab 键，可以在原理图界面右侧属性框对字符标注属性进行设置，如图 3-106 所示。

2）放置文本框

（1）执行菜单命令"放置→文本框"，单击需要放置的区域可以完成对文本框的放置。

（2）在放置状态下按 Tab 键，或者放置完成后双击文本框，同样可以在界面右侧属性框对字符标注属性进行设置，如图 3-107 所示，下面对文本属性框常用的选项进行说明，注意，字体类型等与字符标注相同的属性不再进行说明。

① Text:标识文本框的文字,输入文字时按 Shift/Ctrl+Enter 键才可以进行换行,直接按 Enter 键无法进行换行。

② Border：勾选表示显示文本框边框，如图 3-107 所示为 "Large" 类型，单击属性框可以更换边框类型，单击正方形颜色方框可以更改边框颜色。

③ Fill Color：勾选表示文本框进行填充，单击正方形颜色方框可以更改填充颜色。

图 3-106　设置字符标注属性

图 3-107　字符标注属性框

3.48　如何在原理图上放置注释，与字符标注和文本框有什么区别？

注释的功能和文字标注、文本框的功能是一样的，其作用也是实现对电路的标注。但是注释可以以更加简洁的方式来展示，因此有些使用者为了使原理图以更加简洁的方式呈现，会使用注释来进行说明。

（1）执行菜单命令"放置→注释"，然后单击左键进行放置，放置时拖动鼠标光标可以调整注释框的大小，如图 3-108 所示。

（2）双击注释框可以在原理图界面右侧注释属性框修改注释框的一些属性，如图 3-109 所示。Text 代表注释框文本、Font 行代表字体、字号及颜色、Border 代表注释框边框、Fill Color 代表注释框填充。

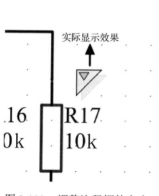

图 3-108　调整注释框的大小

图 3-109　注释属性框

3.49 如何给 Altium Designer 原理图中插入公司的 Logo 图片？

为了更加丰富地展示注释信息，Altium Designer 提供了可以放置图片的选项，从而可以使注释更加直观、明了。

（1）首先将需要放置的图片保存到自己知道的路径下，这里将图片保存到桌面。

（2）执行菜单命令"放置→绘图工具→图像"或按快捷键"P+D+G"，此时原理图中会出现正方形方框作为放置图片的载体，然后单击左键会弹出图片选择对话框。

（3）选择需要进行放置的图片即可在原理图中将其插入，如图 3-110 所示。

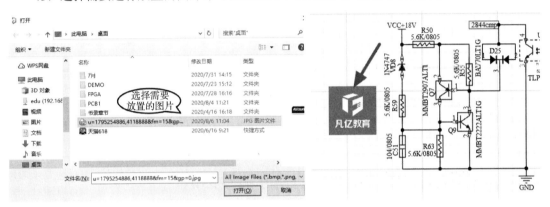

图 3-110　选择图片

3.50 放置 No ERC 标号的意义是什么，以及如何进行放置？

No ERC 检查点即忽略 ERC 检查点，是指该点所附加的元件管脚在进行 ERC 检查时，如果出现错误或警告，则被忽略，不影响网络表的生成。忽略 ERC 检查点本身不具有任何电气特性，主要用于检查原理图。

（1）单击画线工具栏中的 ✕ 图标，鼠标指针变成十字形并附着忽略 ERC 检查点的形状，如图 3-111 所示。

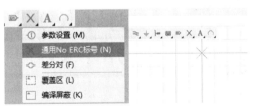

图 3-111　执行通用 No ERC 命令

（2）移动鼠标到元件管脚上并单击，完成一个 No ERC 检查点的放置，需要放置多个时可以继续移动鼠标并单击放置，单击右键或按 Esc 键可以退出放置状态。

（3）在放置状态下按 Tab 键，或者放置完成后双击 No ERC 检查点，即可设置其属性，这里主要设置 Suppressed Violations，如图 3-112 所示。

① All Violation：抑制所有违规，即不管什么错误都不再报错。

② Specific Violations（select to choose）：选择性地抑制违规。

（4）Altium Designer 提供 21 种选择，用户可以根据自己的需求选择，如图 3-113 所示。

图 3-112　属性框的设置

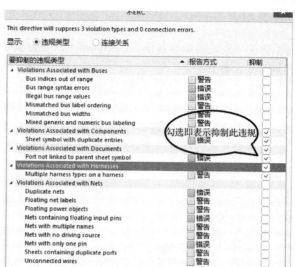

图 3-113　勾选抑制违规选项

3.51　如何添加原理图设计中的差分信号标识？

电子设计中，经常用到差分走线，如 USB 的 D+与 D-差分信号、HDMI 的数据差分与时钟差分等。虽然现在很多设计者都是在 PCB 中添加差分的，但是还有许多设计者习惯在原理图设计中添加好差分。在原理图中添加差分标识的方法如下：

（1）在原理图中，将要设置的差分对的网络名称的前缀取相同名称，在前缀后面分别加上"+"和"-"或"_P"和"_N"，如"EDPTX0_N"和"EDPTX0_P"。

（2）单击绘图工具栏中的" ⬦ "图标，出现差分对指示标识，将其放置在差分线上，即成功添加了差分标识，如图 3-114 所示。

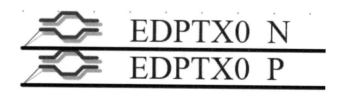

图 3-114　添加差分标识

3.52　如何放置信号总线，方便在哪里？

总线由总线分支及网络标号组成，代表具有相同电气特性的一组导线。在具有相同电气特性的导线数目较多的情况下，可采用总线的方式，以方便识图。这里讲解如何放置总线及总线分支。

1）放置总线

（1）执行菜单命令"放置→总线"，也可以直接单击绘图工具栏中的"⼿"图标，进入放置状态。

（2）在放置状态下按 Tab 键，可以在原理图界面右侧的属性框中对总线的颜色或形状进行更改，如图 3-115 所示。

（3）与绘制导线的方法是一样的，在需要绘制总线的元件附近进行单击即可，如图 3-116 所示。

图 3-115　总线属性框示意图

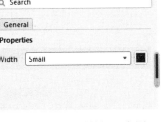

图 3-116　总线绘制图

2）放置总线分支

（1）按快捷键"P+W"，在元件的管脚上绘制一条延长线，如图 3-117 所示。

（2）总线必须配以总线分支，执行菜单命令"放置→总线入口"。

（3）在放置状态下按空格键可以旋转调整左、右方向，然后根据需要在总线上单击放置，以连接总线和延长线，如图 3-118 所示。

（4）连接完成后再加上网络标号，总线就绘制好了。

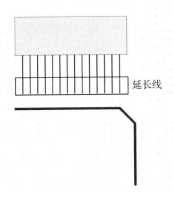

图 3-117　绘制延长线

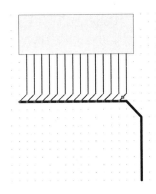

图 3-118　放置总线入口

3.53　如何对器件的某些属性进行隐藏或显示？

在绘制原理图时，为了使原理图看起来更加简洁美观，对于 IC 类器件一般只显示位号、"Comment"值及管脚号。对于电容类器件，一般会隐藏器件的管脚号，在原理图中的操作方法如下：

（1）隐藏器件的"Comment"值。

首先单击器件，在原理图界面右侧属性框中单击"Comment"栏的 ◉ 图标，即可隐藏该器件的"Comment"值，如图 3-119 所示。

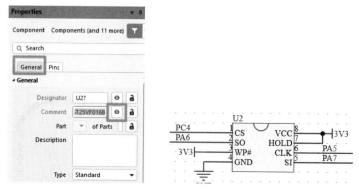

图 3-119　隐藏器件的 Comment 值

（2）隐藏器件的管脚号

如果需要隐藏器件的管脚号，则需要选中该器件，在原理图界面右侧的属性框中单击"Pins"选项卡，然后单击后方的 ◉ 图标，如图 3-120 所示，即可隐藏管脚号。

3.54　除了在"Comment"处填写参数，如何额外添加 Value 值？

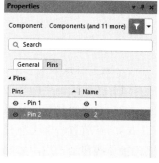

图 3-120　Pins 管脚号的隐藏

Altium Designer 在原理图中默认给元器件添加的属性为
"Designator"和"Comment"，如果是绘制电阻、电容类元器件，则可以在"Comment"栏填写 Value 值，但是有些设计者不习惯在"Comment"栏填写，应该如何给元器件添加 Value 值属性呢？这里以 R17 电阻为例进行讲解，如图 3-121 所示。

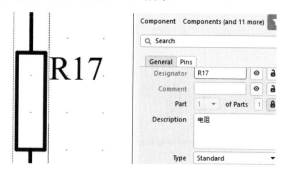

图 3-121　不在"Comment"栏填写

（1）双击元器件，在右侧属性框中找到"Parameters"栏，执行"Add→Parameter"，如图 3-122 所示。

（2）添加后在"Name"栏更改名字为"Value"，在"Value"栏填写数值"10k"，如图 3-123 所示。单击" ◉ "图标可以显示或关闭数值。

图 3-122　添加"Parameters"

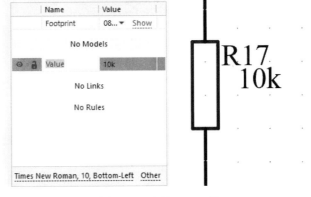

图 3-123　添加 Value 值

3.55　如何在原理图中移动与更改元器件的管脚?

在绘制原理图时,有时会遇到元器件管脚放置错误需要更改位置,或者管脚名错误需要更改管脚信息的情况,通常可以直接去原理图库进行更改,这里介绍一下如何在原理图中移动元器件管脚,以及更改管脚的网络名。

1)移动元器件的管脚

(1)首先选中该元器件,在原理图右侧元器件属性框选择"Pins",然后解锁元器件管脚,如图 3-124 所示。

(2)解锁元器件管脚后单击,就可以移动它了,如图 3-125 所示。移动完成后建议将元器件管脚锁定,这样可以防止误将其移动。

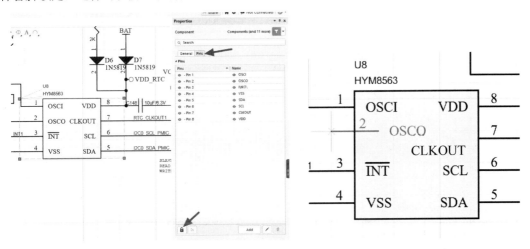

图 3-124　解锁元器件管脚　　　　　图 3-125　可以移动编辑的元器件管脚

2)更改管脚的网络名

首先选中元器件,在原理图右侧元器件属性框选择"Pins",然后选中需要更改的元器件管脚,如图 3-126 所示。

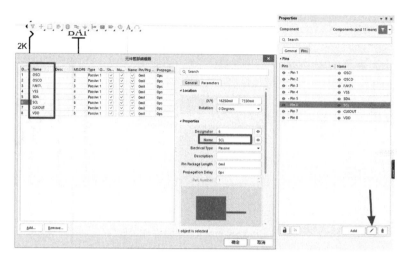

图 3-126　元器件管脚编辑器

3.56　在原理图中如何利用智能粘贴快速进行阵列复制?

设计原理图时,若原理图中包含许多重复的电路模块,如 LED 灯矩阵,这种情况下用智能粘贴绘制原理图就可以节约设计时间,而在 Altium Designer 原理图中如何使用智能粘贴呢?下面以一个小模块需要复制 4 行 4 列为例进行讲解,如图 3-127 所示。

(1)框选这个小模块的所有元器件,按快捷键"Ctrl+X"进行元器件剪切(由于复制时会把本来含有的包括在内,所以这里需要进行剪切)。

(2)然后执行菜单命令"编辑→智能粘贴"或按快捷键"Shift+Ctrl+V"进入智能粘贴设置界面,如图 3-128 所示。

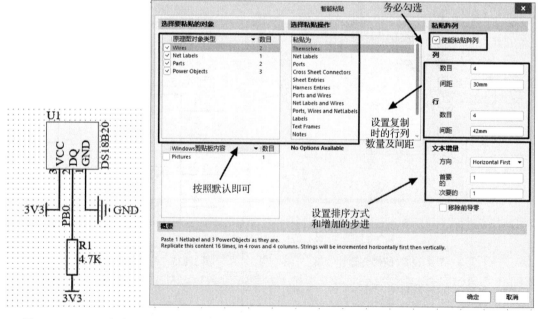

图 3-127　Demo 电路　　　　　　　　图 3-128　智能粘贴设置界面

（3）进入智能粘贴设置界面后勾选"使能粘贴阵列"。

（4）"列"和"行"数目都设置为"4"，间距分别设置为"30mm"和"42mm"。

（5）在文本增量选项，选择"Horizontal First"表示行优先，即从水平开始排序元器件位号。

（6）设置完成后单击"确定"按钮，在原理图界面会出现方框，将方框放置在原理图中即操作成功。智能粘贴效果图如图 3-129 所示。

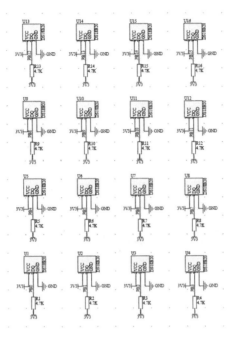

图 3-129　智能粘贴效果图

3.57　在原理图设计中除了阵列复制外如何快速复制器件及模块？

在进行原理图绘制时经常需要用到复制器件和某个小模块的操作，从而提高设计效率，这里介绍两种在原理图中复制器件及模块的方法。

（1）选中器件或模块，按快捷键"Ctrl+C"进行复制，然后直接按快捷键"Ctrl+V"粘贴，此方法比较常规，这里不做过多介绍。

（2）框选所有器件后可以直接按住 Shift+鼠标左键进行拖动即可复制成功，如果是多路复制，可以事先选择多路电路，复制成功后器件位号需要手动修改，或者需要重新排列器件位号，如图 3-130 所示。

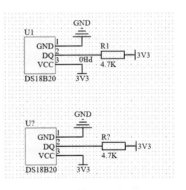

图 3-130　复制模块

3.58　复制元件位号的序号可以递增是如何实现的？

在绘制原理图时，通常要用到元件的复制，一般情况下是直接"Shift+拖动"某个元件进行复制的，每拖动一次会复制一个三极管，而位号会进行"+1"递增。如果变成"+2"或"+3"如何实现呢？

（1）可以在原理图界面中直接按快捷键"T+P"进入"设置系统参数-Schematic-General"选项卡。

（2）找到"放置是自动增加"选项，变更"首要的"参数，如"2"，再来执行复制操作就是"+2"递增了，如图 3-131 所示。

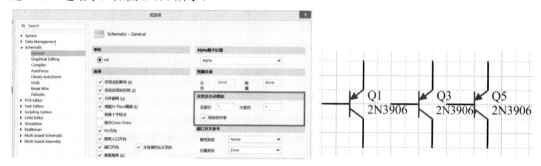

图 3-131　器件位号递增的复制

3.59　在原理图设计中对元件进行复制时位号自动变成问号怎么处理?

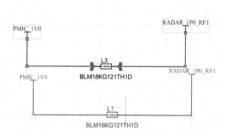

图 3-132　复制元件时元件位号后缀自动变成"？"

当遇到需要从原理图文件中复制元件到另外原理图文件中导致元件位号自动变成问号的问题时，如图 3-132 所示，处理方法如下：

（1）首先执行快捷键"O+P"进入系统参数设置界面，找到"Schematic-Graphical Editing"选项卡。

（2）这时我们只需要不勾选"粘贴时重置元件位号"就可以，如图 3-133 所示。

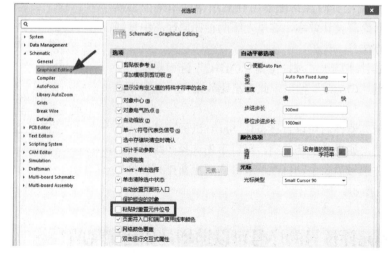

图 3-133　不勾选"粘贴时重置元件位号"选项

3.60　如何利用查找功能查找特定的网络或器件？

Altium Designer 提供类似于 Windows 的查找功能。按快捷键"Ctrl+F"进入如图 3-134 所示的查找文本对话框。此查找功能可以对位号、字符、网络标号、管脚号进行查找。

（1）查找的文本：在查找的文本栏输入需要查找的字符，如查找 U1。先将原理图界面放大，然后输入需要查找的字符单击"确定"按钮，即可跳转到 U1 器件处，如图 3-135 所示。

（2）图纸页面范围：选择适配的原理图文档。可以选择当前原理图页，也可以选择整个文档。

（3）跳至结果：跳转到查找结果处。此处建议勾选，查找后可以直接跳转到结果处。

图 3-134　查找文本对话框

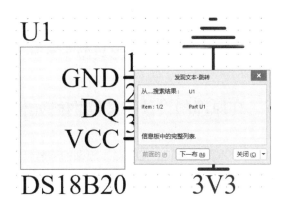

图 3-135　查找效果图

3.61　跳转功能在原理图查找中的应用：跳转到元素、器件或网络？

大面积的原理图无法直接定位某个元件位号、网络标号所在位置，可以通过跳转功能来实现，并且跳转功能能跳转到特定的位置，这是利用查找功能时无法实现的。

（1）执行快捷键 J，出现如图 3-136 所示的跳转菜单，单击"跳转到器件"（快捷键"J+C"）。

（2）执行命令后进入元件位号对话框，在对话框中输入元件位号的名称，单击"确定"按钮即可进行跳转，如图 3-137 所示，跳转效果图如图 3-138 所示。

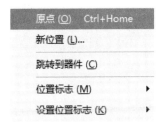

图 3-136　跳转菜单

图 3-137　输入元件位号

（3）除了上面所介绍的跳转到器件，跳转功能还可以实现其他跳转，如图 3-139 所示。

原点： 跳转到原点，一般是原始原点，在左下角。

新位置： 可以跳转到 X,Y 的坐标值处。

位置标志：可以跳转到标记的地方。

设置位置标志：设置跳转标记，只有设置了标记才可以执行位置标志命令跳转到标记的地方。

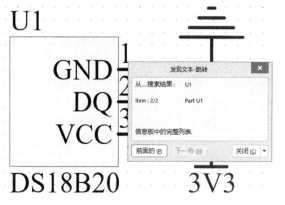

图 3-138 跳转到器件效果图   图 3-139 跳转到坐标

3.62 在原理图设计中相同网络如何实现高亮?

在进行 PCB 设计前，需要对原理图的信号流向进行分析，这时经常需要进行高亮原理图操作，高亮原理图能帮助更好地分析信号流向，从而提高设计效率。

在原理图中按快捷键 "Alt+鼠标左键" 并单击网络标号，即可在原理图中高亮相同网络，如图 3-140 所示。

图 3-140 高亮相同网络效果图

3.63 在原理图中如何测量两个元素之间的距离?

通常在设计原理图的时候会测一下管脚的间距等，可以直接按快捷键 "Ctrl+M" 快速测量距离，也可以按 R 键调出，如图 3-141 所示界面，点击选择测量距离即可。

3.64 在绘制原理图过程中如何对 mil 与 mm 的单位进行切换?

公制也称"米制""米突制",是 1858 年《中法通商章程》签定后传入中国的一种国际度量衡制度,创始于法国。在 PCB 中的单位为 mm(毫米)。

英制:英国、美国等英语国家使用的一种度量制。长度主单位为英尺,重量主单位为磅,容积主单位为加仑,温度单位为华氏度。因为各种各样的历史原因,英制的进制相当繁杂。在 PCB 中为 mil。它们之前的换算关系为 1mm=39.37mil。

只需在原理图界面直接按 Q 键即可切换单位,注意是在微软的英文输入法下。执行快捷键"Ctrl+Q"可以暂时性地切换单位,关闭窗口之后恢复到原来单位,也可以执行菜单命令"视图→切换单位"即可,如图 3-142 所示。

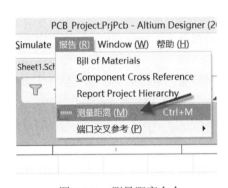

图 3-141 测量距离命令

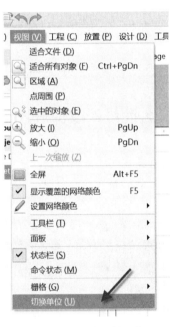

图 3-142 单位的切换

3.65 什么是器件的 ID,重复的 ID 如何进行复位?

在绘制原理图的时候,电路相同的模块可以进行复制粘贴,得到多个相同的原理图图纸,但是如果直接进行文件复制粘贴会出现 ID 相同的情况。"Unique ID"在原理图和 PCB 中相当于这个元件的唯一身份许可证,所以不可能两个元件相同。而在我们操作不当的时候造成 ID 相同怎么办呢?这时就需要对"Unique ID"进行复位。

(1)执行菜单命令"工具→转换→重置元器件 Unique ID",如图 3-143 所示。

(2)然后弹出对应的框,选择默认的两项,意思是复位整个文档,然后单击"OK"按钮,Unique ID 就进行了复位,如图 3-144 所示。

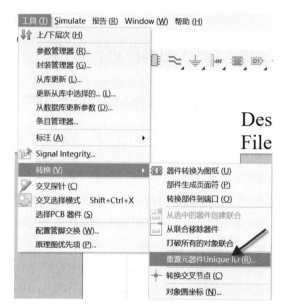

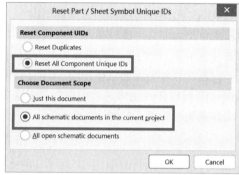

图 3-143　重置元器件 Unique ID　　　　　　　　图 3-144　选择复位的范围

3.66　怎么批量修改原理图的元器件位号？

绘制原理图常利用复制功能，复制完之后会存在位号重复或同类型元件编号杂乱的现象，使后期 BOM 表的整理十分不便。重新编号可以对原理图中的位号进行复位和统一，从而方便设计及维护。

（1）Altium Designer 提供非常方便的元件编号功能，执行菜单命令"工具→标志→原理图标注"（快捷键"T+A+A"），进入编号编辑对话框，如图 3-145 所示。

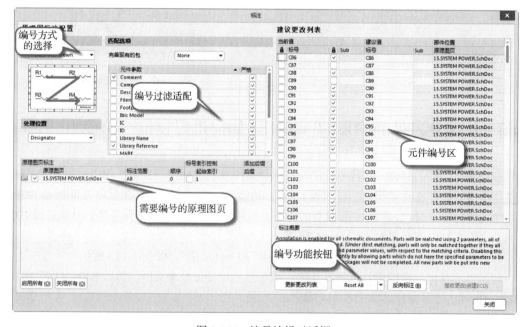

图 3-145　编号编辑对话框

（2）Order of Processing：编号方式的选择。

Altium Designer 提供了 4 种编号方式。

① Up Then Across：先下而上，后左而右。

② Down Then Across：先上而下，后左而右。

③ Across Then Up：先左而右，后下而上。

④ Across Then Down：先左而右，后上而下。

4 种编号方式分别如图 3-146 所示。可以根据需求进行选择，不过建议常规选择第 4 种"Across Then Down"方式。

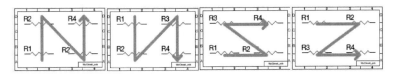

图 3-146　4 种编号方式

（3）匹配选项：编号过滤适配，按照默认设置即可。

（4）原理图页标注：需要编号的原理图页。用来设定工程中参与编号的原理图页，如果想对此原理图页进行编号，在前面进行勾选，不勾选表示不参与。

（5）建议更改列表：变更列表，列出元件的当前编号和执行编号之后的新编号。

（6）编号功能按钮如下。

① 单击"Reset All"按钮，复位所有元件编号，使其变成"字母+？"的格式。

② 单击"更新更改列表"按钮，对元件列表进行编号变更，系统会根据之前选择的编号方式进行编号。

③ 单击"接受更改（创建 ECO）"按钮，接受编号的变更，从而实现原理图的变更，如图 3-147 所示，此时会出现工程变更单，将变更选项提供给用户进行再次确认。可以执行"验证变更"来验证变更是否正确，如果正确，在右侧"检测"栏出现绿色"√"表示全部通过。通过之后单击"执行变更"按钮执行变更，即可完成原理图中位号的重新编辑。

图 3-147　工程变更单

3.67 如何实现原理图中器件的反向标注?

在原理图和 PCB 同步中,我们一般用的是正向标注,就是说从原理图更新到 PCB,假如先从 PCB 中更新,能否更新标注到原理图呢?下面我们来介绍一下步骤:

(1)首先将 PCB 标注完成,执行菜单命令"工具→重新标注"或按快捷键"T+N"进入重新标注对话框。

(2)选择对应的标注方向、标注范围,设置完毕之后单击"确定"按钮会生成.WAS 文件,文档会自动生成在工程文件夹中,如图 3-148 和图 3-149 所示。

图 3-148 重新标注对话框   图 3-149 生成.WAS 文件

(3)打开原理图,执行菜单命令"工具→标注→反向标注原理图"导入.WAS 文件并重新编号,如图 3-150 和图 3-151 所示。

图 3-150 执行反向标注命令   图 3-151 标注属性框

3.68 一般设计完成原理图之后,需要统计整体管脚 Pins 数,如何统计呢?

一般可以通过原理图的参数报表进行展现:

(1)在当前需要统计的工程中,打开任意一章原理图页。

（2）执行菜单命令"工具→参数管理器"或按快捷键"T+R"打开参数管理器。

（3）在如图 3-152 所示的参数编辑选项中只勾选"管脚"，第二栏选择"All Objects"。

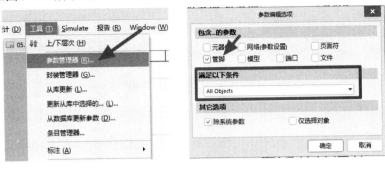

图 3-152　参数编辑选项

（4）在弹出的报告对话框中，可以在左上角看到有一个数据"4016 Objects"，如图 3-153 所示，这个数据就是整个工程原理图的 Pins 数。

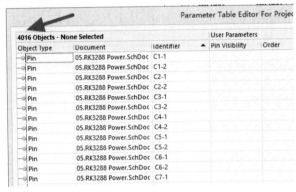

图 3-153　查看 Pins 数

3.69　如何单独查看某页原理图的器件数量?

这个同样基于原理图参数来统计，只是统计的元素不一样：

（1）打开需要查看器件数量的那页原理图，在原理图界面按快捷键"Ctrl+A"全选所有器件。

（2）执行菜单命令"工具→参数管理器"或按快捷键"T+R"打开参数管理器。

（3）在如图 3-154 所示的参数编辑选项中只勾选元器件，第二栏的"All Objects"不动，第三栏其他选项中选择"仅选择对象"，单击"确定"按钮即可。

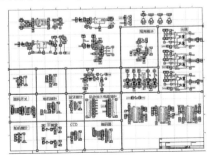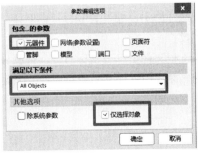

图 3-154　器件参数的编辑选项

（4）如图 3-155 所示中箭头指示处的数量即为原理图的器件数量。

图 3-155　原理图的器件数量

3.70　对原理图常规问题，如何利用 ERC 进行检测？

在设计完成原理图之后，设计 PCB 之前可以利用软件自带的 ERC 功能对原理图进行常规的电气性能检查，避免出现一些错误。

（1）执行右下角命令"Panels→Projects"，打开需要检查的工程文件，如图 3-156 所示。

（2）选择"Validate PCB Project Desmo.PrjPCB"对整个原理图进行编译，如图 3-157 所示。

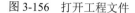

图 3-156　打开工程文件

图 3-157　对工程文件进行编译

上述方法适用于已经设置好原理图常规的编译参数，如果编译参数没有设置，则先采用下列方法完成设置：

（1）在工程文件上单击鼠标右键，选择"工程选项"。

（2）进入原理图编译参数设置窗口，然后进行编译参数的设置即可，如图 3-158 所示。

（3）设置完成之后，可以回到上面的编译步骤。若检查出相关问题可以对应修改即可。

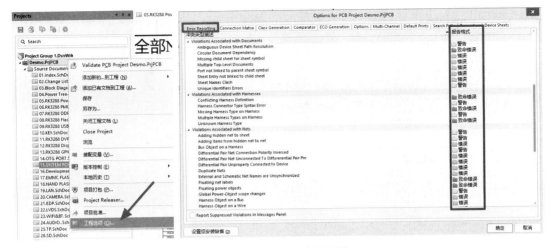

图 3-158　编译参数的设置

3.71　如何在原理图中对常见的 ERC 报错和警告设置显示颜色？

对 ERC 报错和警告的显示颜色进行设置，可以方便编译之后通过颜色的警醒查看错误所在之处。

执行快捷键"TP"打开设置，找到"Schematic-Compiler"选项卡，在"Fatal Error""Error"和"Warning"处进行颜色设置，如图 3-159 所示。

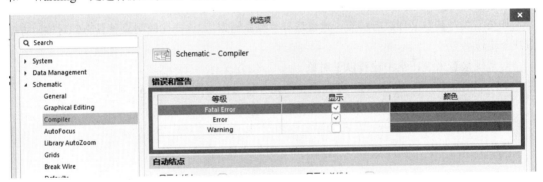

图 3-159　颜色设置界面

3.72　在原理图中常规 ERC 检查一般包括哪些项？

在设计完原理图之后设计 PCB 之前，工程师可以利用软件自带的 ERC 功能对常规的电气性能进行检查，避免一些常规性错误和查漏补缺，从而为正确、完整地导入 PCB 进行电路设计做准备。

右击工程文件，选择执行"工程选项"命令，或者执行菜单命令"工程→工程选项"，单击"Error Reporting"选项卡，进入原理图编译参数设置窗口，如图 3-160 所示。

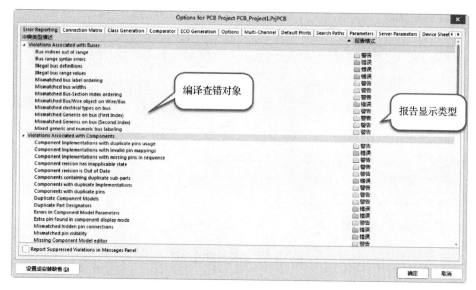

图 3-160 原理图编译参数设置窗口

（1）冲突类型描述：编译查错对象。

（2）报告格式：报告显示类型。

● 不报告：对检查出来的结果不进行报告显示。

● 警告：对检查出来的结果只是进行警告。

● 错误：对检查出来的结果进行错误提示。

● 致命错误：对检查出来的结果提示严重错误，并给予红色标示。

如果需要对其中某项进行检查，建议选择"致命错误"，这样比较明显且具有针对性，方便查找及定位。

对常规检查来说，集中检查以下对象。

● Duplicate Part Designators：存在重复的元件位号，如图 3-161（a）所示。

● Floating NetLabels：存在悬浮的网络标号，如图 3-161（b）所示。

● Floating Power Objects：存在悬浮的电源端口，如图 3-161（b）所示。

● Nets with only one pin：存在单端网络，如图 3-161（c）所示。

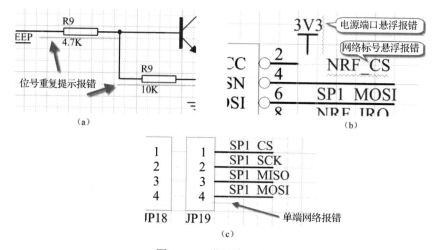

图 3-161 常见编译错误

3.73 怎么检查 Altium Designer 原理图中的网络短路?

绘制完成原理图后需要进行编译检查,检查原理图短路可以帮助判断原理图是否设计有误,那么在 Altium Designer 原理图中怎么检查网络短路呢?

(1) 执行菜单命令"工程→工程选项",在"option for pcb"界面将"Nets with multiple names (存在重复的网络名)"设置为致命错误,如图 3-162 所示。

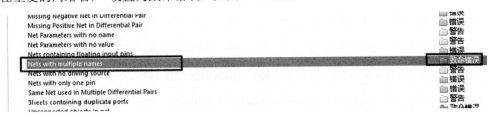

图 3-162　设置为致命错误

(2) 设置完成后执行菜单命令"工程→Validate pcb project"进行原理图编译,如果存在不同网络走线连接则会报错,这样就可以检查原理图是否存在网络短路的情况。

3.74 在对原理图设置编译选项时,工程选项是灰色的,怎么解决?

绘制原理图后需要对原理图进行编译检查,但是有时会遇到原理图编译时工程选项是灰色的情况,如图 3-163 所示,这种情况应该怎么解决呢?

(1) 首先出现这类问题的原因是在创建原理图时没有创建工程,属于"Free Documents",故编译时工程选项为灰色,如图 3-164 所示。

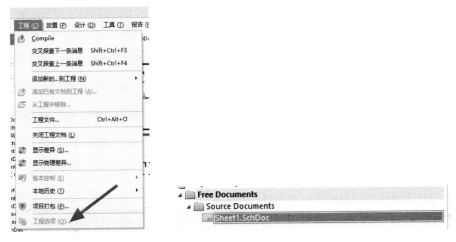

图 3-163　工程选项为灰色　　　　图 3-164　"Free Documents"

(2) 创建工程后将原理图拖动到工程中,即可看到工程选项,如图 3-165 所示。

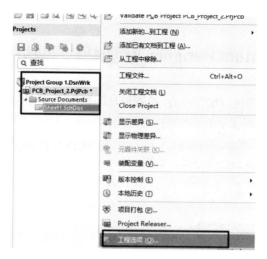

图 3-165　工程选项可选示意图

3.75　编译后原理图出现红色波浪线表示什么含义？

在编译完原理图之后有时会看见红色波浪线，这些红色波浪线是我们在编译后的错误显示，提示这个地方有错误。这时我们只需要在右下角执行命令"Panels→Messages"把"Messages"调出来，查看对应的错误类型并修改即可，如图 3-166 所示。

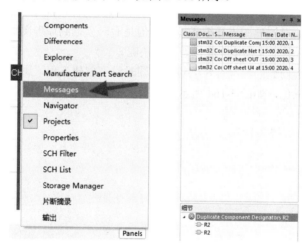

图 3-166　Messages 错误信息提示

对应的报错信息解释如下：

① Duplicate Part Designators：存在重复的元件位号，只需要修改成不同的位号即可。

② Floating Net Labels：存在悬浮的网络标号，需要查看是不是网络标号放置不到位，如果是，修改即可。

③ Floating Power Objects：存在悬浮的电源端口，需要查看是不是电源端口放置不到位，如果是，修改即可。

④ Nets with only one pin：存在单端网络，确认是不是标号名字填写错误而导致单端网络，如果不是，确认没问题，忽略即可。

3.76 在原理图中没有连接的网络应该怎么处理?

在设计原理图时经常遇到有不需要连接的网络,当碰到没有连接的网络时首先检查是否需要连接到其他地方,如果是,则需要连接好,如果不是,则只需在管脚上放置 No ERC 标号即可,放置位置如图 3-167 所示。

图 3-167　放置 No ERC 标号

3.77 编译报错:"Off grid pin" 和 "Off grid NetLabel" 报错是什么原因,怎么解决?

(1) Off grid pin:管脚不在格点上。

(2) Off grid NetLabel:网络标号不在格点上。

这些对象不在格点上一般是没有问题的,只是影响整齐度而已,我们可以右击工程文件,选择执行"工程选项"命令,或者执行菜单命令"工程→工程选项",然后单击"Error Reporting"选项卡,进入原理图编译参数设置窗口,将"Off grid object"设置为不报告即可,如图 3-168 所示。

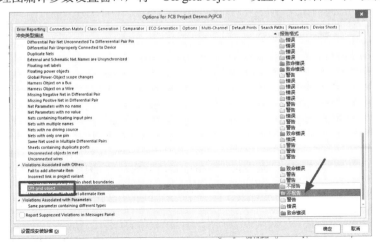

图 3-168　Off grid object 的设置

3.78 编译报错："Net has only one pin" 报错是什么原因，怎么解决？

Net has only one pin：单端网络管脚。当我们发现单端网络报错时，双击"Messages"里的错误定位到有单端网络的地方，如图 3-169 所示。然后检查是否是因为网络标号名字填写错误导致的单端网络。如果是，则修改正确的匹配名字，如果不是，确认无误，则无视报错直接导入 PCB 即可。

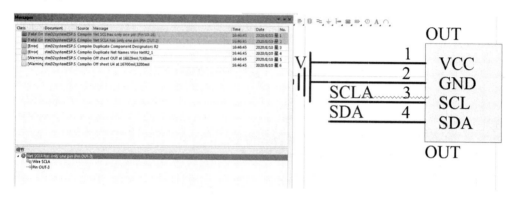

图 3-169　单端网络的报错提示

3.79 编译报错："No valid components to changes"报错是什么原因，怎么解决？

这个报错在原理图打开封装管理器的时候有时会弹出，报错信息为"No Valid Components To Change"，如图 3-170 所示。

图 3-170　"No Valid Components To Change"报错提示

出现这种情况的原因是文件没有放在同一个工程下面，首先要建立一个工程，然后把文件拖至工程里，如图 3-171 所示，左边为错误的，右边为正确的。

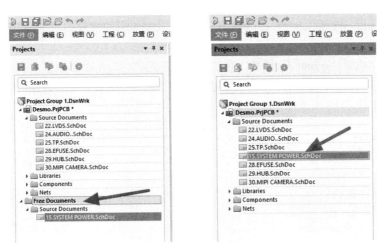

图 3-171　错误示例和正确示例

3.80　Altium Designer 原理图报错"XXX.Sch Compiler Sheet-Entry" "XX not matched to port" 怎么解决?

在绘制层次原理图后导入 PCB 时,有时会遇见弹出报错"XXX.Sch Compiler Sheet-Entry、XX not matched to port"的情况,为什么会出现此报错,以及应该如何解决呢?

(1) 在绘制层次原理图时,需要在总原理图中添加 sheet symbol 来代替子原理图,用 sheet entry 作为子原理图的对外接口,然后在子原理图中添加 port 作为与总原理图中 sheet entry 相连的接口,如图 3-172 所示。

图 3-172　层次原理图元素

(2) 如上图所示,当子原理图中的 port 接口名称与总原理图中代表子原理图 sheet symbol 的 sheet entry 名称不一致时,在导入 PCB 时会出现部分网络节点导入失败的问题,同时 message 中会弹出标题所提到的报错。

(3) 对于此类报错有两种解决方法。

① 手动修改:更改原理图中 port 和 sheet entry 的名称,使二者的名称一致,更改后再进行导入则不会报此类错误。

② 在总原理图中执行菜单命令"设计→同步图纸入口和端口",如图 3-173 所示。这样软件会自动同步,同步后在导入 PCB 时则不会报此类错误。

3.81　如何自定义绘制原理图的常用操作快捷键?

在绘制原理图时经常会用到一些命令,如走线、放置网络标签,这时可以设置快捷键,方法如下:

（1）首先执行"放置"命令，将鼠标光标移动到需要设置快捷键的命令处，按住"Ctrl"键，拖动鼠标左键进入"Edit Command"栏，如图 3-174 所示。

（2）进入"Edit Command"栏后，在"可选的"选项栏输入需要设置的快捷键，然后单击"确定"按钮就可以使用快捷键了，这里注意，如果下面"当前被用于"有显示即代表设置的快捷键冲突了。

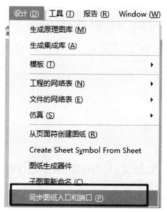

图 3-173　执行同步图纸入口和端口命令

图 3-174　自定义快捷键的设置

3.82　如何设置原理图与 PCB 的交互式操作，该注意什么？

交互选择模式给出了在原理图和 PCB 之间选择对象的能力，在此模式下，当在一个编辑器中选择对象时，另外一个编辑器中与之关联的对象也会被选择，可以很大程度上简化对对象的选取定位操作。

（1）执行快捷键"T+P"进入"优选项"系统设置，找到"System-Navigation"选项卡。

（2）在"交叉选择模式"处，推荐勾选"交互选择"和"元件"，如图 3-175 所示，其他选项不要勾选。

（3）设置完成之后，回到原理图页，执行菜单命令"工具→交叉选择模式"，即可使用此交互式功能了，如图 3-176 所示。

图 3-175　交互选择模式的设置

图 3-176　交互选择的打开

3.83 如何在原理图中批量添加封装名称?

绘制好原理图和封装库后需要在原理图中给元器件添加封装,这样才能导入 PCB,批量添加封装名称的方法如下:

（1）执行菜单命令"工具→封装管理器"（快捷键"T+G"）,打开封装管理器。如果是给同类型的元器件添加一个封装,可以按 Shift 键进行多选,如图 3-177 所示。IC 类器件封装只能单独添加,与添加电阻封装的步骤一样。

（2）选择后在"View and Edit Footprints"栏选择"添加"选项进入 PCB 模型界面,如图 3-178 所示。

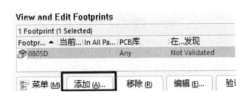

图 3-177　按 Shift 键进行多选　　　　图 3-178　进入添加选项

（3）在 PCB 模型界面单击"浏览"按钮,进入浏览库界面,如图 3-179 所示。在浏览库界面选择库后,单击需要的封装型号,然后单击"确定"按钮,即成功添加了封装。

图 3-179　添加封装

（4）添加封装后在"View and Edit Footprints"栏选中多余的封装,然后单击"移除"按钮,如图 3-180 所示。多余封装不移会导致封装添加失败,如果没有多余的封装,即可忽略这一步。

（5）移除后单击"View and Edit Footprints"栏的"接受变化（创建 ECO）"按钮,如图 3-181 所示,然后在"工程变更"界面单击"执行变更"就成功添加了 PCB 封装。

图 3-180　移除多余的封装　　　　　　图 3-181　单击接受变化

3.84　怎么统一查看哪些元器件没有填写封装名称?

在设计原理图的过程中,经常会忘记哪个器件没有添加封装,Altium Designer 中统一查看元器件没有封装或是什么封装只需打开封装管理器就一目了然了。

(1) 执行菜单命令"工具→封装管理器",打开封装管理器,如图 3-182 所示。

(2) 在标题栏找到"Current Footprint"并单击,可以对当前的封装进行排序。

(3) 对于没有填写封装名称的元器件,一般会优先展现在前面,这样就能够知晓哪些元器件没有填写封装名称,对应的在右边进行添加。

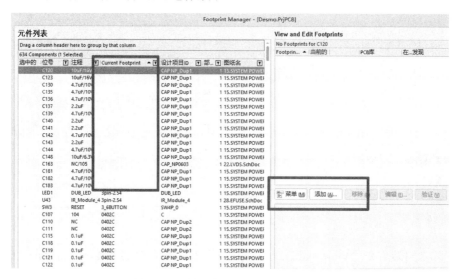

图 3-182　统一查看器件的封装完整性

3.85　在原理图中如何批量替换封装,如将 0805c 替换成 0603c?

在原理图中给元器件添加封装时,替换封装是经常会用到的操作,如果要替换所有电容的封装,一个个更改会比较烦琐,可以在原理图中批量替换封装。这里以将所有 0805c 的封装替换成 0603c 为例进行讲解。

（1）选择电容后单击右键选择"查找相似对象"进入查找相似对象界面，在"Current Footprint"栏选择"Same"，然后单击"确定"按钮，如图 3-183 所示。

图 3-183　选择"Same"选项

（2）此时会选中原理图中封装为 0805c 的电容。在原理图右侧的属性框中单击"Footprint"栏，然后单击右下角的 ✎ 图标进入"PCB 模型"栏，如图 3-184 所示。

（3）在"PCB 模型界面"单击"浏览"进入浏览库界面，在浏览库界面选择库和封装后单击确定，如图 3-185 所示。单击确定后封装就替换成功了。

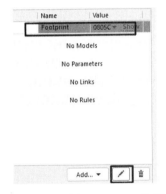

图 3-184　选择"Footprint"栏

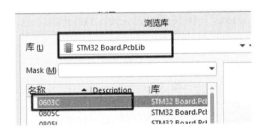

图 3-185　选择库和封装

3.86　在原理图中怎么导出 BOM 表（物料清单），需要注意什么格式？

BOM 表即物料清单。当原理图设计完成之后，就可以开始整理物料清单并准备采购元件了。如何将设计中用到的元件信息进行输出以方便采购呢？这时就会用到 BOM 表了。

（1）执行菜单命令"报告→Bill of Materials"（按快捷键"R+I"），进入 BOM 表参数设置界面，如图 3-186 所示。

（2）一般建议勾选"Comment"（元件值）、"Designator"（位号）、"Footprint"（封装）及"Quantity"（元件数量），勾选之后会显示在右上角区域。

（3）Grouped Columns：分组列，让元件可以按照特定的方式分类。如果想把封装为 0805R、Comment 值为 5.7k 的电阻分到一组里，那么就可以把"Comment"和"Footprint"参数从下面的"All Columns"选择一个选项，拖动到上面的"Grouped Columns"中，如图 3-187 所示。

（4）File Format：BOM 表的导出格式，一般执行导出后缀为.xls 的 Excel 文档。

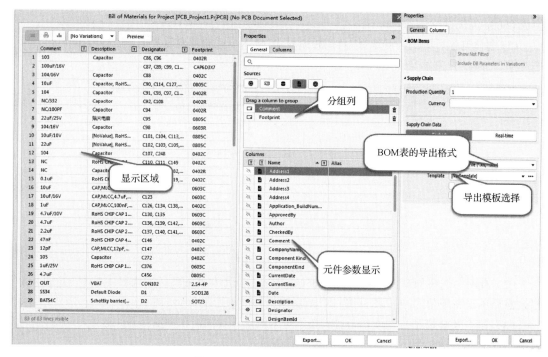

图 3-186 BOM 表参数设置界面

（5）Template：导出模板选择，可以选择"none"进行直接输出，或者使用 Altium Designer 提供的模板来生成 BOM 表。必要时可以用 Excel 打开一个模板看一下，BOM 表模板为安装目录下的 Templates 文件夹（如 C:\Users\Public\Documents\Altium\AD20\Templates）下后缀为.XLT 的文件，如图 3-188 所示。

图 3-187　拖动到分组列中

- BOM Default Template 95.xlt
- BOM Default Template.XLT
- BOM Manufacturer.XLT
- BOM Purchase.XLT
- BOM Review.XLT
- BOM Simple.XLT
- BOM Supplier Links.XLT
- BOM Variant Template.XLT

图 3-188　BOM 表模板

例如，打开 BOM Purchase.XLT 模板，如图 3-189 所示，其中，"Column=LibRef"表示这一列为各元件的 LibRef 所对应的参数值。可以看到，模板上列出的参数有些是不需要的，有些需要的又没有。这时，只需把每列的模板语句修改一下就可以。例如，将第一列的"Column=LibRef"改为"Column=Designator"，那么这一列就可以显示元件位号了。其他的修改类似。修改好后保存为 Excel 的.XLT 文件放到 Templates 文件夹下，即可在下拉菜单中看到。

图 3-189　BOM 表模板格式

（6）单击左下角的"Export…"按钮就可以生成所需要的 BOM 表了，一般文件保存在工程目录下或工程目录下的 Documents 目录中，找到并打开就可以了。

3.87　如何把原理图导出为 PDF 格式的？

在使用 Altium Designer 设计完原理图后，可以把原理图以 PDF 的形式输出发给别人阅读，从而降低被直接篡改的风险。Altium Designer 是 Protel 99SE 的高级版本，自带 PDF 文件输出功能，即"智能 PDF"功能，可以把原理图以 PDF 的形式进行输出。

（1）执行菜单命令"文件→智能 PDF"进入 PDF 的创建向导，如图 3-190 所示，根据向导来进行设置即可。

图 3-190　进入 PDF 的创建向导

（2）单击"Next"按钮，在打开的"选择导出目标"界面可以选择输出的文档范围，如图 3-191 所示。

① 当前项目：对当前整个工程的文档进行 PDF 输出。

② 当前文档：对当前选中的文档进行 PDF 输出。

（3）在"导出 BOM 表"界面可以选择是否对 BOM 表进行输出，如图 3-192 所示，一般单独对 BOM 表进行输出，所以这里不用勾选。

（4）在"添加打印机设置"界面可以对 PDF 输出参数进行一定的设置，如图 3-193 所示，一般对其输出颜色进行选择就好，其余直接选择默认设置即可。

① 颜色：彩色的。设计用的什么颜色输出的就是什么颜色。

② 灰度：灰色的。一般不选择。

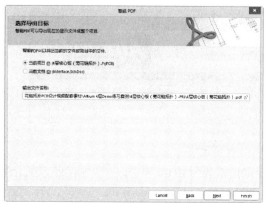

图 3-191　选择输出的文档范围

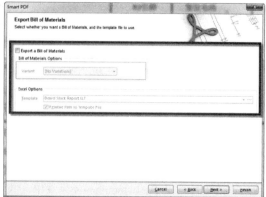

图 3-192　选择是否对 BOM 表进行输出

③ 单色：黑白的。因为对比度高，经常选择。

（5）按照图 3-193 所示进行勾选后单击"Finish"按钮，完成 PDF 输出，并打开 PDF 如图 3-194 所示，其效果图如图 3-195 所示。

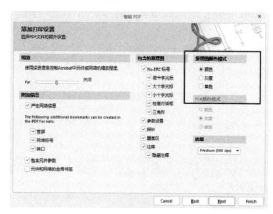

图 3-193　PDF 输出参数设置图

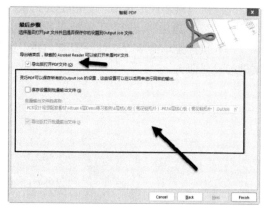

图 3-194　执行完成 PDF 输出并打开 PDF

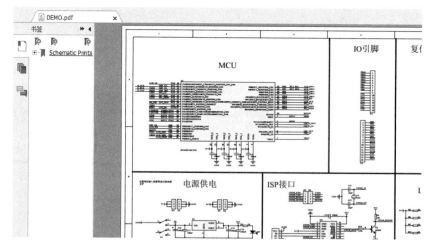

图 3-195　PDF 的输出效果图

3.88 Altium Designer 中同页原理图的部分功能模块不想被导入 PCB 中，怎么操作？

在导入 PCB 时一般是整个原理图被导入，如果有部分功能模块不想被导入，应该怎么操作呢？

执行菜单命令"放置→指示→编译屏蔽"后鼠标光标处会出现十字箭头，将不想被导入的部分框起来，然后单击右键结束命令，如图 3-196 所示，这样框起来的部分就不会被导入到 PCB 中。

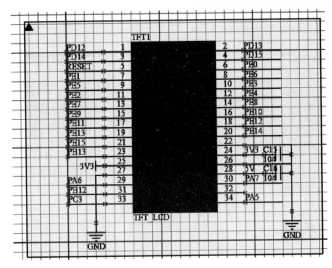

图 3-196　放置编译屏蔽区

3.89 什么是线束，怎么使用原理图的线束？

Altium Designer 6.8 之后的版本引入了信号线束（Signal Harnesses）概念，并增加了放置、连接功能。信号线束主要用于原理图中连接不同的信号，可以把单条走线和总线汇集在一起并连接到其他信号线束上，这样能简化原理图设计，从而增强设计的灵活性和流线性。

1）信号线束的基本元素

信号线束代表结合不同信号的抽象连接关系，用于连接设计中不同子系统的信号，它们既可以连接到其他线束也可以代表不同子图间的连接关系。信号线束操作起来就像总线一样，但是它可以含有不同的信号，如单根线。

线束连接器：把不同的信号组合在一起形成一个信号线束。它既是一个图形化的定义也是一个图形化的融汇端，包含真实的网络、总线和其他线束到一个总的信号线束，通过 Place →Harness→Predefined Harness Connector 进行放置。

线束入口：信号线束成员的图形化定义。它也是形成高层信号线束的所有网络、总线和线束的逻辑连接点。每个入口有一个特定的连接。

线束连接线：连接线束连接器的元素，使用线束连接线可以直接把线束连接器连接起来。

线束定义一般以文本来定义。以（*.Harness）的形式保存在项目文件中。它们用来理解项目中各个层次的线束关系。

2）设置子图和母图的信号线束结构

在对应子图的线束连接器上放置对应的线束入口并命名，在母图上放置对应的原理图符号，并使用线束连接线进行连接显示，如图 3-197、图 3-198、图 3-199 所示。

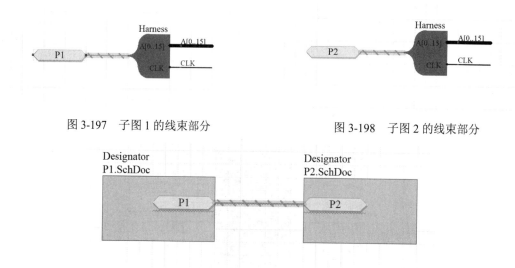

图 3-197　子图 1 的线束部分　　　　　　图 3-198　子图 2 的线束部分

图 3-199　母图的线束连接

1. 两个子图的线束连接器上的线束入口名称要一致。
2. 子图上连接到两个线束连接器入口上的 BUS 或 WIRE 的名称可以不一致。
3. 子图上连接到两个线束连接器上的 PORT 的名称可以不一致，但在母图上对应子图的 PORT 要一致。

3.90　Altium Designer 中如何进行原理图差异对比？

在设计时，经常需要对两份原理图进行差异化对比，这里准备了 SMT32 和 SMT32-change 两份原理图，后面这份是改变后的，以这两份原理图为例讲解如何进行原理图差异化对比？

（1）首先打开这两份原理图，然后执行菜单命令"工程→显示差异"，进入选择比较文档界面勾选"高级模式"，然后选择这两份原理图，单击"确定"按钮，如图 3-200 所示。

（2）然后在弹出的选项框选择第一个选项，进入差异对比报告界面，界面有报告差异和探测差异两个选项，如图 3-201 所示。

（3）单击"报告差异"进入报告预览界面选择导出可以将其导出到桌面。这里建议单击"探测差异"，然后进入报告差异小窗口，如图 3-202 所示，双击报告可以跳转到原理图中的差异位置，如图 3-203 所示。

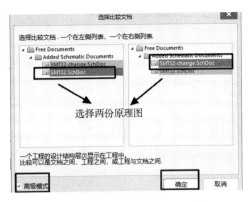

图 3-200 选择比较文档界面

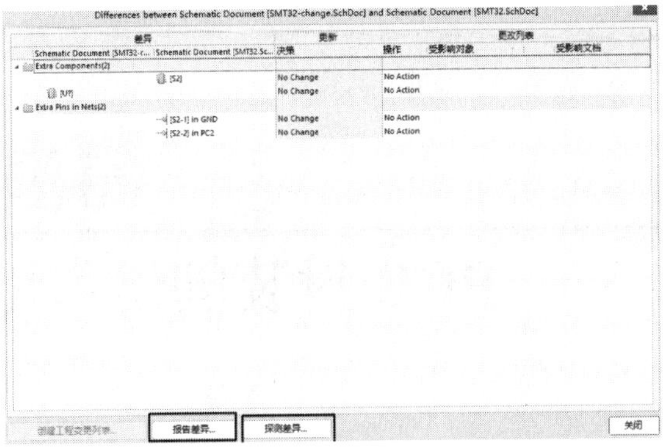

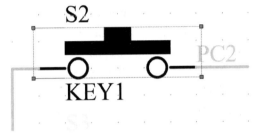

图 3-201 差异对比报告界面

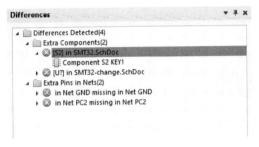

图 3-202 报告差异小窗口

图 3-203 跳转到差异位置

第 4 章

PCB 封装创建常见问题解答 50 例

 学习目标

➢ 掌握 PCB 封装库中的基本概念。

➢ 熟练使用 Altium Designer 软件。

➢ 熟练使用 Altium Designer 软件 PCB 封装库。

➢ 掌握用 Altium Designer 软件绘制 PCB 封装库的技巧。

➢ 掌握绘制 PCB 封装库的基本标准。

➢ 掌握绘制 PCB 封装库过程中各种问题的解决办法。

4.1 什么叫作 PCB 封装，其分类一般有哪些?

PCB 封装就是把实际电子元器件等中的各种参数（如元器件尺寸、管脚类型、管脚焊盘尺寸、管脚间距等）用图形方式表现出来。

（1）按照安装方式来区分，PCB 封装可以分为贴装器件、插装器件、混装器件（贴装和插装同时存在）、特殊器件。特殊器件一般指沉板器件。

（2）按照功能及器件外形来区分，PCB 封装可以分为以下几种。

SMD：Surface Mount Devices/表面贴装元件。

RA：Resistor Arrays/排阻。

MELF：Metal Electrode Face Components/金属电极无引线端面元件。

SOT：Small Outline Transistor/小外形晶体管。

SOD：Small Outline Diode/小外形二极管。

SOIC：Small Outline Integrated Circuits/小外形集成电路。

SSOIC：Shrink Small Outline Integrated Circuits/缩小外形集成电路。

SOP：Small Outline Package Integrated Circuits/小外形封装集成电路。

SSOP：Shrink Small Outline Package Integrated Circuits/缩小外形封装集成电路。

TSOP：Thin Small Outline Package/薄小外形封装。

TSSOP：Thin Shrink Small Outline Package/薄缩小外形封装。

SOJ：Small Outline Integrated Circuits with J Leads/"J"形管脚小外形集成电路。

CFP：Ceramic Flat Packs/陶瓷扁平封装。

PQFP：Plastic Quad Flat Pack/塑料方形扁平封装。

SQFP：Shrink Quad Flat Pack/缩小方形扁平封装。

CQFP：Ceramic Quad Flat Pack/陶瓷方形扁平封装。

PLCC：Plastic Leaded Chip Carriers/塑料封装有引线芯片载体。

LCC ：Leadless Ceramic Chip Carriers/无引线陶瓷芯片载体。

QFN：Quad Flat Non-leaded Package/四侧无管脚扁平封装。

DIP：Dual-In-Line Components/双列管脚元件。

PBGA：Plastic Ball Grid Array /塑封球栅阵列器件。

RF：射频微波类器件。

AX：Non-polarized Axial-Leaded Discretes/无极性轴向管脚分立元件。

CPAX：Polarized Capacitor，Axial/带极性轴向管脚电容。

CPC：Polarized Capacitor，Cylindricals/带极性圆柱形电容。

CYL：Non-polarized Cylindricals/无极性圆柱形元件。

DIODE：二极管。

LED：发光二极管。

DISC：Non-polarized Offset-leaded Discs/无极性偏置管脚分立元件。

RAD：Non-polarized Radial-Leaded Discretes/无极性径向管脚分立元件。

TO：Transistors Outlines，JEDEC Compatible Types/晶体管外形，JEDEC 元件类型。

VRES：Variable Resistors/可调电位器。

PGA：Plastic Grid Array /塑封阵列器件。

RELAY：继电器。

SIP：Single-In-Line Components/单排管脚元件。

TRAN：Transformer/变压器。

PWR：Power Module/电源模块。

CO：Crystal Oscillator/晶体振荡器。

OPT：Optical Module /光器件。

SW：Switch/开关类器件（特指非标准封装）。

IND：Inductance/电感类（特指非标准封装）。

4.2 一个 PCB 封装的组成元素包含哪些部分？

一般来说，完整的 PCB 封装是由许多不同元素组合而成的，不同元器件的 PCB 封装所需的组成元素也不同。封装组成元素包含沉板开孔尺寸、尺寸标注、倒角尺寸、焊盘、阻焊、孔径、花焊盘、反焊盘、Pin_number、Pin 间距、Pin 跨距、丝印线、装配线、禁止布线区、禁止布孔区、位号字符、装配字符、1 脚标识、安装标识、占地面积、器件高度等。

PCB 封装的组成一般有以下元素，如图 4-1 所示。

（1）PCB 焊盘：用来焊接元件管脚的载体。

（2）管脚序号：用来和元件进行电气连接关系匹配的序号。

（3）元件丝印：用来描述元件腔体大小的识别框。

（4）阻焊：放置绿油覆盖，可以有效地保护焊盘焊接区域。

（5）1 脚标识/极性标识：用来定位元件方向的标识符号。

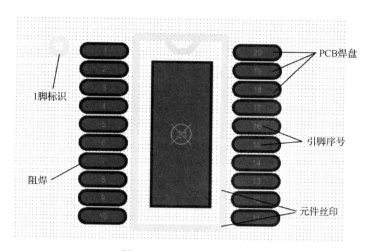

图 4-1　PCB 封装的组成

4.3　PCB 封装创建的一般流程是什么?

通过 Altium Designer 软件绘制 PCB 封装的类型有两种，即贴片类型封装和插件类型封装。具体的操作步骤如下：

1）贴片类型封装

（1）制作贴片焊盘，执行菜单命令"放置（P）→焊盘（P）"，也可使用快捷键"PP"，在放置状态下按 Tab 键修改焊盘属性，如图 4-2 所示。

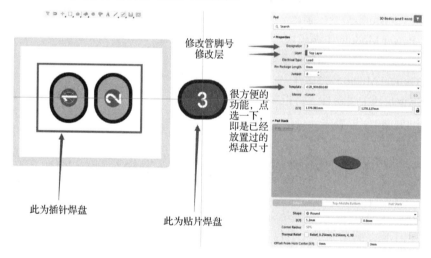

图 4-2　贴片焊盘的放置

（2）修改属性，"Designator"是管脚号，"Layer"是焊盘层属性，选择"Top Layer"或"Bottom Layer"即为贴片焊盘，选择"Muti-Layer"即为插针焊盘。

（3）修改焊盘尺寸，选中放置好的焊盘，按 F11 键调出属性框，已有属性框的直接忽略这一步。如图 4-3 所示，在焊盘属性框里修改需要的坐标位置、旋转角度、焊盘类型、焊盘尺寸，中心偏移量和其他项默认即可，有特殊要求时再做修改，设置好之后，焊盘即放置完毕。

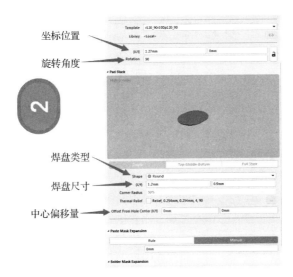

图 4-3　焊盘参数的设置

（4）按照所需位置放置好焊盘之后，接下来画丝印，须注意芯片的封装要加上"1"脚标注，执行菜单命令"放置→线条"，绘制好大概形状之后，在 Properties 面板中选择绘制层、线宽和位置，丝印线宽为 4mil 以上（一般用 0.15mm 或 0.2mm），如图 4-4 所示。

图 4-4　绘制封装的丝印

2）插件类型封装

插件类型封装的制作过程与贴片类型封装的步骤一致，所不同的是，"Layer"一栏中需选择"Muti-Layer"，另外将孔与盘的尺寸及类型设置一下即可，如图 4-5 所示。

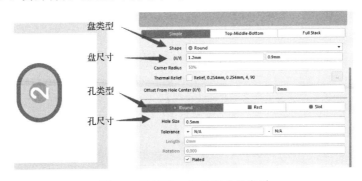

图 4-5　设置孔、盘的尺寸及类型

4.4 怎么新建一个PCB封装?

（1）执行菜单命令"文件→新的→库→PCB 库"，新建一个 PCB 库，出现默认命名为"PcbLib1.PcbLib"的 PCB 库文件和一个名为"PCBCOMPONENT_1"的元件。

图 4-6　新建 PCB 库

（2）执行"保存"命令，将 PCB 库文件更名为"Demo.PcbLib"进行存储。

（3）双击"PCBCOMPONENT_1"，可以更改这个元件的名称，也可以在此 Footprints 栏中单击右键，执行"New Blank Footprints"命令，或者执行菜单命令"工具→新的→空元件"，可以创建新的 PCB 封装并添加到 PCB 封装列表中，如图 4-6 所示。

4.5 创建 PCB 库时，如何快速切换单位?

公制亦称"米制""米突制"，是 1858 年《中法通商章程》签定后传入中国的一种国际度量制度，创始于法国。在 PCB 设计软件中单位为 mm（毫米）。

英制是英国、美国等英语国家使用的一种度量制度。长度单位为英尺，质量单位为磅，容积单位为加仑，温度单位为华氏度。因为各种各样的历史原因，英制的进制相当复杂。在 PCB 设计软件中通常用 mil。

之前的换算关系为 1mm=39.37mil。

只需在 PCB 封装库界面执行菜单命令"视图→切换单位"，或者按快捷键 Q 即可切换单位，如图 4-7 所示。

图 4-7　切换单位

4.6 阅读 Datasheet 制作 PCB 封装，需要知道哪些参数？

要分析 Datasheet 资料，具体包括以下内容：

第一步，分析视图，以及分析 Datasheet 中所提供的图示。首先分析出哪个是顶视图，哪个是底视图，以免做封装时镜像，如图 4-8 所示。

第二步，分析间距、跨距尺寸。分析完视图后，需要分析管脚的相对位置，并分析一行焊盘与焊盘的距离、一列焊盘与焊盘的距离，如图 4-9 所示。

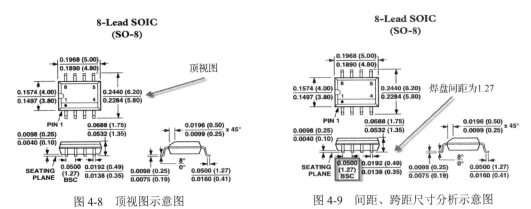

图 4-8　顶视图示意图　　　　　图 4-9　间距、跨距尺寸分析示意图

第三步，分析器件管脚尺寸，即分析器件管脚的长与宽，如图 4-10 所示。

第四步，分析管脚排序，找到器件的焊盘管脚——1 脚的位置，并判断其他管脚的排序，如图 4-11 所示。

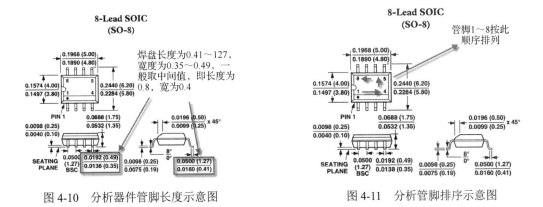

图 4-10　分析器件管脚长度示意图　　　　图 4-11　分析管脚排序示意图

第五步，分析器件实体尺寸，以方便后期画丝印，如图 4-12 所示。

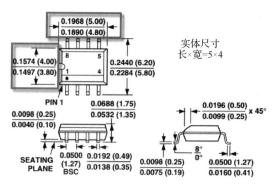

图 4-12　分析器件实体尺寸示意图

4.7　如何让焊盘编号默认从 1 开始?

在封装库放置焊盘的时候经常会遇到放置的焊盘不是从默认"1"开始的情况,这时只需单击"设置"按钮,或者直接执行 Altium Designer 快捷键"T+P"打开设置界面,并找到"PCB Editor→Defaults→Pad"在"Properties→Designator"中设置为"1"即可,如图 4-13 所示,此时每个新建封装放置的焊盘编号都会是"1"了。

图 4-13　焊盘编号默认设置位置示意图

4.8　如何认识常规阻容器件型号,如 R0402 中的 0402?

一般常规阻容器件的命名方式为前面是类型后缀加上尺寸,通常是英制的。其器件实体尺寸如图 4-14 所示。

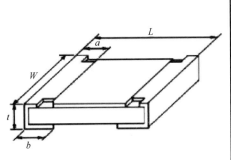

英制（inch）	公制（mm）	长（L）（mm）	宽（W）（mm）	高（t）（mm）	a（mm）	b（mm）
0201	0603	0.60±0.05	0.30±0.05	0.23±0.05	0.10±0.05	0.15±0.05
0402	1005	1.00±0.10	0.50±0.10	0.30±0.10	0.20±0.10	0.25±0.10
0603	1608	1.60±0.15	0.80±0.15	0.40±0.10	0.30±0.20	0.30±0.20
0805	2012	2.00±0.20	1.25±0.15	0.50±0.10	0.40±0.20	0.40±0.20
1206	3216	3.20±0.20	1.60±0.15	0.55±0.10	0.50±0.20	0.50±0.20
1210	3225	3.20±0.20	2.50±0.20	0.55±0.10	0.50±0.20	0.50±0.20
1812	4832	4.50±0.20	3.20±0.20	0.55±0.10	0.50±0.20	0.50±0.20
2010	5025	5.00±0.20	2.50±0.20	0.55±0.10	0.60±0.20	0.60±0.20
2512	6432	6.40±0.20	3.20±0.20	0.55±0.10	0.60±0.20	0.60±0.20

图 4-14　器件实体尺寸示意图

命名为 R0402/C0402/L0402 的含义是指贴片类型为电阻/电容/电感器件，其实体大小 0402 表示为 40×20mil。

4.9　焊盘的 Soldmask 是什么，其作用又是什么？

Soldmask 是指 PCB 设计中的阻焊，包括 TOP 面与 BOTTOM 面的阻焊，特别要注意这个是反显层，有表示无，无表示有。PCB 上焊盘（表面贴焊盘、插件焊盘、过孔）外一层涂了绿油的地方是为了防止在 PCB 过锡炉（波峰焊）的时候不该上锡的地方上锡，所以称为阻焊层（绿油层）。其作用就是为了方便贴片，所以 Soldmask 是要把封装焊盘露出来，通常 Soldmask 的尺寸会比绘制出来的封装焊盘大（Solder 是指阻焊层，用它来涂敷绿油等阻焊材料，从而防止在不需要焊接的地方沾染焊锡，该层会露出所有需要焊接的焊盘，并且开孔会比实际焊盘大）。在生成 Gerber 文件时，可以观察 Soldmask 层的实际效果。在 Soldmask 层（有 Topsolder 和 Bottomsolder）上画个矩形框，则这个矩形框内就等于开了个窗口。Soldmask 就是涂绿油、蓝油或红油，除焊盘、过孔等不能涂（涂了就不能上焊锡）之外，其他部位都要涂上阻焊剂。阻焊剂有绿色、蓝色或红色。

4.10　焊盘的 Pastmask 是什么，其作用又是什么？

Pastmask 是指 PCB 设计中的钢网，包括 TOP 面与 BOTTOM 面的钢网，这个是正显层，有就是有，无就是无，是针对 SMD 的。该层用来制作钢网（片），而钢网上的孔对应着 PCB 上 SMD 的焊点。其作用就是在进行表面贴装器件焊接时，先将钢网盖在 PCB 上（与实际焊盘对应），然后将锡膏涂上，用刮片将多余的锡膏刮去，移除钢网，这样 SMD 的焊盘就加上了锡膏，之后将 SMD 贴附到锡膏上（手工或贴片机），最后通过回流焊机完成 SMD 的焊接。通常钢网上孔径会比 PCB 上实际的小一些，通过指定一个扩展规则来放大或缩小锡膏防护层。对于不同焊盘的不同要求，也可以在锡膏防护层中设定多重规则，系统也提供两个锡膏防护层，分别是顶层锡膏防护层（Top Paste）和底层锡膏防护层（Bottom Paste），在 Paste Mask Layers（有 Top

Paste 和 Bottom Paste）上画个矩形框，则这个矩形框内就等于开了个窗口，机器就在此窗口内喷上锡膏。其实就是给钢网开了个窗，过波峰焊就上锡了。

4.11　制作 PCB 封装时如何设置基准坐标?

基准坐标是指自动化设备的 PCB 基准点。

设置基准坐标的步骤：打开需要设置基准坐标的 PCB 封装，执行菜单命令"编辑→设置参考"，选择"1 脚"即设置管脚 1 为基准坐标，选择"中心"即设置中心为基准坐标，选择"位置"即自定义位置为基准坐标，如图 4-15 所示为设置基准坐标示意图。

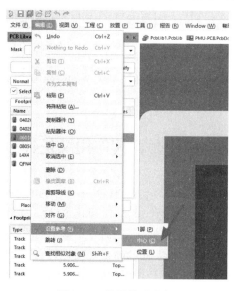

图 4-15　设置基准坐标

4.12　PCB 封装如何在 2D 模式和 3D 模式之间进行切换?

（1）执行菜单命令"视图→切换到 3 维模式"即可切换到 3D 模式，如图 4-16 所示。

图 4-16　切换到 3D 模式

（2）执行菜单命令"视图→切换到 2 维模式"即可切换到 2D 模式。

（3）可以执行字母键盘上的数字"2"或"3"进行"2 维"或"3 维"模式切换。

4.13 在 PCB 建库过程中如何设置格点大小?

在 PCB 封装库界面，并在英文输入法状态下执行快捷键"G"，选择"设置全局捕捉栅格..."，或者直接按快捷键"Shift+Ctrl+G"即可设置格点的大小，因为 Altium Designer 软件提供了一个很好的对齐功能，所以一般不需要用格点来对齐，推荐设置"1mil"即可，如果需要用格点来进行对齐，则一般推荐设置为"5mil"，如图 4-17 所示。

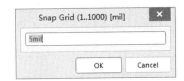

图 4-17 格点设置

4.14 在 Altium Designer 软件中是否有封装向导用来帮助快捷地创建封装?

在 PCB 封装库界面，执行菜单命令"工具"可以选择"IPC Compliant Footprint Wizard..." IPC 封装向导或"元器件向导"来进行封装创建，如图 4-18 所示。

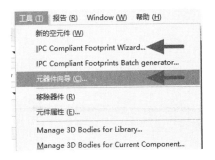

图 4-18 封装向导

（1）IPC 封装向导法根据 IPC 封装规格标准自动计数焊盘管脚长度，只需输入"Datasheet"的封装数据就可以利用向导创建出满足 IPC 标准的封装，这种封装形式更加标准，也更加精确。

（2）元器件向导一般只适用于一些管脚少的，如光耦、插件等封装器件，如果创建芯片封装，则建议采用 IPC 封装向导。

4.15　如何根据 IPC Compliant Footprint Wizard 创建封装？

作为 PCB 设计工程师，在进行 PCB 设计之前需要先做 PCB 封装的创建，但是一些新手工程师对封装的精准数据无法进行判断，对一些焊盘的补偿参数也不是很明白，导致做出的封装出现无法使用的情况。

其实 Altium Designer 软件早就内置了一个封装创建向导"IPC Compliant Footprint Wizard..."，利用此向导创建出来的封装满足 IPC 行业标准。

这个工具在 Altium Designer 软件中是作为一个插件存在的，使用之前需要对其进行安装（一般默认会装上）。如果没有，则可以执行右上角的"Extensions and Updates"命令，在扩展里找到"IPC Footprint Generator"插件进行下载并安装即可，但是安装之后需要重启软件才可以生效，如图 4-19 所示。

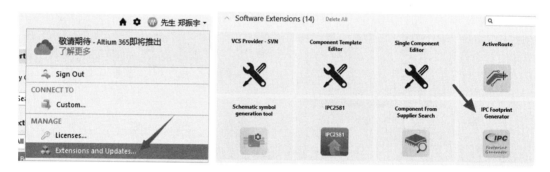

图 4-19　IPC Footprint Generator 插件的安装

这里选择此次开发板主控芯片 STM32F103RCT6 的 LQFP-64 封装进行范例讲解，具体步骤如下：

（1）在互联网上找到 STM32F103RCT6 芯片的规格书，并在封装规格里找到"LQFP-64"的尺寸，如图 4-20 所示。

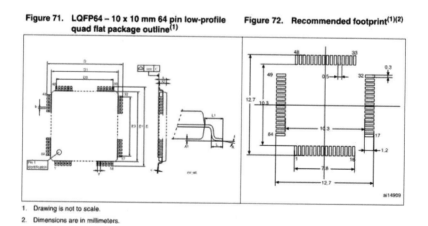

图 4-20　LQFP-64 规格尺寸图

Table 72.　LQFP64 – 10 x 10 mm 64 pin low-profile quad flat package mechanical data

Symbol	millimeters			inches[1]		
	Min	Typ	Max	Min	Typ	Max
A			1.600			0.0630
A1	0.050		0.150	0.0020		0.0059
A2	1.350	1.400	1.450	0.0531	0.0551	0.0571
b	0.170	0.220	0.270	0.0067	0.0087	0.0106
c	0.090		0.200	0.0035		0.0079
D	11.800	12.000	12.200	0.4646	0.4724	0.4803
D1	9.800	10.000	10.200	0.3858	0.3937	0.4016
D.		7.500				
E	11.800	12.000	12.200	0.4646	0.4724	0.4803
E1	9.800	10.00	10.200	0.3858	0.3937	0.4016
e		0.500			0.0197	
k	0°	3.5°	7°	0°	3.5°	7°
L	0.450	0.600	0.75	0.0177	0.0236	0.0295
L1		1.000			0.0394	
ccc		0.080			0.0031	
N	Number of pins					
	64					

1. Values in inches are converted from mm and rounded to 4 decimal digits.

图 4-20　LQFP-64 规格尺寸图（续）

（2）打开 PCB 库，执行菜单命令"工具→IPC Compliant Footprint Wizard..."，进入封装创建向导界面。

（3）可以看到在创建向导里罗列了很多封装类型，如图 4-21 所示。在此列表里选择"PQFP"选项，因为对于"LQFP"和"PQFP"来说，在封装尺寸上如果数量一样，则封装大小是可以共用的，两者间的差别在于厚度。

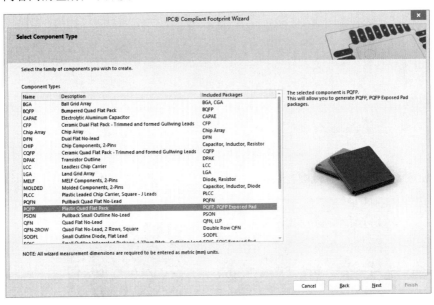

图 4-21　向导中选择创建模型

（4）根据创建向导继续单击"Next"按钮，这时可以看到一个数据填写窗口。如图 4-22 所示，根据向导可以看到，以前需要计算焊盘之间的间距及焊盘尺寸，现在只需根据规格书表格参数和"Recommended Footprint"数据对照输入参数，不需要再去计算补偿参数了。

（5）勾选向导界面左下角的"Generate STEP Model Preview"，导入 3D 模型预览，此时可以在右边预览框看到封装创建完成之后的一个实物模型。

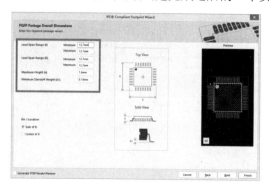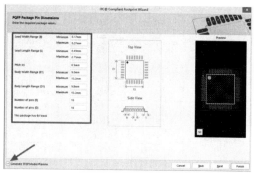

图 4-22　向导参数填写

（6）填好上述主要参数之后，其实封装基本创建完毕，继续单击"Next"按钮，窗口展现的数据基本是基于我们的 IPC 封装标准计算的一个参数值，一般来说不需要进行更改，直接确认即可，直至最后一步，选择把创建好的封装导入当前封装库中，如图 4-23 所示。

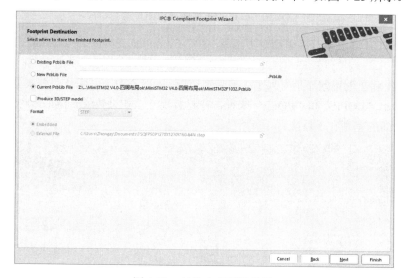

图 4-23　封装合并属性选择

（7）如图 4-24 所示，可以看到创建好的 2D 封装和 3D 封装预览。

图 4-24　创建好的 2D 封装和 3D 封装预览

编者准备了大量的现有 3D PCB 封装，可以打开 PCB 联盟网搜索"超级库"进行下载或联系作者直接获取。

4.16 如何添加每个 PCB 封装的高度等信息？

打开 PCB 库，执行右下角的"Panels-PCB Library"进入器件列表页面，再双击需要修改的器件，在弹出的器件属性对话框中的"高度"栏处填写数值即可，如图 4-25 所示，也可以根据需要填写其他信息，如"描述""类型"等。

图 4-25　器件属性对话框

4.17 在 Altium Designer 软件中创建插装封装时怎么切换焊盘样式？

Altium Designer 软件中的插装焊盘有四种样式：Round、Rectangular、Octagonal、Rounded Rectangle。切换插装焊盘的方法：在放置焊盘时按 Tab 键暂停，然后在属性框中"Shape"栏处选择对应的焊盘样式即可，如图 4-26 所示。

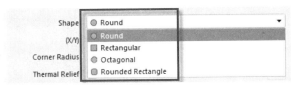

图 4-26　四种焊盘样式的选取

（1）Round：圆形焊盘，如图 4-27 所示。

（2）Rectangular：方形焊盘，如图 4-28 所示。

图 4-27　圆形焊盘

图 4-28　方形焊盘

（3）Octagonal：六边形焊盘，如图 4-29 所示。

（4）Rounded Rectangle：圆角矩形焊盘，如图 4-30 所示。

图 4-29　六边形焊盘

图 4-30　圆角矩形焊盘

4.18　在 Altium Designer 软件中反焊盘的具体作用是什么？

要了解反焊盘的作用，首先要搞明白负片的含义，下面对负片的含义做详细介绍，具体如下：

负片是因为底片制作出来后，要的线路或铜面是透明的，而不要的部分为黑色或棕色，经过线路制程曝光后，透明部分因干膜阻剂受光照而起化学作用硬化，接下来的显影制程会把没有硬化的干膜冲掉。于是要的线路（底片透明的部分）去膜以后就留下了我们所需要的部分，在这种制程中膜对孔要掩盖，其曝光的要求和对膜的要求稍高一些，但制造速度快。PCB 正片的效果是 PCB 画线地方印制板的铺铜被保留，而没有画线的地方铺铜被清除。PCB 负片的效果是画线地方印制板的铺铜被清除，而没有画线的地方铺铜反而被保留。负片就是用来减小文件尺寸及计算量的。有铜的地方不显示，没铜的地方显示。在地层和电源层上使用负片层设计能显著减小数据量和降低计算机的显示负担。

反焊盘（Anti Pad）也叫隔离焊盘，其主要作用是控制负片工艺中内层的孔与铺铜的间距，防止负片层铺铜与孔短路，如图 4-31 所示。

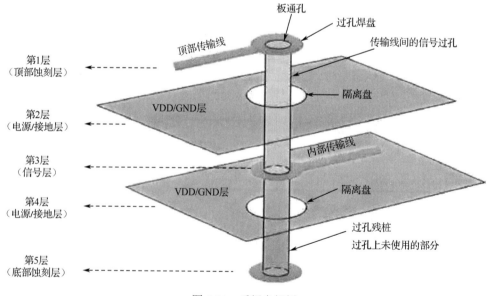

图 4-31　反焊盘解析

在 Altium Designer 软件中不需要单独设计反焊盘，当设计中有负片层时，可以直接在PCB 界面执行"D→R"，从规则中找到"Plane→Plane Clearance"设置间距即反焊盘的大小，如图 4-32 所示。

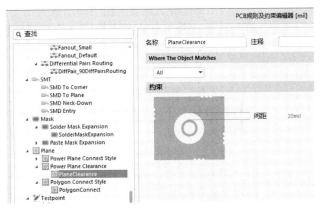

图 4-32　反焊盘大小的设置

4.19　默认放置的焊盘都是通孔焊盘，如何改成表贴焊盘？

表贴，即表面贴装技术，简称 SMT，其作为新一代电子装联技术已经渗透到各个领域。SMT产品具有结构紧凑、体积小、耐振动、抗冲击、高频特性好、生产效率高等优点，在 PCB 装联工艺中已占据了领先地位。

在 PCB 封装库界面，执行菜单命令"放置→焊盘"，在放置状态下按 Tab 键修改到顶层或底层，再修改形状及尺寸，即可创建表贴焊盘，如图 4-33 所示。

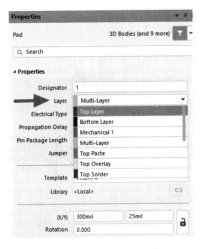

图 4-33　修改焊盘的属性

4.20　贴片元件封装中名字后缀中 L、N、M 的含义是什么？

学习绘制 PCB 封装的时候经常会看到封装的名字后面带一个后缀字母，如"C0805_L、

C0805_M、C0805_N"等，这会使人感到很疑惑，同一个 0805 的电容封装到底用哪一个。

后缀字母 L、N、M 表示焊盘伸出为最小、中等、最大的几何形状变化，如图 4-34 所示。

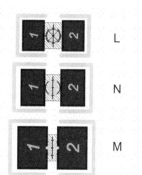

其实三种封装都可以用。手工焊接建议用 M。

（1）M：最大焊盘。由于焊盘最大，元件组装密度最低（相同的 PCB 面积下可放置的 0805 电容封装的数量最少）。典型的是手持式或暴露在高冲击、振动环境中应用的封装。焊接结构最为坚固，并且需要进行返修的时候很容易修理。

（2）N：中等焊盘。由于焊盘中等，元件组装密度中等（相同的 PCB 面积下可放置的 0805 电容封装的数量中等）。提供相对坚固的焊接结构。

（3）L：最小焊盘。由于焊盘最小，元件组装密度最高（相同的 PCB 面积下可放置的 0805 电容封装的数量最多）。通常用于焊盘图形具有最小焊接结构要求的微型器件。返修相对麻烦。

图 4-34　各后缀类型的封装

4.21　贴片安装类型器件焊盘——PCB 封装焊盘的补偿标准是什么？

根据器件规格书制作封装时，通常做出来的封装焊盘管脚长度需要做适当补偿，即适量地对器件原先的管脚加长一点，具体的补偿方法是根据器件的管脚类型来补偿，可采用以下办法：

第一类为无管脚延伸型 SMD 封装，如图 4-35 所示。

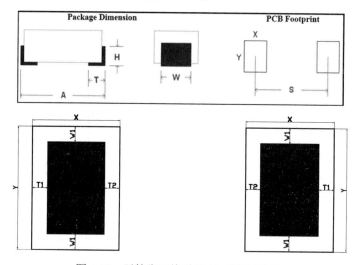

图 4-35　无管脚延伸型 SMD 封装示意图

其中，A[①]表示零件实体长度；X 表示补偿后焊盘长度；H 表示零件脚可焊接高度；Y 表示补偿后焊盘宽度；T 表示零件脚可焊接长度；S 表示焊盘中心距；W 表示零件脚宽度。

注：A、T、W 取平均值（常规情况下）。

补偿方式：定义 T1 为 T 尺寸的外侧补偿值，定义 T2 为 T 尺寸的内侧补偿值，定义 W1 为 W 尺寸的侧边补偿值。

---

① 注：此处变量与图中保持一致。

T1 的取值范围为 0.3～1mm；T2 的取值范围为 0.1～0.6mm；W1 的取值范围为 0～0.2mm。

X=T1 + T + T2；Y=W1 + W + W1；S=A + T1 + T1 − X。

第二类为翼形管脚型 SMD 封装，如图 4-36 所示。

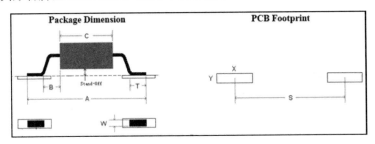

图 4-36　翼形管脚型 SMD 封装示意图

其中，A 表示零件实体长度；X 表示补偿后焊盘长度；T 表示零件脚可焊接长度；Y 表示补偿后焊盘宽度；W 表示零件脚宽度；S 表示焊盘中心距。

补偿方式：定义 T1 为 T 尺寸的外侧补偿值，定义 T2 为 T 尺寸的内侧补偿值，定义 W1 为 W 尺寸的侧边补偿值。

T1 的取值范围为 0.3～1mm；T2 的取值范围为 0.3～1mm；W1 的取值范围为 0～0.2mm。

X=T1 + T + T2；Y=W1 + W + W1；S=A + T1 + T1 − X。

第三类为平卧型 SMD 封装，如图 4-37 所示。

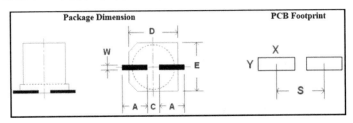

图 4-37　平卧型 SMD 封装示意图

其中，A 表示零件管脚可焊接长度；X 表示补偿后焊盘长度；W 表示零件脚宽度；Y 表示补偿后焊盘宽度；C 表示零件脚间隙；S 表示焊盘中心距。

补偿方式：定义 A1 为 A 尺寸的外侧补偿值，定义 A2 为 A 尺寸的内侧补偿值，定义 W1 为 W 尺寸的侧边补偿值。

A1 的取值范围为 0.3～1mm；A2 的取值范围为 0.2～0.5mm；W1 的取值范围为 0～0.5mm。

X=A1 + A + A2；Y=W1 + W + W1；S =A + A + C + A1 + A1 − X。

第四类为 J 形管脚 SMD 封装，如图 4-38 所示。

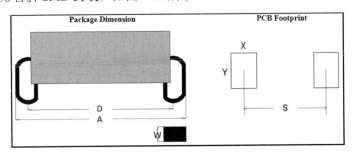

图 4-38　J 形管脚 SMD 封装示意图

其中，A表示零件实体长度；X表示补偿后焊盘长度；D表示零件脚中心距；Y表示补偿后焊盘宽度；W表示零件脚宽度；S表示焊盘中心距。

补偿方式：定义T为零件脚可焊接长度，定义T1为T尺寸的外侧补偿值，定义T2为T尺寸的内侧补偿值，定义W1为W尺寸的侧边补偿值。

T1的取值范围为0.2～0.6mm；T2的取值范围为0.2～0.6mm；W1的取值范围为0～0.2mm。T=(A－D)/2；X=T1＋T＋T2；Y=W1＋W＋W1；S=A＋T1＋T1－X。

第五类为圆柱式管脚SMD封装，如图4-39所示。

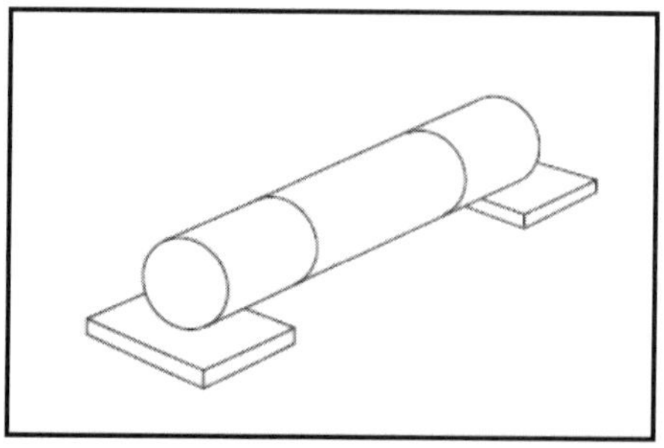

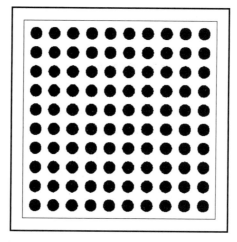

图4-39　圆柱式管脚SMD封装示意图

补偿方式：参考无管脚延伸型SMD封装。

第六类为BGA类型封装，如图4-40所示。

图4-40　BGA类型封装示意图

补偿方式：根据BGA管脚的中心距定义，可参考表4-1（括号内为推荐值）。

表4-1　BGA封装器件补偿

Pitch（mm）	焊盘直径（mm）		Pitch（mm）	焊盘直径（mm）	
	最小值	最大值		最小值	最大值
1.50	0.55	0.6	0.75	0.35	0.375
1.27	0.55	0.60（0.60）	0.65	0.275	0.3
1.00	0.45	0.50（0.48）	0.50	0.225	0.25
0.80	0.375	0.40（0.40）	0.40	0.17	0.2

以上几类为基本器件管脚类型及其补偿说明，其他器件均可参考以上几类进行补偿。

4.22　插件类型焊盘——PCB 封装焊盘的补偿标准是什么?

做插件封装时，通孔焊盘的补偿方式可按以下方法:

（1）各类型焊盘尺寸补偿方法。

> Regular Pad = Drill_Size（孔径）+ 0.4mm（Drill_Size < 0.8mm）

　　　　　　　= Drill_Size + 0.6mm（3mm ≥ Drill_Size ≥ 0.8mm）

　　　　　　　= Drill_Size + 1 mm（Drill_Size > 3mm）

> Anti Pad = Drill_Size + 0.8mm

> Solder Mask = Regular Pad + 0.15mm

> Flash 计算方法

　　a = Drill_Size + 0.4mm

　　b = Drill_Size + 0.8mm

　　c = 0.4mm

　　d = 45mm

（2）孔径的计算方法，如图 4-41 所示:

> 圆形管脚，使用圆形孔

　　D'=管脚直径 D + 0.2mm（D < 1mm）

　　　=管脚直径 D + 0.3mm（D ≥ 1mm）

> 矩形或正方形管脚，使用圆形孔

　　$D' = \sqrt{W \times W + H \times H} + 0.1mm$

> 矩形或正方形管脚，使用矩形孔

　　W' = W + 0.5mm

　　H' = H + 0.5mm

> 矩形或正方形管脚，使用椭圆形孔

　　W' = W + H + 0.5mm

　　H' = H + 0.5mm

> 椭圆形管脚，使用圆形孔

　　D' = W + 0.4mm

> 椭圆形管脚，使用椭圆形孔

　　W' = W + 0.4mm

　　H' = H + 0.4mm

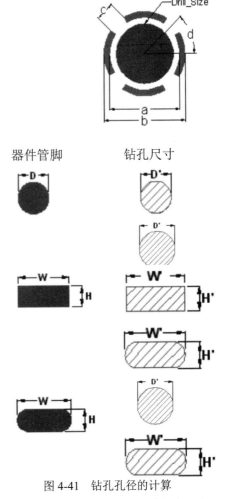

图 4-41　钻孔孔径的计算

4.23　在 Altium Designer 软件中应该如何创建异形焊盘?

通常将不规则的焊盘称为异形焊盘，典型的有金手指、大型的元件焊盘，或者 PCB 上需要添加特殊形状的铜箔（可以制作一个特殊封装替代此铜箔）。

此处以一个锅仔片为例进行说明，如图 4-42 所示。

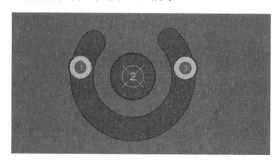

图 4-42　完整的锅仔片封装

（1）执行菜单命令"放置→圆弧（任意角度）"，放置圆弧，双击更改到需要的尺寸。

（2）放置中心表贴焊盘，并赋予焊盘管脚序号，如图 4-43 所示。

（3）放置 Solder Mask（阻焊层）及 Paste（钢网层），如图 4-44 所示。通常 Solder Mask 比焊盘单边大 2.5mil，即可以在 Solder Mask 放置比顶层宽 5mil 的圆弧。通常 Paste 和焊盘区域一样大，所以放置与顶层一样大的圆弧。

图 4-43　放置焊盘

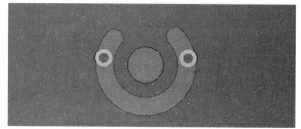

图 4-44　放置 Solder Mask 及 Paste

🖋 小 助 手 提 示

复制某个元素之后，按快捷键"E+A"，采用特殊粘贴法，可以快速复制粘贴到当前层，如图 4-45 所示。

有些异形焊盘封装在 Library 中无法创建，需要利用转换工具（工具→转换）先转换复制到 Library 中使用。常见的是使用 Region 创建异形焊盘封装，如图 4-46 所示。

图 4-45　复制粘贴到当前层

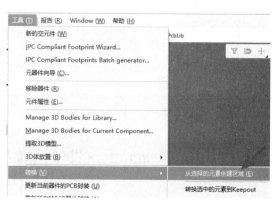

图 4-46　创建转换的圆形 Region

（4）按快捷键"T+V+E"，创建填充，并放置好原点到元件的中心，从而完成当前异形焊盘封装的创建。

4.24　在 Altium Designer 软件中如何制作 Mark 点？

Mark 点也叫基准点，为装配工艺中的所有步骤提供共同的可定位电路图案。因此，Mark 点对 SMT 生产至关重要。

Mark 点（边缘）距离印制板边缘必须≥5.0mm[0.200"]（机器夹持 PCB 的最小间距要求），且必须在 PCB 内而非在板边，并满足最小的 Mark 点空旷度要求。

强调：所指为 Mark 点边缘距板边距离≥5.0mm[0.200"]，而非 Mark 点中心。

具体可以参见图 4-47。

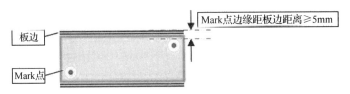

图 4-47　Mark 点边缘距板边示意图

Mark 点主要分为三类，如图 4-48 所示。

（1）单板 Mark 点，其作用是为单块板上定位所有电路特征的位置，必不可少。

（2）拼板 Mark 点，其作用是为拼板上辅助定位所有电路特征的位置，辅助定位。

（3）局部 Mark 点，其作用是为定位单个元件的基准点标记，以提高贴装精度（QFP、CSP、BGA 等重要元件必须有局部 Mark 点），必不可少。

Mark 点的制作步骤如下：

第一步：打开 PCB 封装库，执行右下角"Panels-PCB Library"进入器件列表页面，单击"Add"按钮新建封装并双击，在属性框中将其命名为 Mark，如图 4-49 所示。

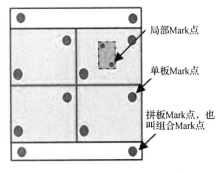

图 4-48　三种类型的 Mark 点

图 4-49　新建封装并命名

第二步：Mark 点的制作标准为 1mm，Mark 点标记最小直径为 1.0mm[0.040"]，最大直径为 3.0mm [0.120"]。Mark 点标记在同一块印制板上时尺寸变化不能超过 25μm[0.001"]。

特别强调：同一板号 PCB 上所有 Mark 点的大小必须一致（包括不同厂家生产的同一板号 PCB）；建议所有图档的 Mark 点标记直径统一为 1.0mm，并把 Mark 点放置在电路板的表层。基本参数如图 4-50 箭头所示。

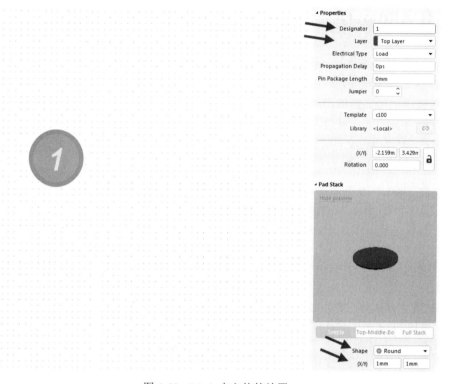

图 4-50　Mark 点主体的放置

第三步：执行菜单命令"放置→圆"，添加 Mark 点空旷圆，再单击圆，在属性框中输入 1.5mm。在 Mark 点标记周围必须有一块没有其他电路特征或标记的空旷区，空旷区圆半径最好为 $r \geq 2R$，R 为 Mark 点半径，当 r 达到 $3R$ 时，机器识别效果更好。一般 Mark 点的直径推荐为 1mm（R 为 0.5mm），故空旷圆半径推荐为 1.5mm，如图 4-51 所示。

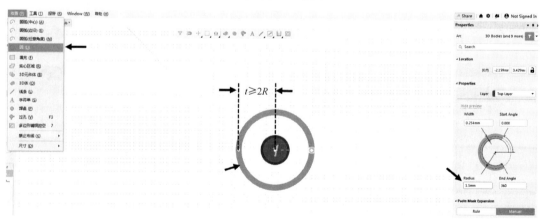

图 4-51　空旷圆的要求及放置

4.25　在 Altium Designer 软件中如何制作星月孔（莲花孔）？

星月孔是 PCB 上常用的定位孔类型，此定位孔由中间大孔（非金属化孔）与孔环上的 8 个小孔组成。

星月孔的作用主要有以下三个：

（1）固定作用。主要做定位孔使用。

（2）提高产品的可靠性。可防止焊接时锡通过金属化孔倒流到顶部。

（3）更好的接地性能。通过 8 个接地小孔与地层连接，使接地更充分。

星月孔的封装尺寸如图 4-52 所示。

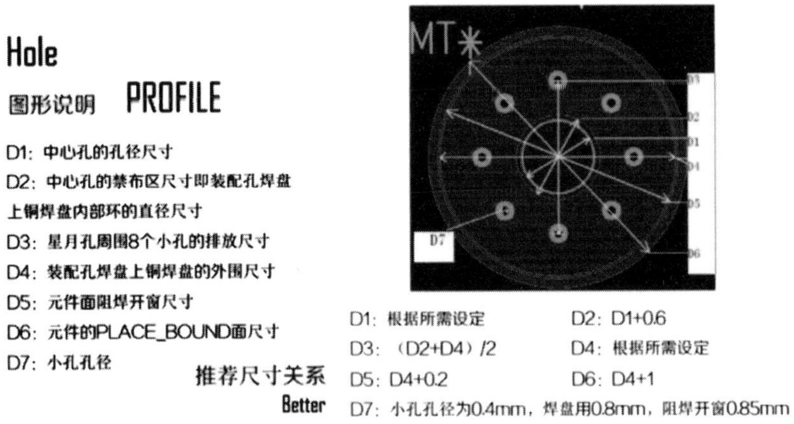

图 4-52　星月孔的封装尺寸

制作步骤如下：

第一步：打开 PCB 封装库，执行右下角"Panels-PCB Library"进入器件列表页面，单击"Add"按钮新建封装并双击，在属性框中给封装命名，此处举例为"Hole"，如图 4-53 所示。

图 4-53　新建封装并命名

第二步：执行菜单命令"放置→焊盘"，放置一个 3.5～7mm 的焊盘到坐标中心（注意一定要是焊盘，要求星月孔是非金属化孔，高版本过孔在属性栏中无法修改为非金属化孔），如图 4-54 所示，在箭头指示处的"Plated"一定要取消勾选才是非金属化。

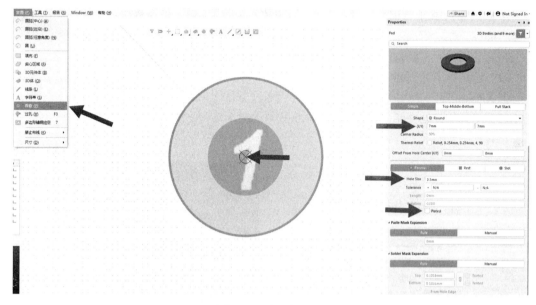

图 4-54 放置大焊盘

第三步：再次放置一个 0.4～0.8mm 的焊盘到旁边，单击"确定"按钮放置之后，选中焊盘并在属性栏中修改坐标为（2.775mm，0mm），如图 4-55 和图 4-56 所示。

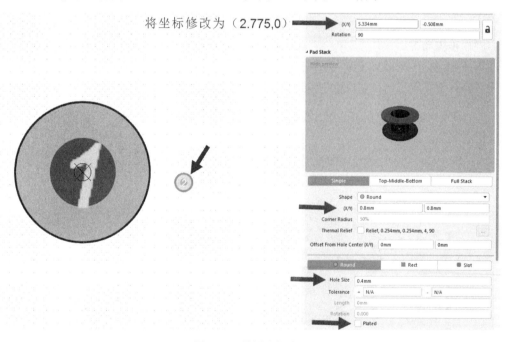

图 4-55 放置小焊盘

第四步：按快捷键"s+i"，只框选小焊盘，不要选中大焊盘，如图 4-57 所示。

图 4-56　单个小焊盘放置完成图　　　　　　　图 4-57　框选小焊盘

第五步：按快捷键"Ctrl+C"，并单击一下小焊盘中心（捕捉焊盘中心的命令为"Shift+E"），如图 4-58 所示，选择复制基准点为小焊盘中心，如图 4-59 所示。

图 4-58　小焊盘选中示意图　　　　　　　图 4-59　选择复制基准点为小焊盘中心

第六步：按快捷键"E+A"，单击"粘贴阵列…"按钮，如图 4-60 所示。在弹出的"设置粘贴阵列"对话框中设置对象数量为 8，文本增量为 1，阵列类型选择圆形，间距（度）栏输入45，如图 4-61 所示。然后先单击大焊盘中心，再单击小焊盘中心，如图 4-62 所示，即可完成星月孔的制作，如图 4-63 所示。

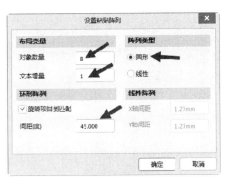

图 4-60　粘贴阵列　　　　　　　　　图 4-61　设置粘贴阵列

图 4-62　依次先、后单击大、小焊盘中心完成粘贴阵列　　图 4-63　星月孔制作完成效果图

4.26　如何制作 PCB 设计中的邮票孔封装?

图 4-64　邮票孔拼板

主板拼板中，小板和小板之间需要筋连接，为了便于切割，筋上会开一些小孔，类似于邮票边缘的那种孔，这个孔称为邮票孔，如图 4-64 所示。形似邮票中分割的圆孔设计，其优点为强度比 V-Cut 好，可直接折断，但缺点是折断面不易精准控制，若线距离孔太近，则容易出现线路损伤，反而造成报废。

一般来说，PCB 在拼板时可采用邮票孔技术或双面对刻 V 形槽的分割技术，在采用邮票孔时，注意搭边应均匀分布在每块拼板的四周，以避免焊接时由于PCB 受力不均匀而导致变形。添加邮票孔的注意事项:

（1）拼板与板间距为 1.6～2mm。

（2）邮票孔：8～10 个 0.5mm 的孔，孔间距为 0.2mm，孔中心距为 1mm。

（3）需要添加两排邮票孔，邮票孔伸到板内，如板边有线需避开（延伸到板内，掰开后留下的毛刺不影响外形尺寸，即我们常说的用负公差）。加完邮票孔，把孔两边的外形连起来，方便后续锣带的制作。

邮票孔的制作步骤如下:

（1）执行菜单命令"放置→焊盘"放置 0.5mm 的焊盘到板框线上，邮票孔是非金属化的无盘孔，所以孔与盘的尺寸都是 0.5mm，如图 4-65 所示，取消勾选"Plated"即非金属化孔。

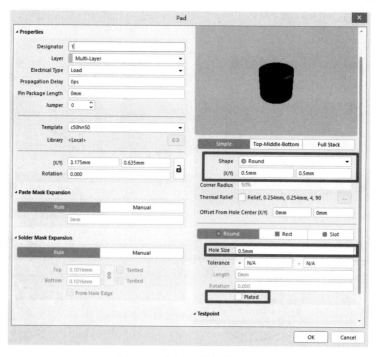

图 4-65　邮票孔属性的设置

（2）复制过孔，在原来的地方利用"特殊粘贴"直接复制粘贴焊盘，中心间距为 1mm，复制数量为 4～5 个，分别放置到拼板两边的板框，如图 4-66 所示。

（3）执行菜单命令"放置→圆弧→圆弧（边沿）"，也可按快捷键"P+A+E"快速放置圆弧，如图 4-67 所示，并单击上、下两个过孔将孔两边的外形连接起来，至此邮票孔制作完毕，效果图如图 4-68 所示。

图 4-66　孔的放置图　　　　图 4-67　放置圆弧　　　　图 4-68　邮票孔拼板效果图

4.27　3D 封装模型在 PCB 设计中有什么作用及好处？

以前传统的 PCB 设计都是以 2D 方式创建的二维设计，经过人工手动标注后转给机械设计工程师，机械设计工程师再采用 CAD 软件通过标注的信息进行 3D 图形绘制，如图 4-69 所示。由于是人工标注且完全手动操作，所以这种方法非常耗时且容易出错。

直到 DXP 甚至后来的 Altium Designer 软件时代，3D 封装模型技术才开始慢慢日趋成熟，自此 3D 封装的发展完美解决了这个问题，3D 封装能够让我们在设计之前就看到真实的 3D 模型。准确的 3D 模型可以用于在真实的 3D 中进行 PCB 布局。通过对 PCB 设计的 3D 图形化，能够以 3D 的形式检查设计的各个方面。如图 4-69 所示为四翼飞行器 3D 演示图。

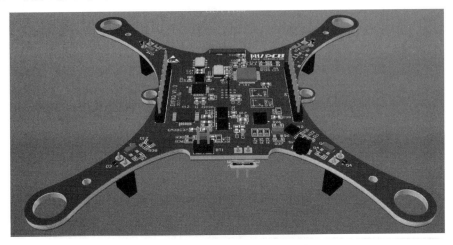

图 4-69　四翼飞行器 3D 演示图

4.28　在 Altium Designer 软件中如何制作简单的 3D 元件体？

Altium Designer 软件自带制作简单的 3D 元件体用于 3D PCB 封装中，下面以 0603C 封装为例进行简单介绍。

（1）打开常用的封装库，选择 0603C 封装，如图 4-70 所示。

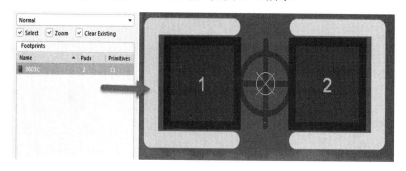

图 4-70　选择 0603C 封装

（2）首先确定 Mechanical 层打开，因为 3D Body 只有在 Mechanical 层可有效放置成功。跳转到 Mechanical 层，执行菜单命令"放置→放置 3D 元件体"，出现如图 4-71 所示的 3D 模型模式选择及参数设置对话框。

图 4-71　3D 模型模式选择及参数设置对话框

（3）这里是手工绘制简单的 3D 模型，所以此处选择绘制模型模式，按照 0603C 封装规格在高度信息填写处填写参数，如图 4-72 所示。

（4）按照实际尺寸绘制 0603C 的边框（自绘制的一般沿着丝印本体绘制即可），如图 4-73 所示，绘制好的网状范围即为 0603C 的实际尺寸。

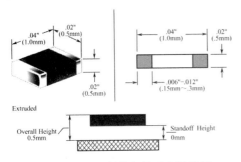

图 4-72　0603C 封装规格及参数填写

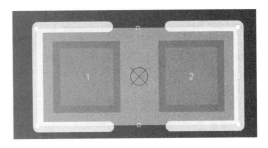

图 4-73　绘制 3D Body 边框

（5）绘制完成之后一般会切换到 3D 模式下，验证之前通常先检查 3D 显示选项的设置是否正常，按快捷键"L"打开 3D 显示选项设置对话框，如图 4-74 所示，按照图示标记设置相关选项。

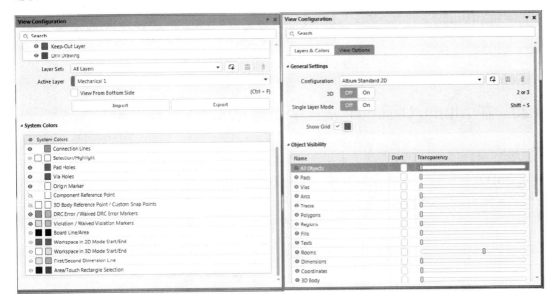

图 4-74　3D 显示选项设置

（6）设置好之后，可以在库编辑界面再切换到 3D 视图（按快捷键"3"），即可查看绘制好的 3D Body 的效果，如图 4-75 所示。

图 4-75　绘制好的 3D Body

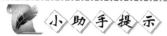
在 3D 模式下，首先按住 Shift 键，然后按住右键，可以对 3D 模型进行旋转操作，然后可以从各个方向查看 3D 模型的情况。

（7）存储绘制好的 3D 封装库，在 PCB 封装列表中单击右键，执行"Update PCB With 0603C"命令，更新此库到 PCB 中即可。同样，在 PCB 中切换到 3D 视图，即可查看效果，如图 4-76 所示。

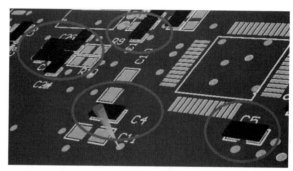

图 4-76　PCB 中 3D 效果预览

4.29　在 Altium Designer 软件中如何导入 3D 封装模型？

对于一些复杂的 3D Body，可以利用第三方软件进行创建或通过第三方网站下载资源。保存为格式是.STEP 的文件之后，利用模型导入方式进行 3D Body 的放置。下面对这种方法进行介绍。

（1）导入并打开常用的封装库，选择 0603C 封装，如图 4-77 所示。

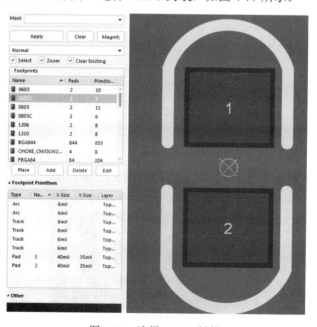

图 4-77　选择 0603C 封装

（2）跳转到 Mechanical 层，执行菜单命令"放置→3D 元件体"，出现如图 4-78 所示的对话框，此时不再选择绘制模型模式，而是选择模型导入模式，然后单击加载 0603C 的 STEP 格式的 3D Body。

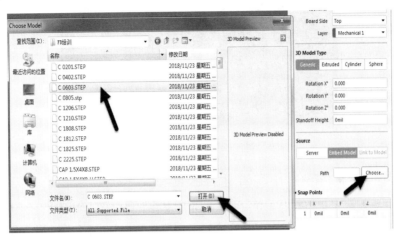

图 4-78　STEP 格式的 3D Body 导入选项

（3）按照图 4-78 所示设置好想要的参数，再单击"OK"按钮，可将 3D Body 放置到相应的焊盘位置，切换到 3D 视图，即可查看放置效果，如图 4-79 所示。

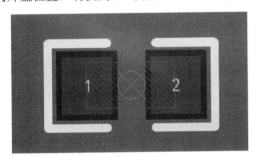
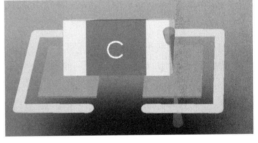

图 4-79　放置好的 3D Body

（4）此时可以看到模型斜了，需要进行手工调整。在 3D 视图下双击模型，出现如图 4-80 所示的对话框，可以调整 X、Y、Z 的坐标，直到模型放置正确为止。

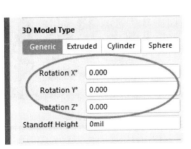

图 4-80　3D Body 的参数调整及正确视图

（5）同样，存储制作好的 3D 封装库，更新此库到 PCB 中，切换到 3D 视图，即可查看制作的 3D 效果，如图 4-81 所示。

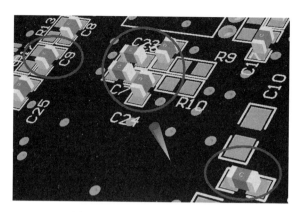

图 4-81　3D PCB 的设计效果图

✒ 小助手提示

　　由于设计封装时通常要考虑余量，所以封装焊盘会做得比实际大一些，而通过 STEP 格式导入的 3D 模型为实际大小，与 PCB 会存在一定的差异，此时采取居中放置即可。

　　作者对一些常见的模型进行了整理，可以到 PCB 联盟网进行下载，或者直接联系作者索取。

4.30　创建 PCB 封装时要求丝印框与焊盘的间距至少保证多少距离？

　　一般在制作封装时，每一个元器件都有一个丝印框，丝印框的主要作用是指明元器件的大小、安装位置及安装方向等内容，如图 4-82 所示。

　　在画丝印框的时候，会把丝印框画得比焊盘稍大一些，一般丝印框到焊盘边缘的距离为 6mil 左右，以保证生产和安装的需要，如果画得过近，则会导致丝印框画到焊盘上。通常生产之前的 CAM 过程中会将画到焊盘上的丝印框处理掉，以保证后期 PCB 制板和 SMT 贴片的正常，如图 4-83 所示。

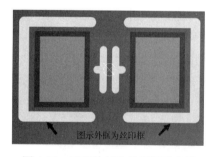

图 4-82　元器件封装丝印框示意图

图 4-83　元器件封装丝印框设置间距示意图

4.31　PCB 封装要求的单位精度通常是多少？

　　封装、焊盘设计统一采用公制系统，对于资料上没有采用公制标注的特殊元器件，为了避免英公制的转换误差，可以按照英制系统绘制。

精度要求：采用 mil 为单位时，精确度为 1%；采用 mm 为单位时，精确度为 0.01%。

4.32　PCB 封装的丝印标识规范要求是什么？

制作封装时，丝印标识在画法、线宽选择上有一定要求。

（1）丝印标识的画法要求。

① 1 管脚标志：一般用数字 "1" 或圆圈 "○" 表示，放在 1 管脚附近。BGA 一般至少需要注明 "A" "1" 的位置。

② 正极标识：有极性的元器件需要添加正极标识 "+"。

③ 安装标识：元器件上有安装标识的，尽量画出安装标识，如圆圈 "○"、开关 "ON" 等。

④ 管脚数标识：IC 类元器件管脚数超过 64，应标注管脚分组标识符号。分组标识用线段表示，逢 5、逢 10 分别用长为 0.6mm、1mm 表示。

（2）丝印线宽的要求。

通常丝印线宽用 0.15mm（6mil），如果元器件体较大，则可用 0.2mm（8mil）线宽。丝印线宽过小会导致生产困难，丝印线宽过大则会影响 PCB 设计的整体美观。

4.33　PCB 封装编辑属性中选择类型的含义是什么？

Standard：装配到 PCB 上的标准电气元件，总是与 BOM（物料清单）同步。

Mechanical：电气元件，如散热片或安装支架。如果同时存在于原理图和 PCB 文档中，则总会与 BOM 同步。

Graphical：通过在原理图中添加用于装配 PCB 的支架元件，来增加原理图的可读性。如果物料清单内对该元件不做要求，那么该元件的类型可设为 Graphical。

Net Tie（In BOM）：短路用的跳线。在布线时将两个或多个网络连接到一起，并在相同位置提供短路功能。总是同步或包含在 BOM 中。

Net Tie：如上所述，根据电路需要放置或不放置短路跳线。总是与 BOM 同步，但不包含在 BOM 中。放置此类型的元件时，使用 Design Rule Checker 对话框的 Verify Shorting Copper 选项（在 PCB 中运行 DRC 时）来验证短路与否。

Standard（No BOM）：装配到 PCB 的标准电气元件，总是与 BOM 同步，但不包含在 BOM 中。

Jumper：跳线插，指的是跳线焊在线路板上像排插的部分，通过跳线帽短接实现跳线。

4.34　常用 PCB 封装的字体大小设置为多少？

在制作封装时，建议使用表 4-2 所示封装字体大小。如果字体太小，不仅生产困难，而且印出的丝印也不便于识别；字体过大，则需要很大的 PCB 放置空间，不利于设计。

表 4-2　封装字体大小

线宽（mil）	字长（mil）	字高（mil）	使 用 说 明
4	25	20	单板元器件/局部布局较密，一般不推荐
5	30	25	常规设计，推荐使用
6	45	35	单板密度较小，有足够摆放空间

4.35　设计 PCB 封装时为什么要设置原点，原点的作用是什么？

做封装时设置原点是为了方便设计和生产。它的主要作用有以下几点。

（1）制作封装时，需要取一个参考位置放置焊盘，此时可以把原点当作参考位置。

（2）在进行 PCB 设计时，可以将原点当作一个参考位置抓取器件的原点进行布局，如果做封装时原点位置已设置好，则有利于 PCB 设计；如果做封装时没注意原点位置，如将原点位置设置得离焊盘很远，则在做 PCB 设计抓取器件时会非常不方便。

（3）在 PCB 设计结束后，可以出具 GERBER 文件以便 PCB 生产和贴片，一般出 GERBER 时会一起出具一个器件的原点坐标文件，这个文件是用于贴片的。在贴片时，负责贴片的工程师需要根据器件的坐标文件编辑好一个抓取器件的程序，贴片机器再根据设置的此程序去抓取器件进行贴片。特别是对于外形比较规整的贴片器件，一般需要将其原点位置设置在器件中心，因为贴片机器识别的就是其器件中心。

4.36　不同封装类型的原点设置有哪些要求？

在制作封装时原点不能随意设置，一般可按以下要求设置原点位置。

（1）具有规则外形的元器件封装图形的原点设置在封装的几何中心。

（2）插装器件（除连接器外）的原点设置在第一管脚。

（3）连接器器件的原点参照下列两种类型设计：

① 有安装定位孔的连接器设置在定位孔中线上的中心；无安装定位孔的连接器设置在器件的第一管脚，以保证连接器管脚和布线落在通用布线网格上。

② 表面安装连接器的原点应设置为连接器的几何中心。

4.37　PCB 安装孔的焊盘与孔径的大小关系是什么？

在做 PCB 设计时，一般需要在 PCB 上添加定位孔，按照常用的螺钉尺寸大小，可放置相应尺寸的定位孔到 PCB 上，定位孔的孔径、焊盘及安装空间见表 4-3。

（1）孔径：定位孔的直径大小。

（2）焊盘：金属化孔的焊盘大小，常规可按照表格尺寸制作，也可按照 PCB 实际情况进行尺寸修改，若 PCB 空间不够，则可对焊盘尺寸进行缩小处理。

（3）安装空间：做 PCB 设计时，在定位孔附近应尽量避免摆放元器件，如果摆放元器件，则应尽量将元器件布置在表格尺寸范围之外。若 PCB 空间不够，则此范围可适当减小。

表 4-3　定位孔的孔径、焊盘及安装空间

规　　　格	M2.5	M3	M4	M5	M6
孔径 Φ（D1）	3	3.5	4.5	6	7
焊盘（有接地要求）（D2）	7.5	8	10	11	13
安装空间	9.5	10	12	13	15

4.38　创建完成封装之后如何检查封装的正确性?

Altium Designer 软件中有 PCB 封装错误检查功能。创建完封装之后,可以执行菜单命令"报告→元件规则检查",对所创建的封装进行一些常规检查,如图 4-84 所示,可以对所创建的 PCB 封装进行有选择性的检查。

为了方便读者充分认识 PCB 封装错误的检查功能,这里对图 4-84 所示对话框中的选项进行介绍。

（1）焊盘：检查重复的焊盘。

（2）基元：检查重复的元素,包括丝印、填充等。

（3）封装：检查重复的封装。

（4）丢失焊盘名称：检查 PCB 封装中缺失的焊盘名称。

（5）短接铜皮：检查导线短路。

（6）镜像的元件：检查镜像的元件。

（7）未连接铜皮：检查没有连接的导线铜皮。

（8）元件参考偏移：检查参考点是否在本体进行设置。

（9）检查所有元器件：检查所有的 PCB 封装。

一般,为了保证创建 PCB 封装的正确性,会按照图 4-84 所示对其进行常规检查,如果需要特殊检查某项,则单独勾选检查即可。单击"确定"按钮之后,系统会生成一个如图 4-85 所示的报告栏,从中获知封装检查的相关信息,从而可以根据信息更新更正 PCB 封装。

图 4-84　封装错误检查

图 4-85　封装检查报告

4.39　如何从 PCB 中直接生成 PCB 库?

有时客户会提供放置好元件的 PCB 文件,这时可以不必一个一个地创建 PCB 封装,而是直接从已存在的 PCB 文件中导出 PCB 库。

（1）打开目标 PCB 文件。

（2）执行菜单命令"设计→生成 PCB 库"，或者按快捷键"D+P"，可完成 PCB 库的生成，如图 4-86 所示。

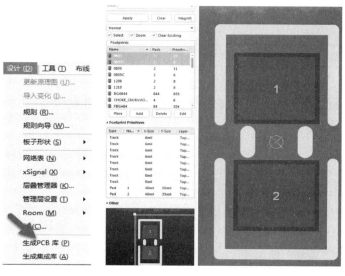

图 4-86　PCB 库的生成

4.40　制作完封装导入 3D 封装模型后发现与焊盘错位怎么办？

（1）在 3D 模式下先单击选中 3D 封装模型，在图 4-87 所示的属性框中修改坐标即可。

（2）若没有弹出属性框，则按 F11 键即可调出。在图 4-87 中可以发现为 X 轴的角度，修改为 0 即可。

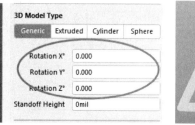

图 4-87　3D Body 的参数调整及正确视图

4.41　封装规则检查报错解析——Miss PAD Designator on PAD？

制作元件封装完毕后，可以在封装库中执行菜单命令"报告→元件规则检查"进行封装规则检查，有时会遇到"Miss PAD Designator on PAD"的报错提示，这是由于元件封装由管脚号缺失导致的。

解决方式：

首先需要根据报告中的信息，找到缺失管脚号的焊盘，可以通过报告中的信息知道问题焊盘的坐标与层，如图 4-88 所示。从图中可得知缺失管脚号的焊盘位于机械层，坐标为（0，0）。

图 4-88　封装规则检查报告

然后回到封装库页面，根据坐标信息找到焊盘，单击并在属性框中添加缺失的管脚号即可，如图 4-89 所示，若属性界面未弹出，按 F11 键即可调出。

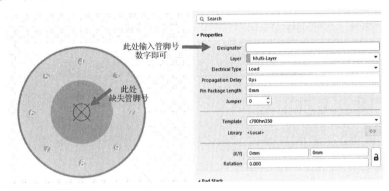

图 4-89　添加缺失的管脚号

4.42　如何在封装制作时添加禁止铺铜区域？

在进行完 PCB 设计之后经常会需要对尖岬铜皮、孤岛铜和器件中间的铜皮进行挖空，特别是贴片电阻、电容等器件中间的铜皮挖空会耗费很多时间，所以在封装制作时添加多边形铜皮挖空会大大缩短时间。

在 PCB 封装库中，选择 "Top Layer" 层并执行菜单命令 "放置→多边形铺铜挖空"，然后画好挖空区域放置在器件中心即可，如图 4-90 所示。

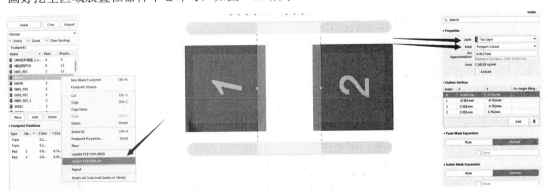

图 4-90　封装制作时添加禁止铺铜区域

4.43 如何更新封装到PCB中?

当器件在PCB中无法直接修改时，经常需要回到封装库中修改，修改完封装后如果再通过PCB重新导入原理图的方式更新器件会很麻烦，器件位置会被初始化。有时只是仅仅改动一个管脚而已。这时只需要用到封装库中的更新封装功能，即可不用通过导入的方式更新到PCB中，这种方式不会导致器件位置的移动。

更新单个封装的方法：修改完封装后，保存封装。在列表中选中封装并右击，选择"Update PCB With ####"即可将当前修改好的封装更新到PCB中，如图4-91所示。更新完毕后，PCB中所有这个封装的器件会全部更新。

同时更新多个封装的方法：如果需要同时修改的封装很多，想把更新完毕后的所有封装同时全部更新到PCB中，则可右击封装库列表，选择"Update PCB With All"，如图4-92所示。

图4-91　更新单个封装

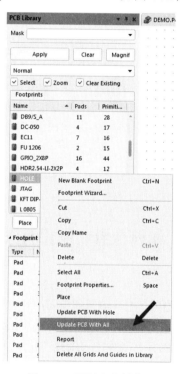

图4-92　更新多个封装

4.44 放置焊盘如何实现快速对齐?

对于PCB封装制作，当放置2个或多个焊盘时，需要对这些焊盘进行对齐或等间距排列，这时如何做呢？

（1）选中需要对齐的焊盘，然后按快捷键"A"。

（2）在出现的如图4-93所示的对齐命令菜单选择需要用到的"对齐"命令。一般常用"左对齐""右对齐""上对齐""下对齐""垂直分布""水平分布"，我们可以对这些命令设置自定义快捷键，从而加快设计速度。

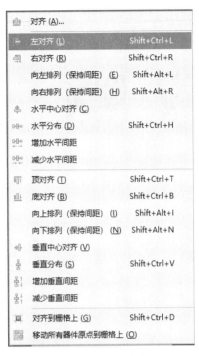

	对齐 (A)...	
	左对齐 (L)	Shift+Ctrl+L
	右对齐 (R)	Shift+Ctrl+R
	向左排列（保持间距）(E)	Shift+Alt+L
	向右排列（保持间距）(H)	Shift+Alt+R
	水平中心对齐 (C)	
	水平分布 (D)	Shift+Ctrl+H
	增加水平间距	
	减少水平间距	
	顶对齐 (T)	Shift+Ctrl+T
	底对齐 (B)	Shift+Ctrl+B
	向上排列（保持间距）(I)	Shift+Alt+I
	向下排列（保持间距）(N)	Shift+Alt+N
	垂直中心对齐 (V)	
	垂直分布 (S)	Shift+Ctrl+V
	增加垂直间距	
	减少垂直间距	
	对齐到栅格上 (G)	Shift+Ctrl+D
	移动所有器件原点到栅格上 (O)	

图 4-93　对齐命令菜单

4.45　在进行封装制作时无法抓取到线段的非中心部分怎么办？

在进行封装制作时通常会抓取某些元素的中心来进行设计，如在添加禁止铺铜区域时抓取焊盘的角用于放置铜皮挖空，如图 4-94 所示，一般情况下是抓取不到的。

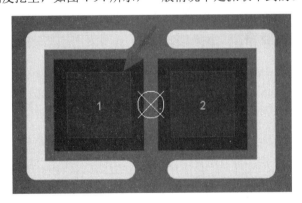

图 4-94　抓取元素示意图

（1）打开需要制作的封装，在 PCB 封装库界面按 F11 键调出"Properties"。

（2）在调出界面中的"Snapping"一栏点选"All Layers"即开启抓取中心，也可按"Shift+E"抓取中心，点选"Off"则关闭抓取中心，如图 4-95 所示。如果与图示的不一样，则可能是因为当前处于某种操作命令界面，只需按"Shift+C"键清除状态再按 F11 键即可。

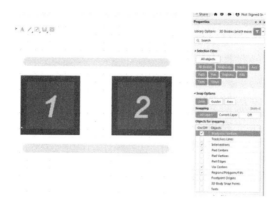

图 4-95　设置界面

（3）图 4-95 所示的默认设置界面是抓取不到器件焊盘四个角及边缘的，默认可抓取到的有线段的中点及端点、焊盘中心点、过孔中心、铜皮等的中心。

（4）勾选需要抓取的元素，如图 4-96 所示，勾选"Track/Arcs Lines"即可抓取线段任意部分的中心，没勾选之前，只能抓取线段的端点。

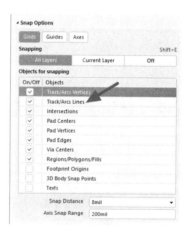

图 4-96　抓取线段任意部分的中心

（5）勾选"Pad Vertices"即可抓取焊盘边缘的中点及端点，如图 4-97 所示。

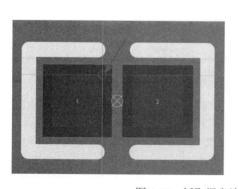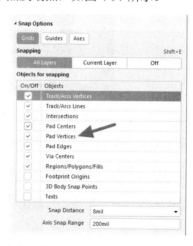

图 4-97　抓取焊盘边缘中点及端点

（6）勾选"Pad Edges"即可抓取焊盘边缘的任意一点，如图4-98所示。

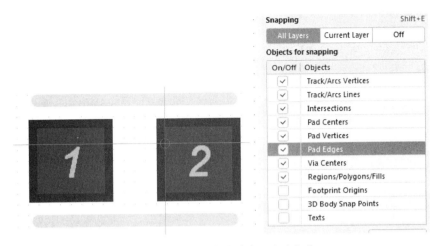

图 4-98　抓取焊盘非端点跟中点部分

（7）修改"Snap Distance"中的数值即可改变抓取中心的范围，即数值越大就越容易抓取到中心，一般推荐 5mil 即可，如图 4-99 所示。

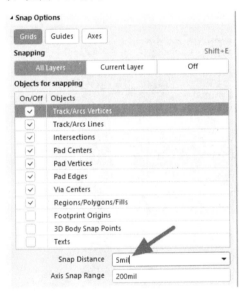

图 4-99　抓取中心范围修改

4.46　封装制作时怎么使用 PCBLIB Filter？

（1）选中需要操作的元素及对应的层，如图 4-100 所示，此处选中的是整个库中所有元件顶层丝印的线。

（2）勾选完成之后，过滤框中会自动生成指令，然后勾选匹配并单击"全部应用"按钮，如图 4-101 所示。

图 4-100　选择需要过滤的元素及层

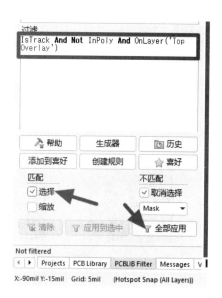

图 4-101　匹配及全部应用

（3）在弹出的"Properties"界面可以将整个库中所有元器件顶层的线进行编辑，并修改层、线宽、长度等，如图 4-102 所示。

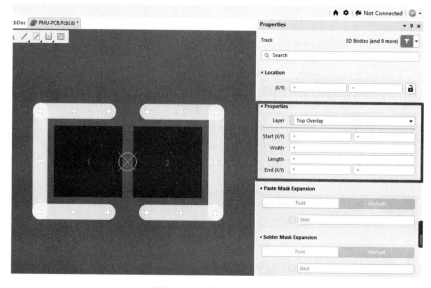

图 4-102　修改元素属性

4.47　同一种器件不同公司制作出的封装焊盘尺寸为何不一致?

对于同一种器件，如果有几家公司使用，则封装尺寸可能不一致，主要原因有以下几点。

（1）产品所使用的场合不一样，验收标准也不一致。一般生产 PCB 时需要选择一个验收标准，如 IPC2、国军标等，对于需要满足国军标的器件，通常做封装时其封装焊盘补偿会大一点，因为其要求器件焊接的可靠性较高。

（2）对于产品后期贴片选择的方式不一样，管脚补偿也不一样。一般贴片方式分为机器贴装、人工贴装，如果选择人工贴装，则由于人工操作没有机器操作精细，所以其对应器件管脚补偿尺寸要稍大，以满足焊接要求。

（3）对于设计密度不一样的 PCB，其 PCB 上器件封装补偿不一致。比如，对于手机板，由于其 PCB 上的密度很大，所以通常可以不补偿或补偿很小，以满足器件的空间摆放要求。

4.48 如何实现从一个 PCB 封装库调用到另外一个 PCB 封装库？

有时拥有多个 PCB 封装库时会不方便管理，因此需要把多个 PCB 封装库合并到一个库中。

（1）在 PCB 库编辑界面的右下角执行命令"Panels-PCB Library"，调用工作面板。

（2）在 PCB 封装列表中，按住 Shift 键，并单击选中需要复制的 PCB 封装。

（3）在选中的 PCB 封装上单击鼠标右键，执行"Copy"（复制）命令，或者按"Ctrl+C"快捷键。

（4）在需要合并的目标 PCB 封装库中的 PCB 封装列表中单击右键，执行"Paste 5 Components"（粘贴封装）命令，或者按"Ctrl+V"快捷键，完成从其他 PCB 封装库复制到当前封装库中的操作，如图 4-103 所示。

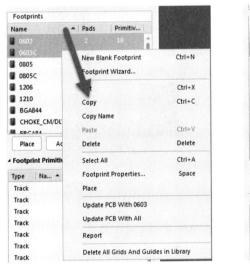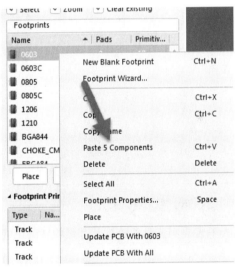

图 4-103　PCB 封装库的复制与粘贴

4.49 怎么在封装制作过程中进行测量？

第一种测量方式为点对点的测量方式，执行"Ctrl+M"快捷键，由于是点对点的测量方式，所以落点不好控制，一般选择测量中心到中心的距离，如图 4-104 所示。

第二种测量方式为边到边的测量方式，执行"R+P"快捷键，单击需要测量的两个元素，系统即可自动测量边到边的距离，如图 4-105 所示。

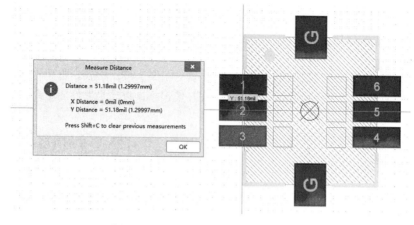

图 4-104 焊盘到焊盘中心的距离测量

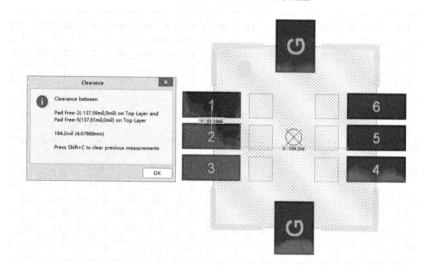

图 4-105 边到边的距离测量

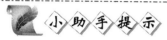 小助手提示

当不需要测量距离的显示时，按"Shift+C"快捷键即可清除。

4.50 如何在封装制作中快速选中自己需要的元素？

在封装制作过程中，有时需要快速单独选择焊盘或丝印来进行对齐或排列等操作，但是框选会选中其他元素，单个选择又特别麻烦，此时就需要用到筛选器或库中的元素编辑器。

（1）筛选器：在 PCB 界面按 F11 键调出属性界面，在"Selection Filter"一栏中单击选择所需要的元素来开关即可，如图 4-106 所示，如只选择"焊盘"时，只点选"Pads"。

（2）利用"PCB Library"里面的"Footprints"界面可以快速选中需要的元素，如快速选择丝印线：选中列表中的第一条，如图 4-107 所示，滚动鼠标滚轮将列表往下滚动直到出现最后一条丝印，按住 Shift 键并单击最后一条丝印线，即可选中所有丝印线，如图 4-108 所示。之后按 F11 键在属性框界面修改属性，如加粗等。

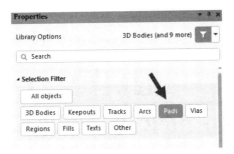

图 4-106 筛选器只可选择焊盘模式

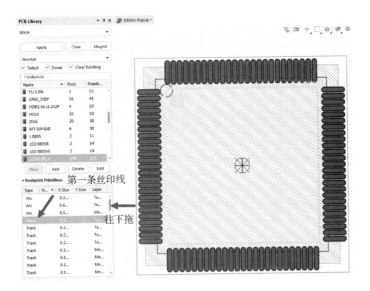

图 4-107 选中第一条丝印线

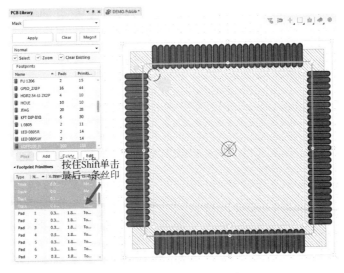

图 4-108 选中所有丝印线

器件资料未明确管脚定义的，常规做法是 1 号管脚设计在左下角。

第 5 章

Altium Designer PCB 设计常见问题解答 120 例

 学习目标

➤ 掌握 PCB 设计的基本概念。
➤ 熟练使用 Altium Designer 软件。
➤ 掌握 Altium Designer 软件绘制 PCB 版图的技巧。
➤ 掌握绘制 PCB 版图的基本标准。
➤ 掌握绘制 PCB 版图过程中各种问题的解决办法。

5.1 如何通过规则控制 PCB 走线的等长误差？

在 DDR 的设计中，需要对数据线及地址线进行分组及等长来满足时序匹配，通常 DDR 数据线之间的长度误差需要保证在 50mil 以内，地址线的长度误差需要保证在 100mil 以内，如果靠手工控制难免会出现纰漏，那么如何通过软件的规则来进行约束呢？

（1）执行菜单命令"设计→规则"或使用快捷键"D+R"打开 PCB 规则及约束编辑器。

（2）在"High Speed→Matched Lengths"选项中创建一个新的规则，在新规则之后输入所要等长组的名称，如图 5-1 所示，针对数据组来创建等长误差规则，在"Where The Object Matches"中选择已经在 Class 中创建好的数据组 D0～D07，并设置长度公差为 50mil，单击"应用"按钮即完成对等长误差规则的设置。

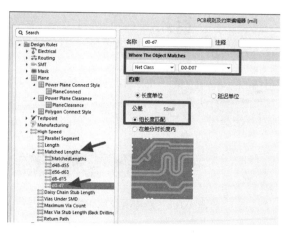

图 5-1　等长误差规则的设置

（3）右下角执行"Panels-PCB"选项，在弹出的 PCB 窗口中，可以通过显示颜色进行判断，以最长数据线为基准，不符合这个误差范围的数据线都会显示为"淡黄色"，如图 5-2 所示，这时需要对有显色提示的数据线的长度进行等长处理，直到其不显示黄色提示为止。

图 5-2　误差不匹配提示

5.2　如何进行相同 PCB 电路模块的复用？

很多 PCB 设计中存在相同模块，给人整齐、美观的感觉。从设计的角度来讲，整齐划一不但可以减小设计的工作量，而且保证了系统性能的一致性，从而方便检查与维护。相同模块的布局布线存在其合理性和必要性。

（1）选中模块的所有器件，执行菜单命令"设计→ROOM→从选择的器件产生矩形的 Room"，如图 5-3 所示，然后在被复制模块放置"room1"，复制模块放置"room2"，如图 5-4 所示。

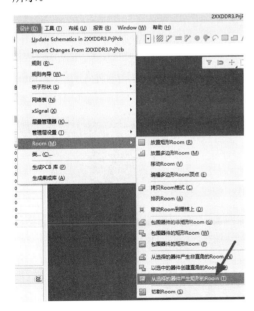

图 5-3　基于器件创建 Room

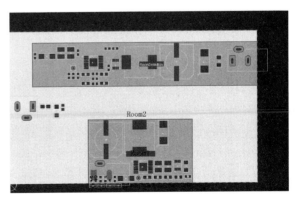

图 5-4　被复制模块与复制模块

（2）右下角执行"Panels-PCB List"选项，进入"List"列表界面，如图 5-5 所示，然后选中 room1 里的器件并在"PCB List"中按照如图 5-6 所示进行设置。

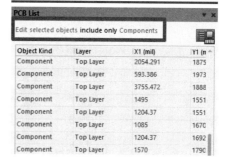

图 5-5　List 的调用　　　　　　　　　图 5-6　List 表的设置

（3）选择"Designator"，可以对当前选中的器件进行排列，然后在后方对应的"Channel Offset"处可以看到器件对应的"通道号"，选中这些"通道号"，按快捷键"Ctrl+C"进行复制，如图 5-7 所示。

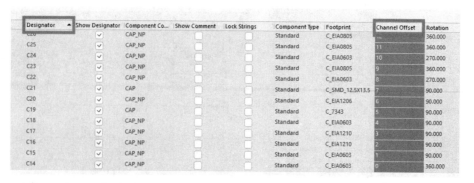

图 5-7　器件通道号的复制

（4）选中 Room2 中所有器件，将位号进行排列，然后将 Room1 复制的通道号粘贴至 Room2 的通道号中，如图 5-8 所示。

图 5-8　通道号的粘贴

（5）确认两路电路器件的通道号一致之后，就可以开始对"Room"进行复制处理，执行菜单命令"设计→Room→复制Room",单击"Room1"后,再单击"Room2"。

（6）在弹出的"确认通道格式复制"对话框中进行如图5-9所示的设置,然后进行确认,从而实现了模块复用,如图5-10所示。

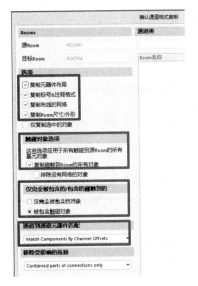

图 5-9 确认通道格式复制的设置

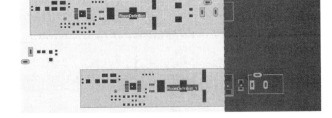

图 5-10 模块复用的效果

5.3 如何对器件或模块进行联合操作?

对于 PCB 工程师来说,器件旋转命令及模块组合是设计中使用频率最高的,熟练掌握这些命令的使用方法,有助于设计效率的提高。

（1）在 Altium Designer 软件中选中某个器件,在拖动的状态下直接按空格键就可以旋转。

（2）对模块进行旋转,首先需要对器件进行联合,然后生成一个模块,选中需要旋转的器件,右击"联合→从选中的器件生成联合",如图5-11所示,在弹出的窗口单击确认,再单击所创建的联合体,可以将"联合体"中所有器件一起移动,此时按下空格键会对整个模块进行旋转,如图5-12所示。

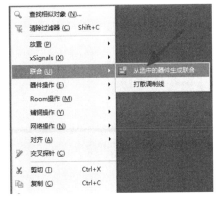

图 5-11 创建器件联合

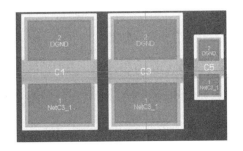

图 5-12 模块的整体旋转

5.4　如何打散创建好的 Groups？

在布局结束后为了方便单个器件的操作，需要对已经创建好的 Groups 进行打散，这时可以选中 Groups 中的所有器件，在 Groups 上单击右键，在弹出的菜单中执行"联合→从联合打散器件"命令，如图 5-13 所示。在弹出的"确定分割对象 Union"中取消"保留在 Union 中"下的所有勾选，然后单击"确定"按钮，所选中的 Groups 就被打散，如图 5-14 所示。

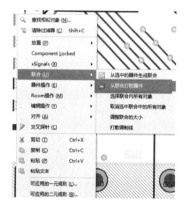

图 5-13　联合打散器件命令

图 5-14　取消勾选

5.5　PCB 中如何实现任意设置旋转顺时针角度？

在 Altium Designer 软件中旋转的默认角度是逆时针旋转 90°，常常为了满足一些特殊的 PCB 布局设计需要将元件旋转不同的角度，如进行顺时针 30° 旋转，此时需要进行如下设置：

（1）在 PCB 界面单击软件右上角图标"⚙"或按快捷键"T+P"进入系统参数设置界面。

（2）在"PCB Editor→General"选项卡中找到"旋转步进"。

（3）在"旋转步进"中输入旋转角度数值，正值为"逆时针"旋转，负值为"顺时针"旋转，此处输入"-30"，表示选中器件就可以对器件进行顺时针旋转 30° 了，如图 5-15 所示。

图 5-15　旋转角度的设置

5.6 如何继续整体移动 PCB 模块或对其进行换层?

在 Altium Designer 中镜像分为两种情况:一种是在同一层进行 X 或 Y 方向上的镜像;第二种是换层镜像,如将器件从顶层镜像到底层。这两种镜像分别如何实现呢?

(1)选中需要进行 X(或 Y)方向镜像的模块,在移动状态下按快捷键"X"或"Y"即可实现"X"或"Y"方向上的镜像。

(2)顶底换层镜像:选中需要进行换层镜像的模块,在移动状态下按快捷键"L"即可实现顶底换层镜像。

5.7 有时候 PCB 不在可视范围内,如何快速跳回?

当不小心执行了某个操作,例如,缩小命令缩得太多,导致短时间内无法找到 PCB 工作区域,这个时候可以执行菜单命令"视图→适合板子/适合文件"或使用快捷键"V+D/V+F"实现快速回到 PCB 的工作区域,如图 5-16 所示。

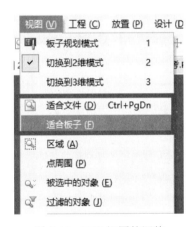

图 5-16　PCB 视图的调整

5.8 Class(类)在 PCB 中起什么作用,以及如何运用?

同一属性的网络、元件、层或差分放置在一起构成一个类别,即常说的类。把相同属性的网络放置在一起,就是网络类,如 GND 网络和电源网络放置在一起构成电源网络类。属于 90Ω 的 USB 差分、HOST、OTG 的差分放置在一起,构成 90Ω 差分类。把封装名称相同的 0503R 的电阻放置在一起,就构成一组元件类。分类的目的在于可以对相同属性的类进行统一规则约束或编辑管理。

(1)执行菜单命令"设计→类"或按快捷键"D+C"进入对象浏览器,这里添加一个电源类,将电源网络添加至右边的成员中,如图 5-17 所示。

图 5-17 电源类的添加

（2）可以在右下角执行"Panels-PCB"，在 PCB 列表中进行查看，当单击分好类的某组成员或某个成员时，可以使用三种模式进行查看，分别是"Normal"正常模式、"Mask"高亮模式和"Dim"灰暗模式，读者可以尝试选择，看看分别是什么效果，如图 5-18 所示。

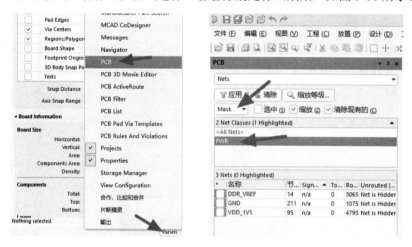

图 5-18 Class 选择高亮模式

（3）执行菜单命令"设计→规则"或按快捷键"D+R"，进入 PCB 规则及约束编辑器，如图 5-19 所示，可以添加一个针对电源的线宽规则，这样所有电源网络的线就会按照新设的线宽规则进行走线。

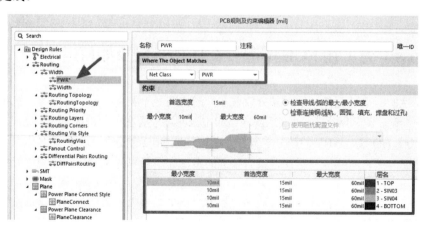

图 5-19 电源类线宽的规则设置

5.9 如何去除电路板正片孤岛铜？

孤岛铜也叫死铜，是指在 PCB 中孤立无连接的铜箔，一般在铺铜的时候产生，不利于生产。解决的办法比较简单，可以手工连线将其与同网络的铜箔相连，也可以通过打过孔的方式将其与同网络的铜箔相连。无法通过上述方法与同网络的铜箔连接的孤岛铜，删除即可。

（1）在设计之前勾选铜皮默认去除孤岛铜的选项，单击右上角的设置图标" ✿ "或按快捷键"T+P"进入优选项，然后按如图 5-20 所示进行设置。

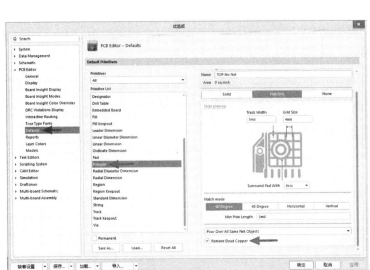
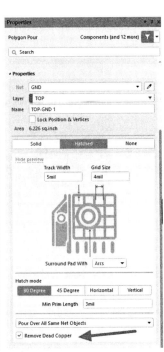

图 5-20　默认铜皮属性的设置

（2）如果已经完成铺铜想要去除死铜，则可以双击铜皮进入铜皮属性，在属性设置中勾选"去除死铜"，然后右击铜皮重新铺铜就行，如图 5-21 所示。

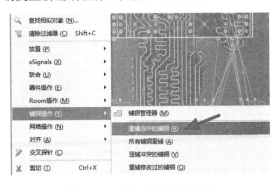

图 5-21　对铜皮进行重新铺铜

（3）通过放置 Cutout 对孤岛铜进行删除处理：执行菜单命令"Place→Polygon Pour Cutout"，放置 Cutout，完成之后，对齐覆盖的铜皮进行重新铺铜即可移除。此方法使用较局限，不能自动全局移除死铜，建议采用第二种。

5.10　如何去除电路板负片孤岛铜?

负片中有时因规则处置不当会出现大面积孤岛铜，当发现这种情况时需要检查规则是否恰当，并适当调整规则适配。

由于负片是一整块铜皮，所以其孤岛铜一般是由过孔之间的间距造成对铜皮的割裂所形成的，如图 5-22 所示，解决方法通常有下面几种:

（1）按快捷键"D+R"，在 PCB 规则及约束编辑器中将反焊盘的设置改小，如图 5-23 所示。

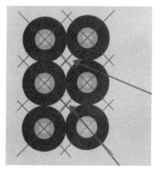

图 5-22　负片的孤岛铜

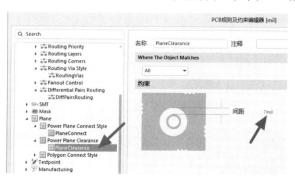

图 5-23　负片反焊盘大小的设置

（2）放置填充法：执行菜单命令"Place→Fill"进行放置填充，填充在正片中被视为铜皮，填充在负片中被视为非铜皮，因此可以放置填充，对孤岛铜进行割除，如图 5-24 所示。

（3）Cutout 移除法：和正片一样，负片也可以通过放置 Cutout 来进行挖铜操作，如图 5-25 所示。

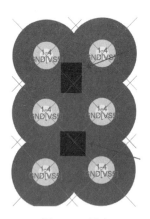

图 5-24　填充

图 5-25　Cutout 挖空孤岛铜

5.11　如何将 DXF 结构文件导入 PCB 中，需要注意什么?

很多消费类 PCB 的结构都是异性的，由专业结构工程师对其进行精准设计，布线工程师可以根据结构工程师提供的 2D 图纸（DWG 或 DXF 格式）进行精准导入操作，并在 PCB 中定义版型结构。

执行菜单命令"文件→导入→DXF/DWG",然后选择需要导入的 DXF 文件,单击"确定"按钮,在弹出的设置框内进行 DXF 参数导入设置,如图 5-26 所示。

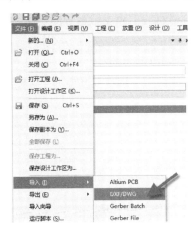

图 5-26　DXF 的导入

单位选择 mm,按 1:1 进行导入,当下面的走线层不需要导入时,用右键选择设置不导入,需要导入的部分全部选择导入到机械 1 层,然后单击"确定"按钮即进行导入。

5.12　在 DXF 文件导入 PCB 过程中,出现一片空白或导入出错怎么办?

这类现象出现的主要原因是 DXF 文件里的很多元素在 Altium Designer 软件中无法被识别造成的,所以无论怎么导入都是无法成功的,可以按照如下步骤进行操作:

(1) 这时可以在 CAD 中打开 DXF 文件,然后框选需要导入 Altium Designer 中的部分复制。

(2) 在 CAD 中执行菜单命令"File→New→acadiso.dwt",新建一个 DXF 文件。

(3) 然后把刚才复制的板框粘贴到当前 DXF 文件中,如图 5-27 所示。

(4) 执行保存命令,保存为 2004 版本的"Drawing1.dxf"。

(5) 按照正常的 DXF 导入方式进行导入就可以了。

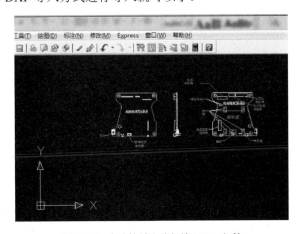

图 5-27　复制板框到当前 DXF 文件

5.13　菜单没有裁剪导线功能，如何进行放出？

安装时可能由于一些原因导致 Altium Designer 软件没有自带裁剪导线功能，这些功能可以手动添加。

（1）在菜单栏空白处右击，再在弹出的菜单中单击 Customize。

（2）在弹出的 Customizing PCB Editor 中单击"新的"选项对其添加一个命令，如图 5-28 和图 5-29 所示。

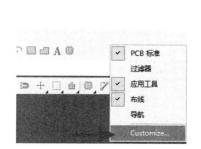

图 5-28　新建 PCB 命令

图 5-29　添加 xSignals

（3）在 Edit Command 窗口将下方命令填写进去，如图 5-30 所示。

处理：PCB：RunScissors

参数：Mode=Cut_Tracks

标题：裁剪导线

描述：裁剪导线

（4）此时编辑菜单栏里就有"裁剪导线"命令，按住鼠标直接把此命令拖动过去即可。

5.14　在等长处理中，xSignals 是如何进行等长适配的？

2018 年 10 月，Altium Designer 公司宣布其旗舰级 PCB 设计工具 Altium Designer 正式发布新版本 110.0.4。此版本引入若干新特性，显著提高了设计效率，xSignals 功能就是其中之一。利用 xSignals 向导可自动进行高速设计的长度匹配，也可自动分析 T 形分支、元件、信号对和信号组数据，从而大大减少高速设计配置需要的时间。

图 5-30　裁剪导线命令设置

1．手工法创建 xSignals

（1）在 PCB 设计交互界面的右下角执行命令"Panels-PCB-xSignals"，打开"xSignals"面板栏，如图 5-29 所示，这里有默认的"All xSignals"，可以创建 xSignals 类，在类窗口中单击右键，选择"Add Class"选项，添加一个以"DDR2_ADDR"为例的 xSignals 类。

（2）执行菜单命令"设计→xSignals→创建 xSignals"，如图 5-31 所示，进入 xSignals 添加匹配界面，如图 5-32 所示。

① 在图 5-32 上方两个箭头处输入第一匹配的元件位号和第二匹配的元件位号，这里选择"U7"和"U14"，即 CPU 和第一片 DDR。

图 5-31　创建 xSignals

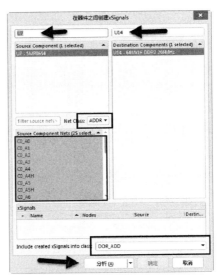

图 5-32　xSignals 添加匹配界面

② Net Class：如果之前创建了网络类，则可以在这里滤除一些网络，从而精准地筛选出需要添加到 xSignals 中的网络。

③ Include created xSignals into class：把适配的网络添加到刚创建的 xSignals 中。

（3）单击"分析"按钮，系统自动分析出哪些网络需要添加到 xSignals 中，单击"OK"按钮完成添加，如图 5-33 所示。

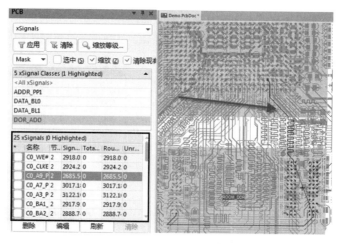

图 5-33　添加成功的 xSignals

2．向导法创建 xSignals

如果存在很多 xSignals 需要创建，则可以通过 xSignals 向导，并利用元件与元件之间的关联性进行创建。

（1）执行菜单命令"设计→xSignals→运行 xSignals 向导"，打开 xSignals 向导，如图 5-34 所示，根据向导单击"Next"按钮。

（2）进入"Select the Circuit"界面，如图 5-35 所示，选择创建 xSignals 的应用单元，此处提供 3 种选择。

图 5-34　xSignals 向导

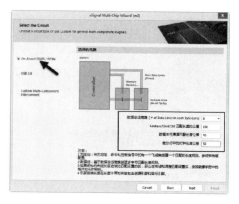

图 5-35　选择应用单元及误差填写

① On-Board DDR3/DDR4：有 DDR3 或 DDR4 类型的 PCB。

② USB 3.0：含有 USB 3.0 的 PCB。

③ Custom Multi-Component Interconnect：自定义选择类型。

因为方法类似，这里以 DDR3 类型的 PCB 为例进行说明。

● 数据总线宽度（# of Data Lines in each Byte-Lane）：选择数据位类型，一般为 8 位或 16 位，具体根据 DDR 进行选择。

● Address/Cmd/匹配长度的公差：填写地址线/控制线的匹配误差，DDR 一般填写 100mil，具体请详细参考 DDR 的规格要求。

● 数据字节通道匹配长度公差：填写数据线之间的误差，DDR 一般填写 50mil，具体请详细参考 DDR 的规格要求。

● 差分对中的时钟长度公差：填写差分时钟的误差，DDR 一般填写 50mil，具体请详细参考 DDR 的规格要求。

（3）单击图 5-36 中的"Next"按钮，进入如图 5-37 所示的界面，通过元件过滤功能，选择需要创建的第一个元件"U14"，即主控 CPU，然后选择预知关联的第一片 DDR"U14"，之后单击"Next"按钮。

图 5-36　xSignals 的元件关联选择

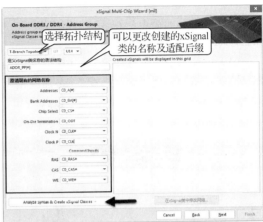

图 5-37　地址线网络关联的适配

（4）在图 5-37 所示的界面，根据需要设置相关参数。

① T-Branch Topology：选择拓扑结构。

② Define xSignal Class Name Syntax：自定义创建的 xSignals 类的名称和后缀。

③ Clarify Existing Net Names：选择地址线、控制线、时钟总线的适配。

单击"Analyze Syntax & Create xSignal Classes"按钮，创建 xSignals 类，然后单击"Next"按钮。

（5）进入如图 5-38 所示的界面，用类似于地址线的适配方法设置好数据线适配的参数。单击"Finish"按钮，完成 U8～U14 的 xSignals 创建。

（6）在 PCB 设计交互界面的右下角执行命令"Panels-PCB-xSignals"，可以看到系统自动创建了 3 组 xSignals 类，单击其中一类，对其进行等长绕线，直到里面没有红色标记为止，如图 5-39 所示。

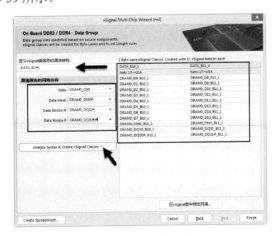

图 5-38　数据线网络关联的适配

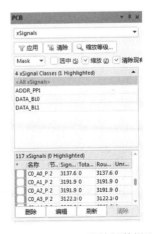

图 5-39　xSignals 类等长数据列表

（7）根据上述方法，可以再创建 CPU 到另外一片 DDR 的 xSignals 类，并分别进行等长绕线。

5.15　如何批量修改器件的位号字体属性?

针对后期元件的装配，特别是手工装配元件，一般需要出 PCB 装配图，用于元件放料定位，这时丝印位号就显示出其必要性，而 Altium Designer 软件提供了一个选择相似对象的功能，可以整体地对丝印大小进行调整。

（1）选择其中一个丝印位号，然后单击右键，在弹出的菜单中选择"查找相似对象"，再在弹出的对话框中勾选"选择匹配"，最后单击"确定"按钮，如图 5-40 所示。

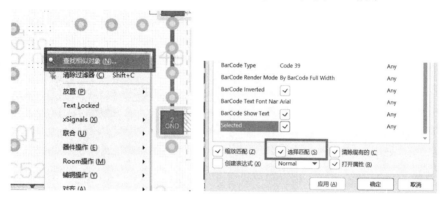

图 5-40　选择匹配

（2）在弹出的属性框中可以对字体的尺寸进行更改，如图 5-41 所示。

图 5-41　字体属性的更改

5.16　如何批量修改器件的位号与元器件的相对位置?

Altium Designer 软件提供一个快速调整丝印的方法，即"元器件文本位置"功能，可以快速地把元器件的丝印放置在元器件四周或元器件中心。

首先选中需要更改丝印位置的元器件（这里选中的一定是元器件，而不是元器件的位号），执行"编辑→对齐→元器件文本"或按快捷键"A+P"，如图 5-42 所示，对弹出的对话框进行设置，这里设置为元器件中心，如图 5-43 所示。

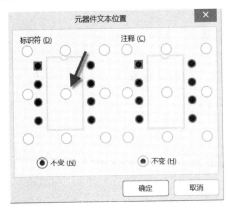

图 5-42　元器件位号的排列命令

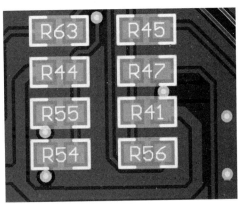

图 5-43　元器件位号的排列效果

5.17　如何对 PCB 走线的长度进行约束设置？

在 PCB 设计中，对高速信号及差分信号来说通常是越短越好，越短的信号受到的干扰越小，信号的完整性更好，因此可以根据实际情况对这一类信号线设置长度约束来尽可能地缩短走线长度。

执行菜单命令"设计→规则"或按快捷键"D+R"打开 PCB 规则及约束编辑器，在"High Speed-Length"选项单击右键创建"新规则"，将需要设置长度约束的网络类或单个网络范围添加在"Where The Object Matches"中，最后在最大约束长度处设置需要约束的数值，如图 5-44 所示，设置完成后，后期的"DRC"检查对应勾选此规则，如果超过所设最大值或最小值就会进行报错提示，方便设计者查找。

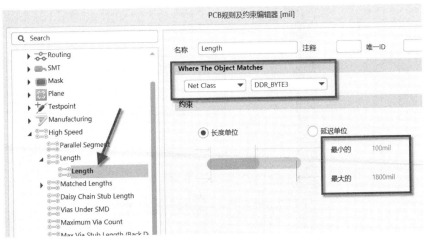

图 5-44　长度规则约束设置

5.18　原理图元件与 PCB 如何进行交互式操作，需要注意什么？

为了方便元件的查找，需要把原理图和 PCB 对应起来，使两者之间能相互映射，简称交互。利用交互式布局可以比较快速地定位元件，从而缩短设计时间，提高工作效率。

（1）首先在 PCB 界面按快捷键 "T+P" 调出优选项界面，进行如图 5-45 所示的设置，勾选 "交互选择"，在 "交叉选择的对象" 中只勾选 "元件"。

（2）将原理图和 PCB 文件放置在同一个工程目录下，如图 5-46 所示。

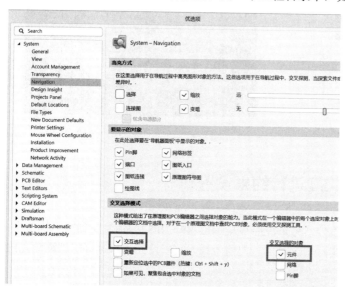

图 5-45　交互选择的设置　　　　　　　　图 5-46　PCB 工程文件的组成

（3）选择菜单命令 "工具→交叉选择模式"，如图 5-47 所示。注意，在原理图和 PCB 界面都有 "交叉选择模式"，都要打开。

图 5-47　交叉选择模式的打开

5.19 在 Altium Designer 软件中应该如何对同类型的 PCB 封装进行更新？

当 PCB 设计中需要对同类型的封装进行替换时，Altium Designer 软件提供了一个"查找相似对象"的功能可以实现选中同类型器件进行操作。

（1）选择其中一个器件并单击右键，执行"查找相似对像"命令，在封装匹配处，选择"Same"进行查找，如图 5-48 所示，然后单击"确定"按钮，所有相同封装的器件都会被选中。

（2）执行 PCB 界面右下角的"Panels-Properties"选项，打开属性框，如图 5-49 所示。

图 5-48　查找相似对象

图 5-49　属性框的打开

（3）在属性框中找到 Footprint Name，单击图 5-50 中箭头所指的地方就可以浏览库，然后进行合适的封装替换即可，如图 5-50 所示。

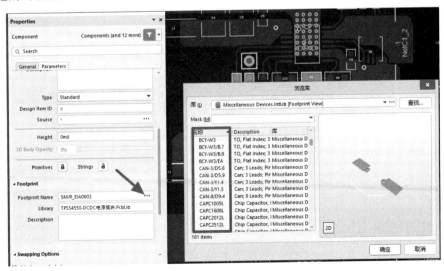

图 5-50　封装替换

5.20　在PCB中如何实现对单个器件的信息更新？

若某个器件的丝印线被误删了一截，则需要单独更新这个器件的封装，Altium Designer 软件提供了一个"从封装库中更新所选中的器件"功能。

（1）选中所要更新的器件并单击右键，执行"器件操作"命令，然后选择"Update Selected Components From PCB Libraries"，在接下来的界面中单击"确定"按钮，勾选所有层，如图 5-51 所示。

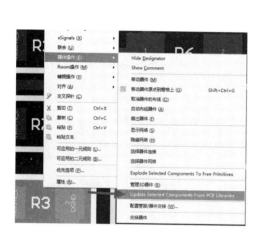

图 5-51　器件封装的更新设置

（2）再选中需要更新的器件，单击"更新所有"按钮，然后单击"接收更改（创建 ECO）"按钮，如图 5-52 所示，从而完成从库中更新一个器件的操作。

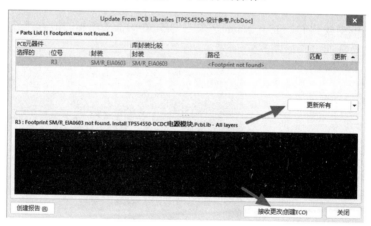

图 5-52　创建 ECO 的更改

5.21　如何添加层叠，使两层板变成多层板？

对高速 PCB 设计来说，默认的两层设计无法满足布线信号质量及走线密度要求，这个时候需要对 PCB 层叠进行添加，以满足设计要求。

执行菜单命令"设计→层叠管理器",然后选中 TOP 层并单击右键进行层的添加,"Signal"是正片,"Plane"是负片,添加两个负片组成四层板,如图 5-53 所示。

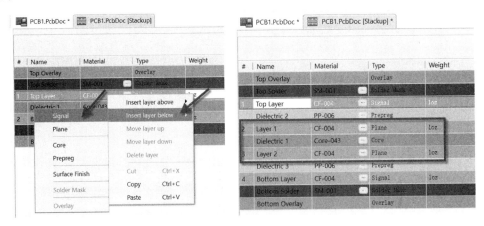

图 5-53　PCB 信号层的添加

5.22　增加 PCB 的层叠时,总会出现同时添加两层的情况,如何解决?

在设计多层板时,通常需要先对其进行层叠添加设置,但是 Altium Designer20 的默认设置属性是每次增加正片或负片时会出现同时增加两个的情况,因此当需要增加一个正片和一个负片时不是很方便。

(1)执行菜单命令"设计→层叠管理器"或按快捷键"D+K"进入层叠管理器,选择"Top/Bottom"层。

(2)在右下角执行"Panels-Properties",打开属性窗口,在属性窗口取消勾选"Stack Symmetry",如图 5-54 所示。

图 5-54　层叠属性的设置

5.23　设置 PCB 层叠结构之后,如何展现在 PCB 上?

层叠结构表里包含在层叠管理器中所设置的层叠信息,Altium Designer 软件提供了将其放置到 PCB 界面的功能,从而方便查看层叠信息。

（1）执行菜单命令"设计→层叠管理器"或按快捷键"D+K"进入层叠管理器设置界面，对其层叠信息进行设置，如图 5-55 所示，设置好之后按快捷键"Ctrl+S"进行保存。

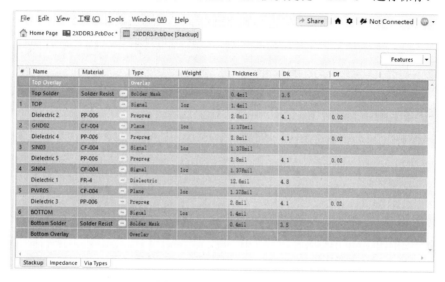

图 5-55　层叠信息的设置

（2）执行菜单命令"放置→层叠结构表"，选中 PCB 空白区域进行放置即可，显示效果如图 5-56 所示。

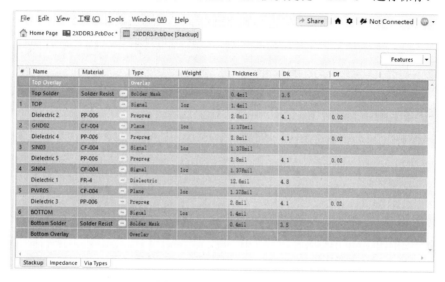

图 5-56　层叠结构表的放置

图中，Layer 表示层叠顺序；Name 表示层叠的名字；Material 表示层叠所用到的材料；Thickness 表示层叠厚度；Constant 表示介电常数。

5.24　在 Altium Designer 原理图导入 PCB 时，出现"Cannot Locate Document"报错的原因是什么？

绘制完成原理图并对器件的封装进行了分配之后，在导入 PCB 时出现 Cannot Locate Document 报错，如图 5-57 所示。

出现这种报错的原因是对所创建的 PCB 文件没有保存所导致的，此时，只需要利用快捷键

"Ctrl+S"选择工程所在路径进行保存就可以成功导入了。

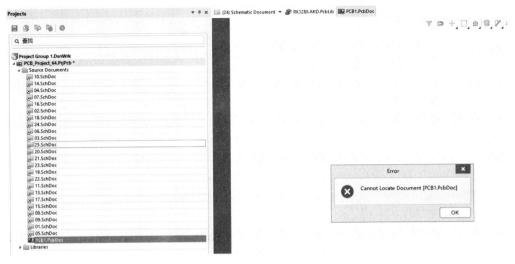

图 5-57　报错提示

5.25　什么是缝合孔，如何添加缝合孔?

缝合孔可以将不同层中的较大铜箔连接到一起，在板结构中进行垂直连接，同时保持较低的阻抗和较短的回流路径。在 RF（天线）设计中，缝合孔与护环一起创建一个过孔墙，以创建电磁屏蔽 PCB。缝合孔也可以被用来连接那些独立于网络的铜箔，并将其与网络连接起来。

添加缝合孔的方法如下：

（1）执行菜单命令"工具→缝合孔/屏蔽→给网络添加缝合孔"。

（2）在弹出的界面进行设置，约束区域是指需要添加缝合孔的区域，栅格是过孔之间的距离，孔径尺寸与设计用的过孔尺寸保持一致即可，添加过孔的网络，其余采取默认设置，如图 5-58 所示。

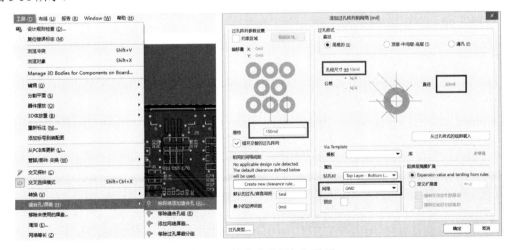

图 5-58　缝合孔的添加与设置

（3）单击"确定"按钮即可放置。

5.26　如何设置不同元素之间的间距规则?

Altium Designer 软件提供了不同元素之间的间距规则设置。

（1）首先执行菜单命令"设计→规则"或按快捷键"D+R"打开 PCB 规则及约束编辑器，然后在间距规则的 Clearance 里添加一个新规则。

（2）进入新规则设置中，在"Where The First Object Matches"或"Where The Second Object Matches"处选择合适的适配元素范围，如图 5-59 所示，设置两个网络之间的间距规则。

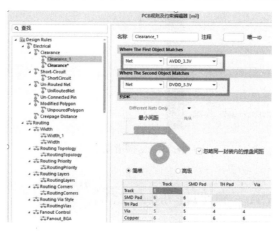

图 5-59　不同元素之间的间距规则设置

5.27　如何设置元素对象与 PCB 边的间距规则?

在 PCB 设计中，如走线、铜皮、过孔等元素都需要与 PCB 边保证一定的安全间距，以保证生产的成品率，通常这种元素与 PCB 边的间距为 20mil。

执行菜单命令"设计→规则"或按快捷键"D+R"打开 PCB 规则及约束编辑器，在"Manufacturing-Board Outline Clearance"选项中右击创建一个新规则，在新规则中将"最小间距"设置为 20mil，如图 5-60 所示。

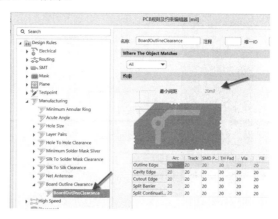

图 5-60　PCB 边间距规则的设置

5.28　什么是反焊盘，以及如何设置反焊盘的大小？

反焊盘指的是孔与负片铜皮之间的间距，在高速 PCB 设计中，较大的反焊盘尺寸和较小介电常数的材料可以减小电容负载，从而提高过孔阻抗，减小传输延时。

执行菜单命令"设计→规则"或按快捷键"D+R"进入 PCB 规则及约束编辑器，在编辑器中找到"Plane-Power Plane Clearance"进行设置，如图 5-61 所示。

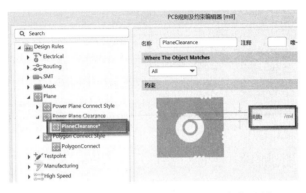

图 5-61　Altium Designer 软件中反焊盘的设置

5.29　如何对 PCB 负片层与通孔的连接方式进行设置？

十字连接散热比较缓慢，方便手工焊接，而全连接散热较快，载流能力较强。

（1）执行菜单命令"设计→规则"或按快捷键"D+R"进入 PCB 规则及约束编辑器界面，在编辑器中找到"Plane-Power Plane Connect Style"进行设置，其中，"Relief Connect"是十字连接，"Direct Connect"是全连接，如图 5-62 所示。

（2）如需要设置过孔与负片的连接方式，则可以选中"高级设置"。

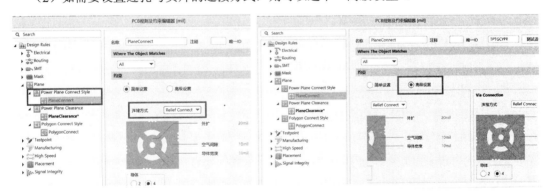

图 5-62　连接方式的设置

5.30　如何对 PCB 正片层与通孔的连接方式进行设置？

执行菜单命令"设计→规则"或按快捷键"D+R"进入 PCB 规则及约束编辑器界面，在编辑器中找到"Plane-Polygon Connect Style"进行设置，其中，"Relief Connect"是十字连接，"Direct Connect"是全连接，如图 5-63 所示。如果需要设置贴片焊盘和过孔与铜皮的连接方式，则选择"高级"，进入高级模式进行设置，如图 5-64 所示。

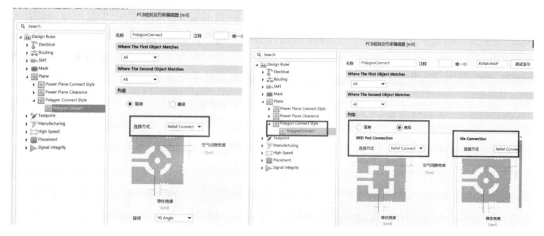

图 5-63　正片铺铜的设置　　　　　　　图 5-64　正片铺铜高级模式的设置

5.31　花焊盘连接时，如何设定铜皮与焊盘连接的宽度？

铜皮与焊盘的连接方式为花焊盘连接时，由于可能担心载流能力不够，所以在电源模块需要对连接之间的宽度进行加粗处理。

执行菜单命令"设计→规则"或按快捷键"D+R"打开 PCB 规则及约束编辑器，在 "PolygonConnect"中选择"高级"模式，再选中"Relief Connect"花焊盘连接，更改"导体宽度"的数值，设置完成后单击"应用"按钮即可，如图 5-65 所示。

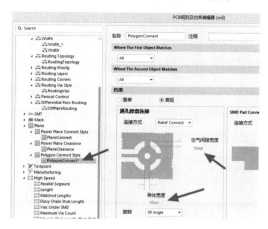

图 5-65　花焊盘导体宽度的设置

5.32　如何对某一个焊盘或过孔的铜皮连接方式进行单独设置？

在 Altium Designer 之前的版本中，过孔、焊盘和铺铜的连接方式都是通过规则来进行约束的，但规则约束是针对整体的，Altium Designer 19 以上版本提供了个性化局部设置功能，可以方便地对局部焊盘或过孔进行单独的连接方式设置，具体操作如下：

（1）选中需要设置的焊盘或过孔（可以多个）。

（2）在 PCB 界面右下角选择命令"Panels-properties"进入属性设置界面。

（3）如图 5-66 所示，在"Size and Shape"选项下勾选"Direct"并单击 ⋯ 图标，即可进入单独设置选项卡，根据需要可以单独设置，设置完成之后重新做灌铜处理，否则不成功。

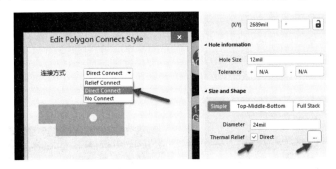

图 5-66　过孔或焊盘单独连接属性的设置

5.33　当多个铜皮铺铜重叠时，如何设置铜皮的优先级？

当铜皮出现重叠的情况时，如果较小的铜皮被大的铜皮覆盖，且较小的铜皮优先级低，则这一块铜皮就会出现没有铺上的情况，因此需要合理调整铜皮的优先级。

（1）执行菜单命令"工具→铺铜→铺铜管理器"或按快捷键"T+G+M"。

（2）进入铺铜管理器后，将重叠铜皮中优先级较高的铜皮在铺铜顺序区域进行上移，或者将优先级较低的铜皮进行下移，当编辑完铜皮之后需要去铜皮重新铺铜，如图 5-67 所示。

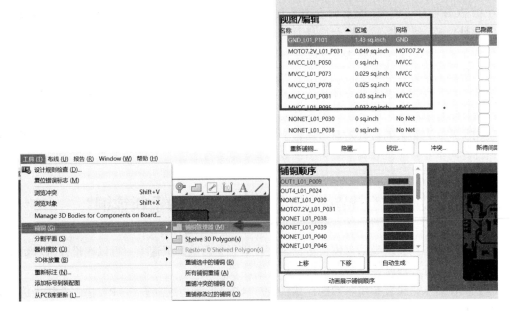

图 5-67　铺铜管理器

5.34 如何对 PCB 的电源平面进行分割？

在多层板中采用了负片设计，由于电源有多种电压源，因此需要对电源负片进行分割处理，通常采用一根 10mil 没有电气属性的走线将不同的电压进行分割。

（1）执行菜单命令"放置→线条"来进行分割，分割的区域一定是封闭区域，如图 5-68 所示。

（2）然后双击被分割的封闭区域，在弹出的平面分割窗口中输出相对应的电源网络，即可完成平面分割，如图 5-69 所示。

图 5-68　平面的分割

图 5-69　平面分割添加电源网络

5.35 在平面分割层采用正片工艺与负片工艺的区别是什么？

在做 PCB 设计过程中，层叠时会选择负片工艺或正片工艺，层数比较少时一般会选择正片工艺，层数较多、数据量较大时会选择负片工艺。

正片工艺，可以简单理解为在所在层，其内容所见即所得，即在当前层所画的线和铜皮都会在生产后以实际的内容显示。

负片工艺，可以理解为所见即消除，就是在负片工艺层（一般在电源、地的分割层）走的线或铺铜皮的位置，生产时其上的铜皮会被去除，与实际处理的内容呈相反状态。

使用负片工艺最大的好处是在数据量上占有优势，即生成的 GERBER 文件，以负片工艺处理的设计相对于正片工艺数据量就会小很多。

5.36 如何实现手工铺铜或修改铜皮之后自动重新铺铜？

每一次对动态铜皮编辑后都需要重新铺铜，这样会影响画板速度，可以在设计时尽量避免自动铺铜，等设计完成时手动全局铺铜，从而提高设计效率。

（1）单击右上角设置系统参数图标 ⚙ 或在 PCB 界面按快捷键"T+P"进入系统优选项参数设置界面。

（2）在优选项中找到"PCB Editor-General"选项卡，如图 5-70 所示，勾选"铺铜重建"下的选项，就可以实现铜皮的自动更新。对于铺铜很多的 PCB，会在一定程度上影响整体 PCB 的运行速度，因此不建议这样设置。

图 5-70　铺铜重建的设置

5.37　当进行 PCB DRC 检查时，如果出现 "Modified polygons not repoured" 报错，该如何解决？

在进行 DRC 检查时经常会出现如图 5-71 所示的报错，这类报错通常是由于铺铜不规范造成的，一般只需将所有铜皮重铺一下就能解决。

解决办法：执行菜单命令"工具→铺铜→铺铜管理器"或按快捷键"T+G+M"打开铺铜管理器，执行"强制全部重新铺铜"命令，如图 5-72 所示，重新铺铜后，再次进行 DRC 就不会出现此报错。

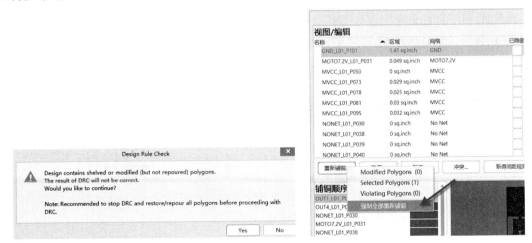

图 5-71　DRC 报错提示　　　　　　　图 5-72　强制全部重新铺铜

5.38 若 PCB 走线交叉，如何使用管脚交换进行线序更换？

随着 FPGA 的不断开发，其功能也越来越强大，如管脚调整功能给 FPGA 布线带来很大的便捷性。

对于密集的 PCB，走线时可以不再绕来绕去，而是根据走线顺序进行信号调整，然后通过编程软件来校正信号的通信就可以。在调整 FPGA 管脚之前必须了解几点注意事项。

1）FPGA 管脚调整的注意事项

（1）如图 5-73 所示，当存在 VRN/VRP 管脚连接上/下拉电阻时，不可以调整，VRN/VRP 管脚提供一个参考电压供 DCI 内部电路使用，DCI 内部电路依据此参考电压调整 I/O 输出阻抗与外部参考电阻 R 匹配。

（2）一般情况下，相同电压的 Bank 之间是可以互调的，但部分客户会要求在 Bank 内调整，所以调整之前要跟客户商量好，以免做无用功。

（3）做差分时，"P""N"分别对应正、负，不可相互调整。

（4）全局时钟要放在全局时钟管脚的 P 端口，不可以随便调整。

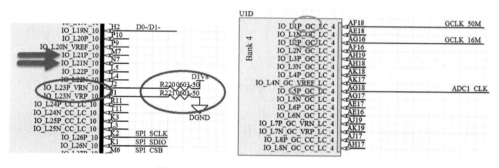

图 5-73　FPGA 管脚调整的注意事项

2）FPGA 管脚的调整技巧

（1）要想识别哪些 Bank 之间可以互调，必须先对 FPGA 的各个 Bank 进行区分。在原理图编辑界面，执行图标命令"交叉探测"，单击某个 FPGA 的某个电路 Bank，可以直接跳转到 PCB 中 BGA 封装对应的 Bank 管脚并进行高亮提示，这时可以在某一机械层添加标注并进行标记，如图 5-74 所示。

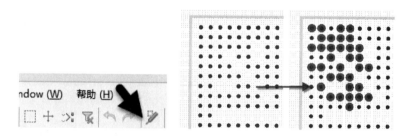

图 5-74　Bank 的标记

（2）按照与（1）相同的操作方法，可以把需要调整管脚的电路 Bank 在 PCB 中进行标记，如图 5-75 所示。

（3）完成上述步骤之后，即可按照正常的 BGA 出线方式引出所有信号脚，并按照走线顺序对接排列，但不必连接上，如图 5-76 所示，飞线是交叉的，但是不直接连上。最后保存所有文档。

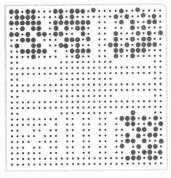

图 5-75　被标记的 FPGA

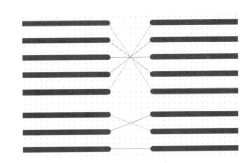

图 5-76　信号走线的对接

（4）在 PCB 设计交互界面，执行菜单命令"工程→元器件关联"进行元器件匹配，将左边元器件全部匹配到右边窗口，单击"Perform Update"按钮执行更新，如图 5-77 所示。

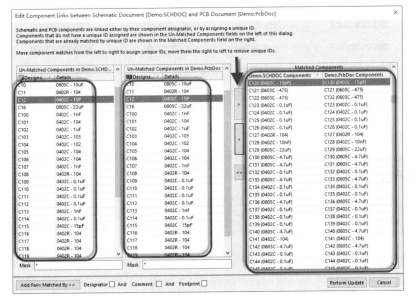

图 5-77　元器件的匹配

（5）执行菜单命令"工具→管脚/部件交换→配置"，定义和使能可调换管脚元器件，如果弹出警告，须重新返回第（4）步进行操作，或者执行从原理图导入 PCB 的操作，使原理图和PCB 完全对应之后再按照此步骤进行操作，否则会弹出如图 5-78 所示的警告信息。

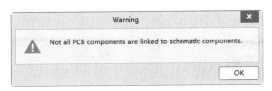

图 5-78　警告信息

（6）找到 FPGA 对应的元器件位号，勾选使能状态，双击该元器件，将该元器件可以调换的 I/O属性管脚选中，单击右键选择创建 Group 操作，再单击"OK"按钮，设置完毕，如图 5-79 所示。

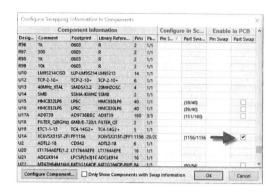
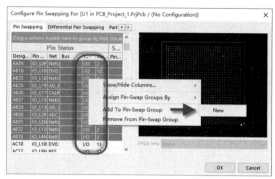

图 5-79　可调换 FPGA 的使能及 Group 设置

（7）执行菜单命令"工具→管脚/部件交换-配置/Net Swapping"，单击之前对接的信号走线进行线序调换。注意："Project"文件一定要保存一下再操作。

执行完上述步骤之后，PCB 管脚调换工作就完成了，具体效果如图 5-80 所示。

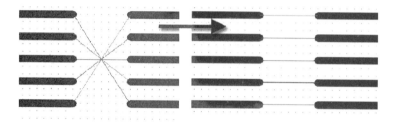

图 5-80　线序的更换

5.39　如何更改 3D 模式下 PCB 的阻焊颜色？

（1）在 3D 模式下执行右下角的"Panels-View Configuration"，或者按快捷键"L"打开视图对话框。

（2）在对话框中打开"View Options"选项，单击阻焊层前面的颜色框进行颜色的选择及更换，如图 5-81 所示，更改之后，就可以直接查看 3D 模式下的显示颜色。

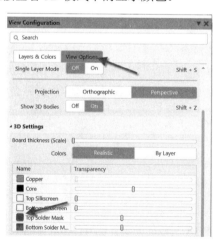

图 5-81　阻焊颜色的变更显示

5.40 是否可以单独修改 PCB 中的网络?

Altium Designer 软件提供了可以直接在 PCB 设计中更改器件网络名称的功能,从而提高了设计效率,而不用到原理图中进行更改后再重新导入 PCB,但是这样修改具有不规范性,请注意修改风险。

(1)执行菜单命令"设计→网络表→编辑网络"。

(2)在弹出的网络表管理器中单击"添加"按钮,输入一个自己需要添加的网络(如果是 PCB 中已有的网络则不需要添加可直接进行编辑),如图 5-82 所示。

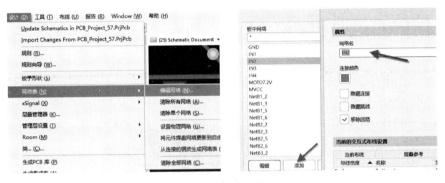

图 5-82　编辑网络

5.41 如何在 PCB 中删掉器件上的 3D 模型?

当在 PCB 设计中发现 3D 模型有错误时,可以直接在 PCB 中对 3D 模型进行删除,而不需要进入库里再操作。

(1)双击所需要删除 3D 模型的器件,在弹出的"Properties"中将"Primitives"解锁,如图 5-83 所示。

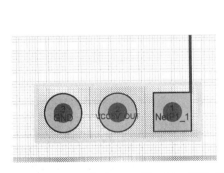

图 5-83　器件"Primitives"解锁

(2)然后切换至 3D 模型所在的机械层,选中"3D 模型",按 DEL 键删除,如图 5-84 所示,操作完成后器件的 3D 模型就没有了。

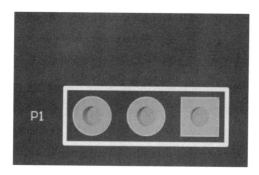

图 5-84　3D 模型的删除

5.42　走线和铜皮是相同网络但不能重合，该如何处理？

在处理铺铜的时候会出现走线和铜皮是相同网络但不能重合的现象，如图 5-85 所示，相同网络的走线与铜皮进行了避让，那么如何解决这个问题呢？其实这个问题是由铺铜的模式造成的。

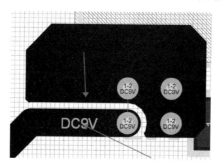

图 5-85　走线和铜皮是相同网络但不重合

（1）双击铜皮，在铜皮属性中将铺铜方式改为 "Pour Over All Same Net Objects"，如图 5-86 所示。

（2）修改完属性后，选中铜皮并单击右键执行 "铺铜操作-重新铺铜"，即可解决以上问题，更改后的效果如图 5-87 所示。

图 5-86　铺铜属性的设置

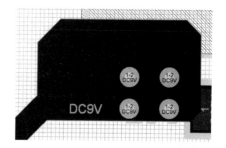

图 5-87　重新铺铜之后的效果

5.43 修改某一个网络的颜色，却无法显示，是由什么原因造成的？

在 PCB 设计中，通常会将电源和地留到最后进行处理，所以会将电源与地设置为同一个颜色以方便区分，但是有时明明设置好了颜色，却无法显示。

（1）如果确定设置了颜色，可以使用快捷键 F5 查看系统的颜色显示"总开关"是否关闭。如果是，可以切换快捷键 F5 打开。

（2）查看是否勾选网络选择窗口，如图 5-88 所示，如果没有勾选，则无法显示颜色。

图 5-88　网络颜色的显示勾选

5.44 如果 PCB 网络走线颜色显示是网格的，如何改成实心显示？

Altium Designer 软件提供了可以根据个人喜好设置走线显示样式的功能，这个功能只适用于网络被设置了颜色的情况，如果被设置网络颜色，则可以对其显示的样式进行更改，同时该网络的焊盘及过孔的显示样式也会更改，如图 5-89 所示。

执行菜单命令"设置系统参数-PCB Editor-Board Insight Color Overrides"，出现如图 5-90 所示的界面。为了避免颜色显示造成设计时眼睛眩晕，推荐按照如下方式进行设置。

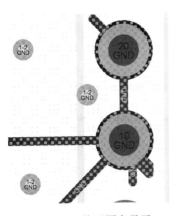

图 5-89　网格形图案显示

图 5-90　Board Insight Color Overrides 选项卡的设置

（1）基础样式：推荐选择"实心（覆盖颜色）"。

（2）缩小行为：推荐选择"覆盖色主导"。

5.45　如何切换走线模式，如强制拉线？

Altium Designer 软件提供了比较智能的走线模式切换功能，可以根据个人习惯进行切换，从而有效提高 PCB 的设计效率。

（1）单击界面右上角的系统参数图标 ✿，或者在 PCB 界面按快捷键"T+P"进入优选项界面。

（2）选中"PCB Editor-Interactive Routing"，在"布线冲突方案"中的"当前模式"中进行选择，或者在走线状态下，直接按快捷键"Shift+R"进行走线模式的切换，如图 5-91 所示。

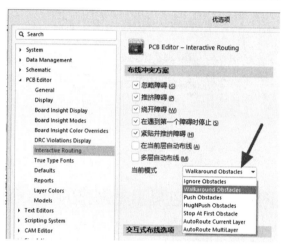

图 5-91　布线冲突方案的选择

注释：

Ignore Obstacles：忽略障碍。

Walkaround Obstacles：环绕障碍。

Push Obstacles：推挤障碍。

HugNPush Obstacles：紧贴环绕障碍。

Stop At First Obstacles：遇到第一个障碍停止。

5.46　在 PCB 中进行线性标注时，如何将单位也显示出来？

通常需要对 PCB 的板框尺寸进行标注，注明所制造的线路板的尺寸大小，标注需要带有数字及单位显示。步骤如下：

（1）执行菜单命令"放置→尺寸"，放置标注默认是不显示单位的，如图 5-92 所示。

（2）此时可以双击放置的标注，在其属性中，可以在"Units"选项卡中选择显示的"单位"和显示的"小数位"，在"Value"中选择带单位显示数据即可，如图 5-93 所示。

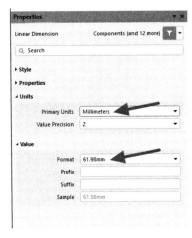

图 5-92　放置标注　　　　　　　　　　图 5-93　标注属性的设置

5.47　在 Altium Designer 软件中如何实现圆弧走线?

在处理 PCB 走线的时候，一般是进行 45 度角走线，当遇到比较高速的信号时，为了满足特性阻抗的一致性，需要进行圆弧走线，如图 5-94 所示。

在 Altium Designer 中可以通过在走线状态下直接按快捷键"Shift+空格"切换至圆弧走线（注意一定要是英文输入法，如图 5-95 所示），或者在走线状态下按 Tab 键在走线属性中进行更改，如图 5-96 所示

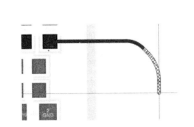

图 5-94　圆弧走线　　　　图 5-95　系统输入法切换　　　　图 5-96　走线模式的切换

5.48　如何评估 PCB 中的走线或过孔的载流能力?

在 PCB 中评估载流能力的关键因素如下:

（1）铜厚：所铺电源所在层的铜箔厚度。一般情况下，基铜的厚度越大，载流能力越强。

（2）线宽：电源的走线宽度。无论走线还是铺铜，电源线宽都是一致的，铺铜需要测量整个实际铜箔存在区域的宽度。一般情况下，电源进行走线或铺铜处理时，经过的路径越长，损耗越大，所以要比计算宽度多做 50%的裕量设计才能满足要求。

（3）层面：在同样的条件下，表层、底层要比内层载流能力强。

一般电源的线宽基于计算值加上余量来设计，可以在 PCB 联盟网上搜索 "PCB 走线载流计算器" 进行在线精准计算。

5.49 PCBA 和 PCB 的区别在哪里？

PCBA 是英文 Printed Circuit Board Assembly 的简称，即表示 PCB 空板经过 SMT 上件，再经过 DIP（插件）的整个制程，如图 5-97 所示，这是国内常用的一种写法，而欧美的标准写法是 PCB'A，加了 "'"。

表面贴装技术（SMT）主要是利用贴装机将一些微小型的零件贴装到 PCB 上，其生产流程为 PCB 定位、印刷锡膏、贴装机贴装、过回焊炉和制成检验。随着科技的发展，SMT 也可以进行一些大尺寸零件的贴装，如主机板上可贴装一些较大尺寸的机构零件。主要以回流焊为主。回流焊加工的是为表面贴装的板，其流程比较复杂，可分为单面贴装和双面贴装两种。

（1）单面贴装：预涂锡膏→贴片（分为手工贴装和机器自动贴装）→回流焊→检查及电测试。

（2）双面贴装：A 面预涂锡膏→贴片（分为手工贴装和机器自动贴装）→回流焊→B 面预涂锡膏→贴片（分为手工贴装和机器自动贴装）→回流焊→检查及电测试。

DIP 即 "插件"，在 PCB 上插入零件，当零件尺寸较大且不适用于贴装或生产商生产工艺时采用插件的形式集成零件。目前业内有人工插件和机器人插件两种实现方式，其主要生产流程为：贴背胶（防止锡镀到不应有的地方）、插件、检验、过波峰焊、刷板（去除在过炉过程中留下的污渍）和制成检验，如图 5-98 所示。

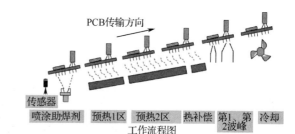

| 图 5-97 SMT | 图 5-98 波峰焊焊接流程 |

PCB 是重要的电子部件，是电子元器件的支撑体，也是电子元器件电气连接的载体。由于其是采用电子印刷术制作的，故称为印制电路板。

总结：PCB 指的是电路板，而 PCBA 指的是电路板插件组装，SMT 制造的一个过程。

5.50 PCB 设计工作区的颜色默认为黑色，能否进行颜色更改？

Altium Designer 软件提供了可以更改各种系统颜色的功能，这里可以根据个人习惯选择 PCB 设计区域的背景颜色。

执行右下角 "Panels-View Configuration" 命令或按快捷键 "L" 打开 View 面板，更改 "Board Line/Area" 的颜色设置，如图 5-99 所示，推荐使用黑色，读者可以自行尝试。

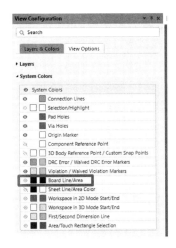

图 5-99　PCB 工作区颜色的更改

5.51　PCB 中没有进行 DRC 报错提示的原因有哪些？

在进行 DRC 检查时，有时明显有问题的地方却不提示软件报错，这些都是由于软件设置的关系导致的。

（1）设计规则中的"在线 DRC"没有打开。执行菜单命令"工具→设计规则检查"或按快捷键"T+D"，在"设计规则检查器"中，勾选"在线"选项，如图 5-100 所示。

图 5-100　设计规则检查器的设置

（2）优选项中的"在线 DRC"没有打开。单击 PCB 界面右上角的系统参数图标 ✿ 或按快捷键"T+P"打开优选项，如图 5-101 所示。

（3）设置的规则没有打开使能，也就是说规则没有起作用。执行菜单命令"设计→规则"，查看所设置的规则使能是否已经勾选，如图 5-102 所示。

图 5-101　系统参数的设置

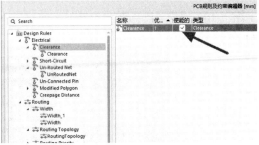

图 5-102　规则的使能

（4）DRC的报告数量设置过小。超过一定的DRC报错数量之后，有些地方显示DRC报错，有些地方则不显示，可以通过更改报错数量把不显示的DRC放出。执行菜单命令"工具→设计规则检查"，找到"Report Options"，如图5-103所示，把默认显示数据"500"更改为"50000"。

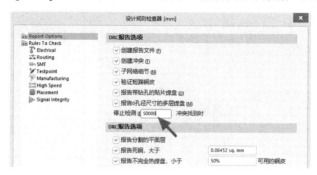

图5-103　DRC报错数量的更改

5.52　有些DRC的报错样式影响视觉，如何更改显示样式？

Altium Designer软件提供了可以根据个人喜好更改报错样式的功能，从而方便查看PCB设计中所出现的报错位置。

执行菜单命令"设置系统参数-PCB Editor-DRC Violations Display"，出现如图5-104所示的界面。为了避免颜色显示造成设计时眼睛眩晕，推荐按照如下方式设置。

（1）冲突样式：推荐选择"实心（覆盖颜色）"。

（2）缩小行为：推荐选择"覆盖颜色主导"。

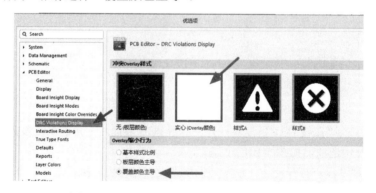

图5-104　DRC Violation Display选项卡的设置

图5-105提供了不同颜色设置显示的对比图，可以看出，按照推荐设置会更加便于眼睛的识别。

图5-105　不同颜色设置显示的对比图

5.53　如何让 PCB 走线与器件一起移动？

Altium Designer 软件提供了较为智能的走线跟随器件一起移动的功能，这样就不需要在移动器件后重新连线，有效地提高了设计效率。

单击 PCB 界面右上角的系统参数设置图标 ⚙ 或按快捷键"T+P"打开优选项，在"PCB Eiditor-Interactive Routing"里勾选"移动元器件时连带相应的布线一起移动"，即可实现相关功能，如图 5-106 所示。

图 5-106　系统参数设置

5.54　PCB 放置过孔时，为什么不按照规则设置的大小放置？

过孔不同于走线，设置了规则之后，线宽可以根据规则选择设置好的范围进行布线，但是过孔没办法，过孔规则主要起一个检查作用。如果需要设置一个默认的过孔大小，则可以事先在参数选项中进行。

在 PCB 界面直接按快捷键"T+P"进入"优选项"设置，找到"PCB Editor-Defaults"选项卡，在"Via"中设置默认属性，如图 5-107 所示，下次进行过孔放置就是基于这个值进行的。

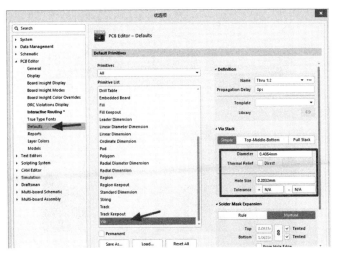

图 5-107　Via 过孔属性的默认设置

5.55　什么是网格铺铜，以及如何进行网格铺铜？

网格铜在软板设计中用得比较多，因为网格铜较能满足 PCB 的一个应力设计，硬板还是用实心铺铜，这样参考平面会比较完整。

单击 PCB 界面右上角上的设置图标 ⚙ 或按快捷键"T+P"打开优选项，找到"PCB Editor-Defaults"选项卡中的"Polygon"进行铜皮参数的默认设置，如图 5-108 所示，其中，Track Width 是线宽，Grid Size 是网格大小，后者要大于前者。

默认设置完成后，执行菜单命令"放置→铺铜"，所放置的铺铜就是网格铜皮。

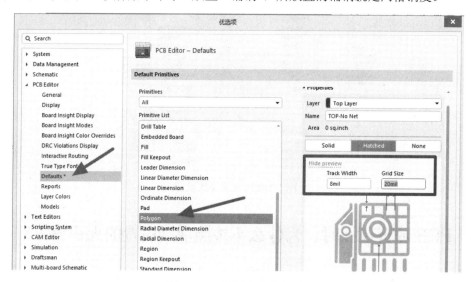

图 5-108　铺铜参数的设置

5.56　铺铜完成后铜皮没有铺上的原因是什么？

在 Altium Designer 软件中铺铜经常出现铜皮是空白的现象，这类问题如何解决，如图 5-109 所示。

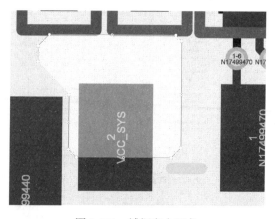

图 5-109　铺铜空白现象

一般有以下两个原因及解决办法：

（1）铺完铜皮之后没有添加网络。双击铜皮，在铜皮属性中添加相对应的网络，然后右击"铺铜操作→重铺选中的铜皮"，如图 5-110 所示。

（2）由于铜皮属性参数的设置问题，对单位面积内的小铜皮进行了移除。这时需要对这些参数进行一些调整，如图 5-111 所示。

图 5-110　铜皮赋予网络

图 5-111　调整铜皮属性参数

5.57　如何将 PCB 界面属性框吸附到左、右两侧？

在 Altium Designer 软件中有很多属性框，当显示在 PCB 界面中间时会阻碍 PCB 设计，所以需要将它们放置在 PCB 的两侧且整合在一起。方法如下：

（1）选中属性框上侧进行拖动，此时 PCB 界面中央会出现 4 个箭头指向，将属性框放置在箭头指向上就会自动弹至方向所指的侧面，如图 5-112 所示。

（2）当打开多个属性框时，重复上一步操作，软件会自动整合在属性框的下面，使用时单击所需要的窗口就可以，如图 5-113 所示。

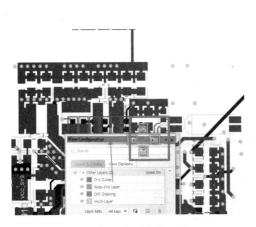

图 5-112　选项卡的吸附

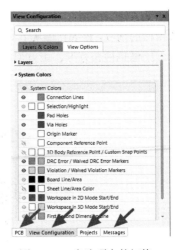

图 5-113　多选项卡的切换

5.58　如何查看PCB的基本信息，如焊点数？

在 PCB 界面单击"Panels-Properties"命令，即可打开此 PCB 的 Properties 界面，"Board Information"栏就是此 PCB 的基本信息，如图 5-114 所示。需要关注的通常是"Total：器件数目""Pads：焊盘数目"。

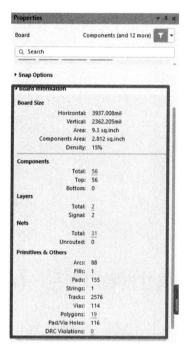

图 5-114　PCB 的基本信息

5.59　做高压板时经常要用到爬电间距，如何做切割槽？

在 PCB 设计过程中，无论是高压 PCB 爬电间距，还是板形结构要求，都会经常遇到 PCB 需要挖槽的情况，该如何做呢？顾名思义，挖槽是指在设计的 PCB 上进行挖空处理，如图 5-115 所示，挖槽包括长方形、正方形、圆形或异形挖槽。

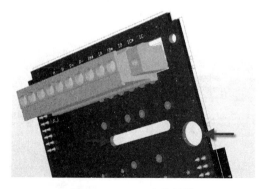

图 5-115　PCB 上的挖槽

1）通过放置钻孔

规范的标准做法是在钻孔层放置钻孔，把加工信息直接加载到制板文件中。此类方法一般适用于长方形、正方形、圆形等比较规则的挖槽。

（1）单击菜单命令"放置→焊盘"，激活放置焊盘命令，在放置状态下按 Tab 键，按照如图 5-116 所示设置好钻孔属性，放置一个宽为 2mm、长为 10mm 的挖槽。

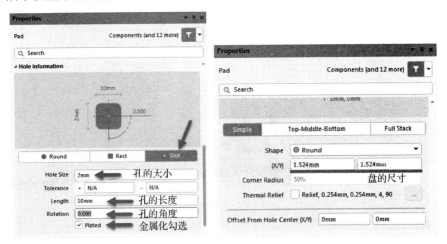

图 5-116　钻孔属性设置

① Hole Size：过孔的大小，设置为"2mm"。

② Slot Length：槽的长度，设置为"10mm"。

③ Rotation：槽的角度，根据实际情况填写。

④ Plated：金属化的时候进行勾选，非金属化的时候取消勾选。

（2）放置一个 5mm×5mm 的圆形挖槽，数据信息填写如图 5-117 所示。

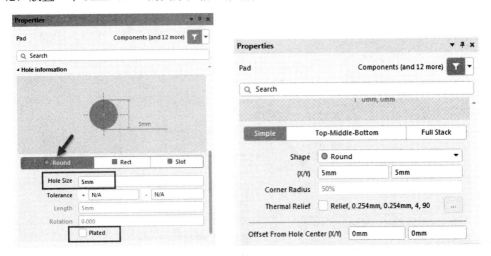

图 5-117　圆形挖槽的数据信息填写

因此长方形、正方形、圆形等规则的挖槽，都可以通过放置钻孔的方法来进行。

2）通过板框层及 Board Cutout

因为焊盘不能设置异形槽孔，所以异形挖槽不能用上述方法进行处理。对于异形挖槽，可以把挖槽信息放置到板框层，注意一定是选定的板框层，并给制板厂商表示清楚，单击菜单命令"放置→线条"，在板框层绘制一个想要的闭合挖槽形状：选中此闭合挖槽，单击菜单命令"工具→转换→从选中的元素创建板切割槽"，创建一个挖槽，切换到 3D 状态下可以看到其效果图，如图 5-118 所示。

根据上述两种方法，想要什么样的槽孔就可以创建出什么样的槽孔。

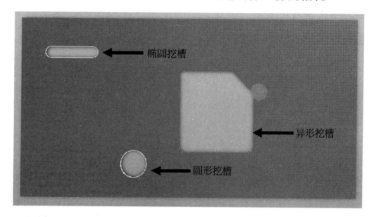

图 5-118　不同的挖槽

5.60　当 PCB 涉及高压设计时，如何对爬电距离进行规则约束设置？

两个导电部件之间沿绝缘材料表面测量的最短空间距离称为泄漏距离，也称爬电距离，简称爬距。对最小爬电距离做出限制，是为了防止在绝缘材料表面产生局部恶化传导路径的布线，这样的布线会使得电子在绝缘表面或附近放电。

（1）单击菜单命令"设计→规则"，或者按快捷键"D+R"打开 PCB 规则及约束编辑器。

（2）在 PCB 规则及约束编辑器中找到设置爬电距离的规则"Creepage Distance"对爬电距离进行设置，可以针对网络、网络类等单独进行爬电间距规则的设置，如图 5-119 所示。

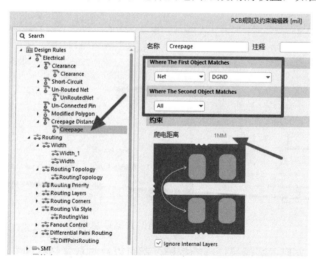

图 5-119　爬电间距的规则设置

5.61　如何对器件坐标文件进行输出？

制板生产完成之后，后期需要对各个元件进行贴片，这就需要用到各元件的坐标图。Altium Designer 通常输出 TXT 文档类型的坐标文件。

执行菜单命令"文件→装配输出→Generates pick and place files"对坐标文件进行输出，一般单位选择"公制"，格式选择"TXT"，输出路径是 PCB 所在的路径，如图 5-120 所示。

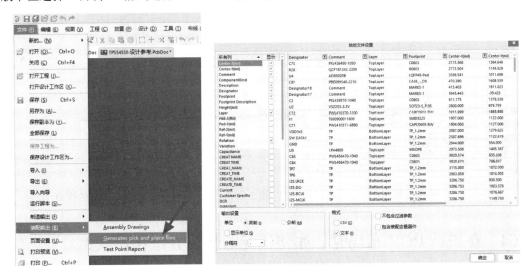

图 5-120　坐标文件的输出

5.62　PCB 走线时如何对单个网络进行不自动移除回路设置？

在 PCB 设计中由于不允许出现回路，因此会对网络进行自动移除回路的设置。然而在地线中因为要对某些信号线或差分线进行立体包地，所以会对地线单独设置不自动移除回路，方法如下：

选中一个"DGND"焊盘，单击右键，在出现的对话框中选择"网络操作→特性"，在弹出的编辑网络对话框中取消勾选"移除回路"，如图 5-121 所示。

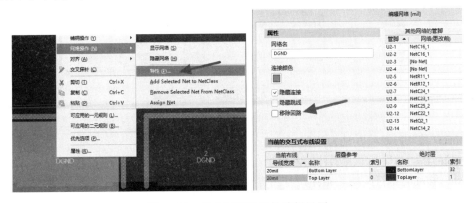

图 5-121　单个网络的属性编辑设置

5.63　在进行 PCB 布局时，如何让两个重叠的器件不进行报错提示？

在 PCB 布局中，有时需要允许器件重叠放置进行兼容设计，如共模电感和电阻，如图 5-122 所示。

要解决这个问题，其实主要是取消器件和器件之间的间距报错即可，执行菜单命令"工具→设计规则检查"，在设计规则检查器的"Placement-Component Clearance"中，不勾选在线和批量的规则检查即可，如图 5-123 所示。

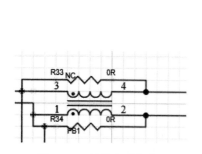

图 5-122　共模电感和电阻

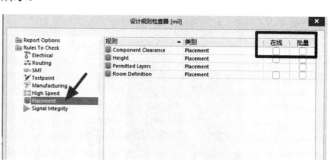

图 5-123　取消器件和器件间距规则的检查

5.64　在进行 PCB 布局时，如何让元器件打开推挤模式？

在进行 PCB 布局的时候，设置好元器件的推挤模式有利于提高布局效率。

单击 PCB 界面右上角的系统参数设置图标"⚙"或按快捷键"TP"打开优选项，在"PCB Editor-Interactive Routing"中，设置元器件的推挤模式，如图 5-124 所示。

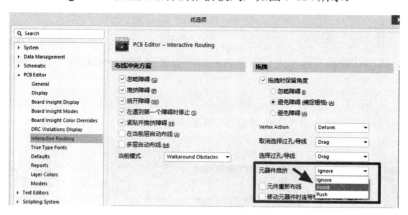

图 5-124　元器件推挤模式的设置

注：

Ignore：移动时忽略其他元器件。

Avoid：移动时受其他元器件的阻挡。

Push：移动时推挤其他元器件。

5.65　能否导入和导出 PCB 设计规则，方便其他 PCB 调用？

对于一些 PCB 设计规则可以通用的板子，Altium Designer 提供了"设计规则导入和导出"功能，这样就避免设计规则的重复设置，从而提高了设计效率。

（1）单击菜单命令"设计→规则"或按快捷键"DR"打开规则约束管理器，右击任意一个规则选择对规则的导入及导出，进行导出或导入的时候可以选择需要导入或导出的规则项，如图 5-125 所示，导出的路径可以自定义。

（2）如果要导入，操作方式是一样的。

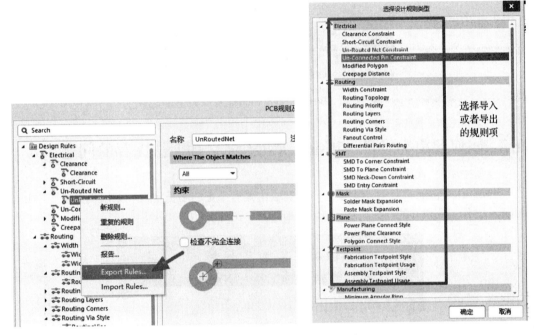

图 5-125　规则的导入或导出设置

5.66　如何关闭 PCB 界面左上角的信息显示？

对 PCB 设计者来说，去掉一些显示信息，可以有效地提高设计的可视性。一般默认的时候在 PCB 的左上角会有跟随鼠标移动的一些显示信息，但是考虑到鼠标的移动性，数值测量随时变化，因此这些信息不太准确，可以把这些信息去掉。在如图 5-126 所示的 Board Insight Modes 选项卡中，取消勾选矩形框中的选项，从而完成设置。

 小助手提示

　　如果此处没有设置，在进行 PCB 设计时可以按快捷键"Shift+H"将其关闭。

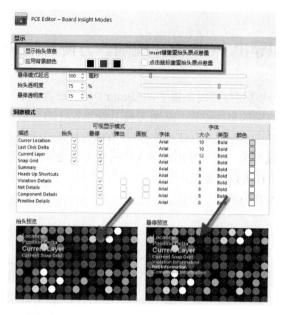

图 5-126　Board Insight Modes 选项卡的设置

5.67　如何解决突发性 Altium Designer 文件无法保存的问题?

　　Altium Designer 软件版本众多,有一些版本具有一定的不稳定性,如出现突发性 Altium Designer 文件无法保存的问题,如图 5-127 所示。

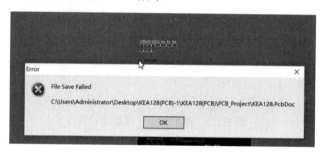

图 5-127　报错示意图

　　解决办法为:单击菜单命令"文件"→"另存为",进行保存即可。

5.68　移动元器件后如何实现自动重新布线?

　　在布线完成后,当需要小范围内移动元器件时,若每移动一次都要重新进行连线会导致工作量增大,Altium Designer 软件提供了一个"移动元器件后自动重新布线"的功能就解决了这个问题。

　　单击 PCB 界面右上角的系统参数设置图标" ⚙ "或按快捷键"TP"打开优选项,在"PCB Editor-Interactive Routing"中勾选"元件重新布线",如图 5-128 所示,每次移动完元器件之后,走线会自动重绘。

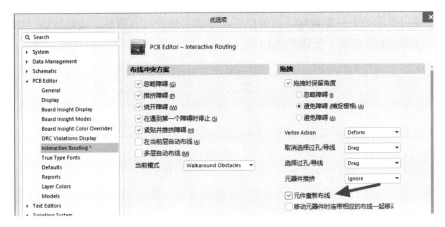

图 5-128　元器件的布线自动重绘

5.69　如何解决走线线宽违反设置的优先规则问题？

在 PCB 设计中，有时候会遇到设置好了规则线宽，可是却没有按照所设置好的规则进行走线，可能的原因如下：

（1）设置好了规则，但没有勾选规则的使能，单击菜单命令"设计→规则"或按快捷键"DR"打开规则约束器，勾选使能，如图 5-129 所示。

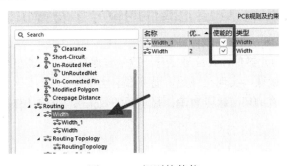

图 5-129　规则的使能

（2）确认交互式布线里的"线宽模式"基于哪种方式进行走线，按快捷键"TP"打开优选项界面，在线宽模式里选择"Rule Preferred"，如图 5-130 所示。

图 5-130　线宽模式的选择

（3）如果设置了多个线宽规则，则可能是由于优先级没有设置好，按快捷键"DR"打开规则约束器，如图 5-131 所示，更改优先级。

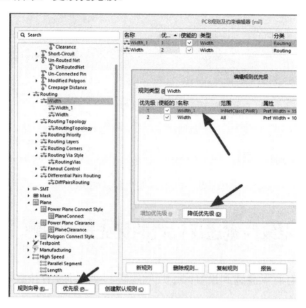

图 5-131　更改规则优先级

5.70　如何让 BOTTOM 层元器件的位号字符镜像显示？

对于 BOTTOM 层的元器件，其位号字符一般是镜像显示的，调整丝印的时候不是很方便，如何进行设置可以再次镜像，实现正视图，而不影响丝印本身呢？

可以通过按快捷键"VB"，翻转 PCB，显示后的效果图如图 5-132 所示。

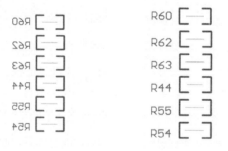

图 5-132　丝印的镜像显示

5.71　如何打开走线的可视化边界？

Altium Designer 提供了可以在 PCB 可视化边界走线的功能，在各种走线模式中（除了忽略走线模式）都能满足间距规则进行走线。打开显示的方法是：在走线的命令下按快捷键"Ctrl+W"进行切换，效果如图 5-133 所示。

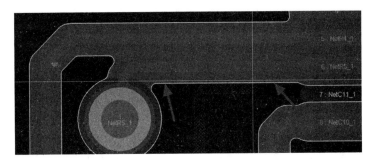

图 5-133　可视化边界走线

5.72　在 Altium Designer 软件中如何设置软硬结合板?

在进行软硬结合板设计的时候，硬板区域通常是默认的，软板区域则需要进行设置。具体步骤如下:

（1）执行菜单命令"视图→板子规划模式"，切换到板子规划模式。

（2）按快捷键"DK"打开层叠管理器。

（3）在层叠管理器右上角"Features"中选择"Rigid/Flex"选项，添加"Stack1"属性，并且设置为软板，如图 5-134 和图 5-135 所示，即"Board Layer Stack"是硬板属性，而"Stack1"是软板属性，然后保存。

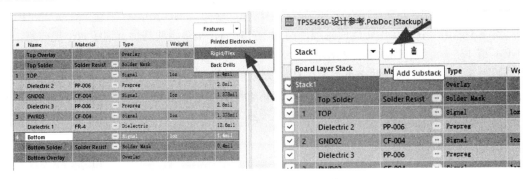

图 5-134　"Stack1"属性的添加

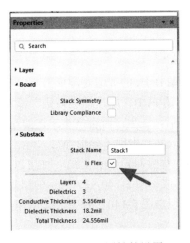

图 5-135　Flex 属性的设置

（4）返回 PCB 界面，单击菜单命令"设计→定义分割线"，在 PCB 规划模式中，通过定义分割线进行软、硬区域的划分，最后双击板子划分好的区域对其层栈进行软硬属性的分配，如图 5-136 所示。

图 5-136　软板区域和属性的设置

5.73　常见 PCB 走线的规范要求有哪些?

按照国内板厂生产工艺能力，常规走线线宽≥4mil（0.1016mm）（特殊情况可用 3.5mil，即 0.0889mm），小于这个值会极大地挑战工厂的生产能力，增加报废率。

走线不能出线任意角度走线而挑战厂商的生产能力，很多走线在蚀刻铜线时出现问题，推荐 45°或 135°走线，如图 5-137 所示。

如图 5-138 所示，同一网络不宜采用直角或锐角走线，这是 PCB 布线中要尽量避免的情况，也是衡量布线好坏的标准之一。直角走线会使传输线的线宽发生变化，从而造成特性阻抗的不连续及信号的反射，尖端产生 EMI，从而影响线路。

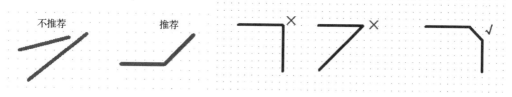

图 5-137　任意角度走线和 135°走线　　　　　图 5-138　直角或锐角走线

焊盘的形状一般是规则的，如 BGA 的焊盘是圆形的、QFP 的焊盘是椭圆形的、CHIP 元件的焊盘是矩形的等，但实际做出的 PCB，焊盘却不规则。以 R0402 电阻封装的焊盘为例，如图 5-139 所示，规则焊盘出线之后，在生产时会产生工艺偏差，变成实际焊盘是在原矩形焊盘的基础上加了一个小矩形焊盘组成的，出现了异形焊盘。

如果在 0402 电阻封装的两个焊盘对角分别走线，加上 PCB 生产精度造成的阻焊偏差（阻焊窗单边比焊盘大 0.1mm），会形成如图 5-140（a）所示的焊盘。在这样的情况下，电阻焊接时由于焊锡表面张力的作用，会出现与图 5-140（b）一样的不良旋转。

设计的焊盘

出线之后的实际焊盘

图 5-139 焊盘的实际制作效果

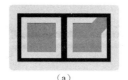
（a）

（b）

图 5-140 不良出线造成器件旋转

采用合理的布线方式，焊盘连线采用关于长轴对称的扇出方式，可以有效地降低 CHIP 元件贴装后的不良旋转角度。如果焊盘扇出的线也关于短轴对称，则可以减小 CHIP 元件贴装后的漂移，如图 5-141 所示。

图 5-141 元件的出线

相邻焊盘是同网络的，不能直接连接，需要先连接出焊盘区域之后再进行连接，如图 5-142 所示，直连容易在手工焊接的时候造成连焊。

连接器管脚拉线需要从焊盘中心拉出再往外走，不可出现其他角度，避免在连接器拔插的过程中把线撕裂，如图 5-143 所示。

图 5-142 相邻同网络焊盘的连接方式

图 5-143 连接器的出线

差分信号与普通的单端信号走线相比，最明显的优势体现在抗干扰能力强、能有效抑制 EMI，以及时序定位精确。对于 PCB 工程师来说，最应该关注的还是如何确保在实际走线中能完全发挥差分走线的这些优势。只要接触过 Layout 的人都会了解差分走线的一般要求，即"等长、等间距"。等长是为了保证两个差分信号时刻保持相反极性，减小共模分量；等间距则主要是为了保证两者之间的差分阻抗一致，减少反射。

很多设计师认为保持等间距比匹配线长更重要。在 PCB 差分走线的设计中最重要的规则就是匹配线长，其他规则都可以根据设计时的实际应用进行灵活处理。图 5-144 列出了常用差分对内线长的匹配方式。

蛇形线是 Layout 中经常使用的一类走线方式。其主要目的就是确保时序匹配。设计者首先要有这样的认识：蛇形线会破坏信号质量，改变传输延时，布线时要尽量避免使用。但在实际设计中，为了保证信号有足够的保持时间，或者减小同组信号之间的时间偏移，往往不得不进行绕线。

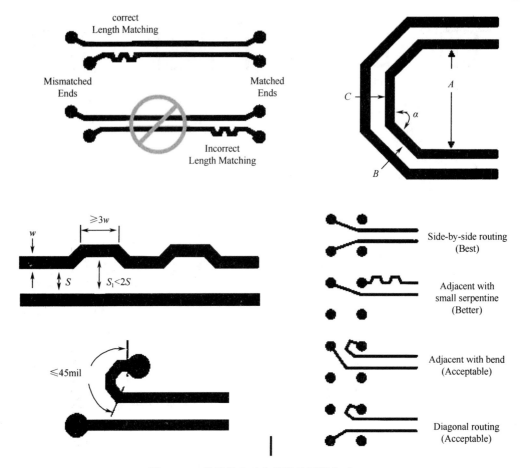

图 5-144　常用差分对内线长的匹配方式

信号在蛇形走线上传输时，相互平行的线段之间会发生耦合，呈差模形式，S 越小，则耦合程度越大，可能会导致传输延时减小，以及由于串扰而导致信号质量降低。

所以在走差分线的时候应该注意尽量增加平行线段的距离（S），至少要大于 $3w$，w 是指走线的线宽，只要 S 足够大，就几乎能避免相互的耦合效应。如图 5-145 所示。

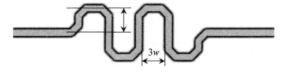

图 5-145　蛇形走线间距要求

5.74　如何打开 PCB 走线的透明模式？

Altium Designer 软件提供了可以透明化 PCB 中元素的功能，这项功能常用于检查同一网络的走线是否有重叠，以及焊盘过孔内部是否有线头等，可以对完成的 PCB 设计进行优化处理。

（1）在 PCB 界面右下角单击"Panels-View Configuration"命令，或按快捷键"L"或"Ctrl+D"直接打开"View Configuration"窗口，如图 5-146 所示。

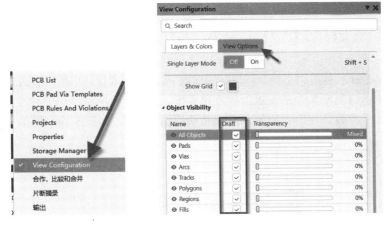

图 5-146　View Configuration 属性的设置

（2）在"View Options"选项卡中，将元素所对应的 Draft 选项进行勾选，从而实现了透明化操作，如图 5-147 所示。

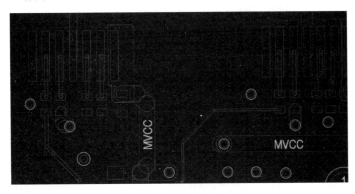

图 5-147　透明模式的显示

5.75　如何设置抓取电气中心，并进行切换？

在 PCB 设计中要求走线从焊盘中心进行引出，Altium Designer 软件提供了一个能切换"是否抓取电气中心"的功能，方法是：在执行走线命令的时候利用"Shift+E"快捷键进行切换，直至能抓取中心为止，抓取到中心后，在十字光标的中心处出现一个小圆圈，如图 5-148 所示。

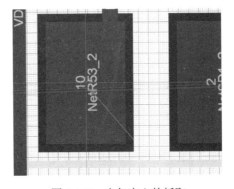

图 5-148　电气中心的抓取

5.76 如何从现有的 PCB 中生成 PCB 封装库？

Altium Designer 软件提供了一个可以从完成的 PCB 中提取设计中所用到的封装的功能，并且生成一个独立的封装库保存在该 PCB 所在路径下。

单击菜单命令"设计→生成 PCB 库"或按快捷键"DP"，如图 5-149 所示。

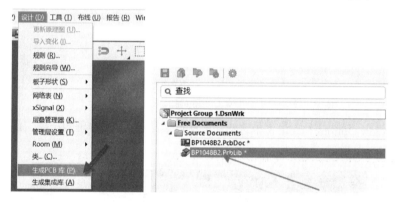

图 5-149 生成 PCB 库

5.77 在 PCB 中如何进行手动和自动添加差分对？

（1）在 PCB 右下角执行"Panels-PCB"，在弹出的对话框中选择"Differential Pairs Editor"，打开差分线编辑窗口。

（2）手动添加差分对，单击"添加"按钮，在弹出的"差分对"对话框中输入正、负网络，并对差分对进行命名，单击"确定"按钮完成创建，如图 5-150 所示。

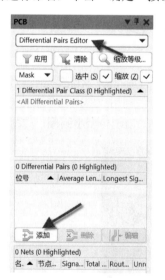
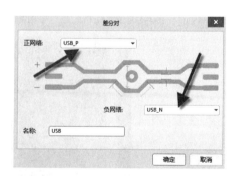

图 5-150 手工添加差分对

（3）自动添加差分对，单击"从网络中创建"，在箭头所指的位置输入差分对正、负网络的后缀（一般是 "+、-" 或 "P、N"）以便软件进行搜索，搜索完成后单击执行，从而完成创建，如图 5-151 所示。

图 5-151　差分匹配的添加

5.78　差分走线时出现 "Second differential pair primitive could not be found" 报错的原因是什么？

在 PCB 设计中，Altium Designer 软件提供了批量增加差分对的功能，但是由于软件的某些原因可能导致一些差分对没有创建成功，所以当对这些没有创建成功的差分对进行差分走线时就会出现如图 5-152 所示的报错，解决的办法为：重新给该差分网络单独创建差分对，从而进行差分走线。

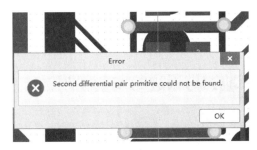

图 5-152　差分对报错

5.79　在 Altium Designer 软件中走差分线出现网格是什么原因？

如图 5-153 所示，在 Altium Designer 软件中走差分线出现网格主要是由于差分线的未耦合长度没有满足差分规则导致的，未耦合长度指的是差分线中不满足差分间距的长度。

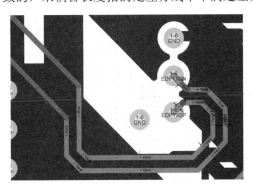

图 5-153　差分网格错误

当出现这种错误时，首先打开规则管理器查看规则所设置的未耦合长度大小，如图 5-154 所示。因为在走差分线时首、尾两端或在差分线进行打孔换层时有一段差分线可以不满足耦合间距的要求，但这个长度不能过长，推荐设置为 50mil。

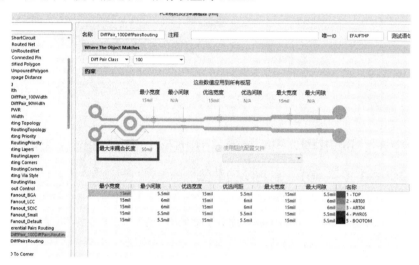

图 5-154　规则设置

若检查规则之后，发现差分线未耦合长度大于所设置的规则值或差分线中间部分出现网格报错，此时需要调整差分线或重新进行差分走线，以满足差分规则。

5.80　如何设置整板地铜与板边的安全间距？

在 Altium Designer 软件中板框通常做在机械层，由于 Altium Designer 软件无法识别机械层的线，所以铺铜会与机械层的板框线完全重合，导致铺铜会与板边完全贴合。解决方法如下：

（1）复制机械层的板框线，利用快捷键"EA"进行特殊粘贴至"Keepout"层，选择 Keepout 线段，按 Tab 键选中整个板框线，然后在属性中将线宽改为 30mil，如图 5-155 所示。

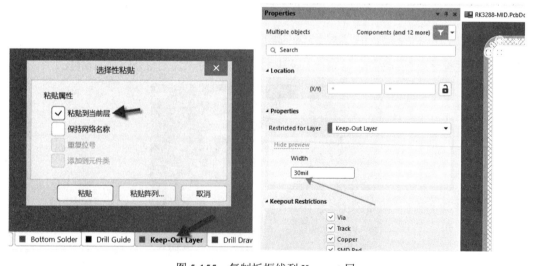

图 5-155　复制板框线到 Keepout 层

（2）在走线层进行整板铺地铜，此时的铜皮与板边就会有 35mil 的安全间距（如果板子比较密，将"Keepout"层的线宽改小，安全间距也会相应地改小），如图 5-156 所示。

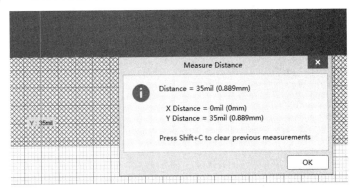

图 5-156　铺铜与板框边缘的间距

5.81　在 PCB 走线状态下如何更改走线线宽？

当在 PCB 设计中有不同的电源线时，由于两种电源所用到的电流大小不一致，所以需要不同的走线线宽以满足载流能力。

执行走线命令的时候，使用快捷键"Shift+w"可以更改所要执行走线的线宽（执行线宽应该在规则设置的线宽范围内）。

如果线宽不是需要的值，也可以事先在参数设置里设置好"偏好线宽"，如图 5-157 所示。

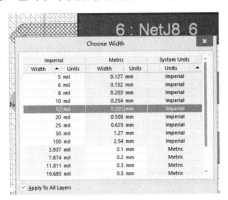

图 5-157　偏好线宽的选择

5.82　如何对常用走线线宽进行偏好设置，以方便走线时调用？

在 PCB 设计中走线时需要更改线宽，而在执行走线命令后使用快捷键"Shift+w"，并没有自己所需要的线宽可以选择，因此 Altium Designer 软件提供了走线线宽选择的偏好设置。

单击 PCB 界面右上角的系统参数图标"⚙"或按快捷键"TP"打开优选项，在"PCB Editor-Interactive Routing"选项卡中，单击"偏好的交互式布线宽度"按钮，在所弹出的窗口中进行添加或删除，如图 5-158 所示。

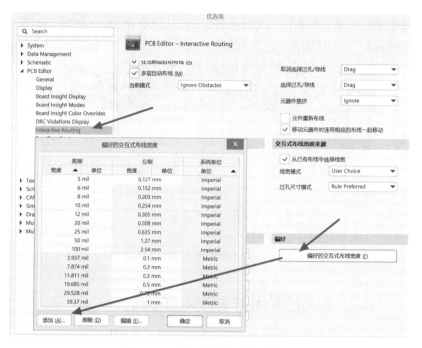

图 5-158　偏好线宽的添加或删除

5.83　如何查看某根网络走线的长度?

当设计 DDR 等长或差分线等长时，均需要对网络长度进行查看，以方便等长操作。查看网络长度有以下两种方法:

（1）在所需要查看长度的网络线执行"Ctrl+鼠标中键"操作，即可完成对长度的查看。

（2）在右下角执行"Panels-PCB"命令，这个界面中每一个网络名称后都对应一个"Routed"长度，这就是已经布线的长度，如图 5-159 所示。

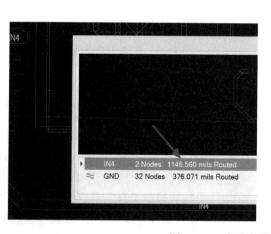

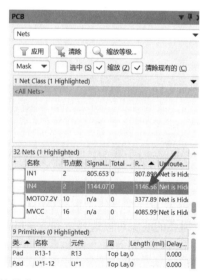

图 5-159　查看走线的长度

5.84　PCB 界面视图显示的三种模式分别代表什么?

PCB 界面视图显示的三种模式分别是板子的规划模式、2D 模式和 3D 模式，如图 5-160 所示。

（1）板子的规划模式：在 Altium Designer 中主要用于软板设计，分割软、硬板设计区域。

（2）2D 模式：用于正常的布局布线。

（3）3D 模式：用于查看 PCB 的三维视图，常用于检查 PCB 设计的合理性和可制造性等。

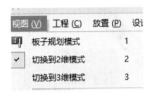

图 5-160　PCB 界面视图显示的三种模式

5.85　如何在 PCB 界面检查出单端网络?

单端网络是指在设计中只有一个网络端点，PCB 出现这种情况应该对原理图进行编译检查，查看这个网络是否为单端网络，然后与硬件工程师进行确认。

在 PCB 界面右下角执行"Panels-PCB"命令，在弹出的窗口中，每一个网络都对应地有一个节点数，节点数为"1"的网络就是单端网络。在 PCB 中只有一个网络端点，如图 5-161 所示。

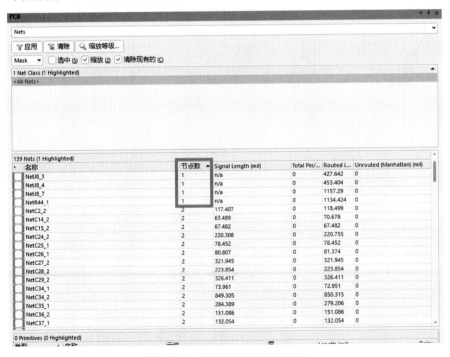

图 5-161　PCB 单端网络的查找

5.86 如何将单个网络添加至已有网络类中?

当 PCB 设计中的电源网络比较多且复杂的时候，在进行设置电源网络类时常常会漏掉某些电源网络，然后在布线过程中又被检测出来是电源网络，此时就需要将该类网络添加至已有的电源网络类中。方法如下:

右击所需要添加的网络焊盘，在出现的对话框中选择"网络操作→Add Selected Net to NetClass"，然后在弹出的对话框中选择 PWR，单击"确定"按钮，如图 5-162 所示。

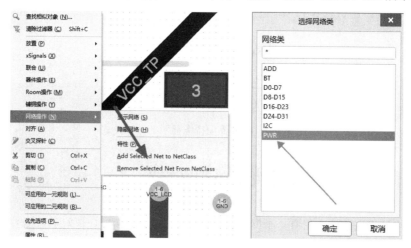

图 5-162　单个网络添加到网络类

5.87 如何设置常用的丝印到丝印及丝印到阻焊的间距?

（1）执行菜单命令"设计→规则"或按快捷键"DR"打开规则及约束编辑器，找到"SilkToSolderMaskClearance"并设置丝印到阻焊的间距，如图 5-163 所示。

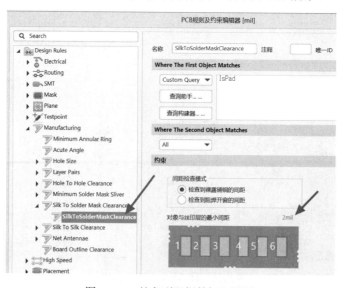

图 5-163　丝印到阻焊的间距设置

（2）在"Silk To Silk Clearance"中也可以对丝印到丝印的间距进行设置，如图 5-164 所示。

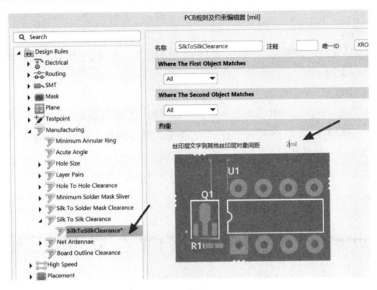

图 5-164　丝印到丝印的间距设置

（3）丝印一般会在 PCB 后期处理中通过手工调整，所以这些规则设置与否并不会过多地影响 PCB 设计，在前期布局或布线阶段对这些规则的报错可以关掉，执行菜单命令"工具→设计规则检查"，在设计规则检查器中将这两项的勾选取消，就不会再进行报错了，如图 5-165 所示。

图 5-165　设计规则检查器的使能勾选

5.88　在 PCB 中 BGA 扇孔的规则有哪些，以及需要注意什么？

很多时候由于规则设置得不正确，导致 BGA 扇孔失败。下面介绍几种常见的 BGA 规则设置。

1）1.0mm BGA

（1）过孔间过一根线：使用 10/22mil 类型的过孔，线宽为 5mil，线到孔盘的距离为 5.5mil。

（2）过孔间过一根线：使用 8/18mil 类型的过孔，线宽为 5mil，线到孔盘的距离为 7.5mil。

（3）过孔间过两根线：用 8/18mil 类型的过孔，线宽为 4mil，线到线的距离为 4mil，线到孔盘的距离为 4.5mil。

（4）如需过一对差分线，将 BGA 中的线宽及间距设置为 4/4，出 BGA 后再更改为差分线宽及间距。

2）0.8mm BGA

相邻两个孔间只能过一根线，一般用 8/18 类型的过孔，线宽为 5mil，线到线的距离为 4mil，线到孔盘的距离为 4.24mil。

3）0.5mm 的 BGA

（1）用 8/15 类型的过孔，相邻两个孔之间不过线，需要调整扇出。

（2）用 8/15 类型的过孔，相邻两个孔之间过线，内层削盘，线宽为 4mil，线到孔壁的距离为 5.3mil（注：VIA 上有引线时旁边不可以过同层线）。

（3）用 8/14 类型的过孔，线宽为 3.5mil，间距为 4mil，线到孔壁的距离为 4mil。此方法出线可以按常规 BGA 处理，但是加工难度大。

5.89 有时出现顶层与底层或其他层不能走线的情况，如何处理？

执行菜单命令"设计→规则"或快捷键"DR"打开规则及约束编辑器，在规则选项中找到 RoutingLayers，将所有层的允许布线勾选，如图 5-166 所示。

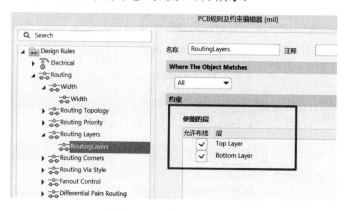

图 5-166　走线层的使能

如果还是不能走线，则可以查看规则的使能是否打开，如没有，请进行勾选，如图 5-167 所示。

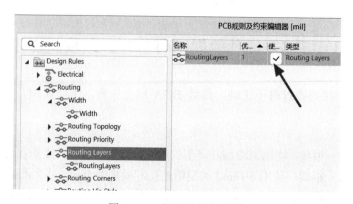

图 5-167　规则的使能设置

5.90 如何实现异形板框的内缩和外扩？

当板框不满足 PCB 设计要求需要修改尺寸时，由于异形板框都是结构工程师绘制的，所以重新绘制不太现实，但是 Altium Designer 软件可以实现在原有的板框上进行内缩和外扩。如图 5-168 所示是一个异形板框。

（1）首先将板框线从机械层复制，然后利用快捷键"E+A"粘贴至 TOP 层。

（2）设置需要内缩和外扩的距离。执行菜单命令"设计→规则"或按快捷键"D+R"进入规则及约束编辑器，在间距规则中设置内缩和外扩的距离，如"30mil"，如图 5-169 所示。

图 5-168 异形板框

图 5-169 间距规则的设置

（3）选中板框线，执行菜单命令"工具→描画选择对象的外形"或按快捷键"T+J"，结果如图 5-170 所示，根据板框线内缩及外扩了 30mil。

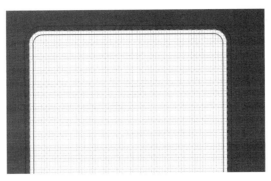

图 5-170 外扩及内缩之后的板框

（4）选择需要的板框线复制粘贴至机械 1 层，将另外两个多余的板框线删除，然后选择板框线并按快捷键"D+S+D"生成板框。

5.91 如何在 PCB 中重新标注器件的位号？

通常在原理图中更新器件的位号，然后导入 PCB 中，但是如果没有原理图，也可以利用 Altium Designer 软件在 PCB 中直接对器件的位号进行重新排序。

执行菜单命令"工具→重新标注"或按快捷键"TN"，在弹出的窗口中根据需要进行选择，如图 5-171 所示。

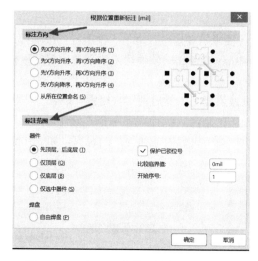

图 5-171　对 PCB 中的器件位号重新标注

5.92　如何放置 PCB 中的镂空文本?

执行菜单命令"放置→字符串"（或使用快捷键"P+S"），放置需要的文字，双击变更字体属性，如图 5-172 所示，即可完成镂空字体的放置。

（1）Properties：输入需要放置的文字。

（2）Font Type-TrueType：选择可以显示中文的格式。

（3）Inverted：镂空字体设置选项，效果如图 5-173 所示。

图 5-172　字体属性的设置

图 5-173　镂空字体

5.93　在 Altium Designer20 中如何添加极坐标?

在以往的低版本中，极坐标有一个专门的"Grid Manager（栅格管理器）"，可以通过快捷键"O+G"打开，而在高版本中，将这个功能移到了"Properties"中。

（1）在 PCB 界面右下角执行"Panels-Properties"命令，打开"Properties"窗口，在 Grid Manager 中单击"Add Polar Grid"即可进行极坐标的添加，如图 5-174 所示。

（2）双击已添加的"New Polar Grid"，进入极坐标设置对话框，如图 5-175 所示。

注：角度步进值（Angular Step）与倍增器（Multiplier）的乘积必须能够被终止角度（End Angle）整除，否则效果中可能出现极坐标半径 "不均分"的现象。

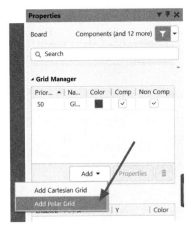

图 5-174　极坐标的添加

图 5-175　极坐标的设置

（3）单击"OK"按钮之后就可以利用极坐标进行设计了，如图 5-176 所示。

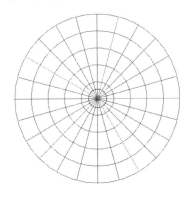

图 5-176　创建好的极坐标

5.94　在进行 PCB 设计时常常出现天线错误图标，该如何取消?

在进行 PCB 布线的时候，如果拉一根未连接好的线就会出现一个天线图标的报错，如图 5-177 所示，由于这种报错在连接完成后就会消失，所以可以忽略，但是如果不想出现报错，有下面两个解决办法。

（1）执行菜单命令"设计→规则"或按快捷键"DR"打开规则及约束编辑器，将 Net Antennae 的规则使能关闭，如图 5-178 所示。

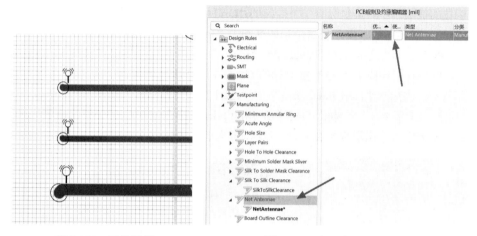

图 5-177　天线图标　　　　　　　图 5-178　规则使能的关闭

（2）执行菜单命令"工具→设计规则检查"或按快捷键"TD"打开设计规则检查器，取消"Manufacturing-Net Antennae"的规则检查勾选，如图 5-179 所示。

图 5-179　设计规则检查的关闭

5.95　对于无网络的 PCB 如何直接在 PCB 中生成网络？

很多工程师一般习惯直接在 PCB 中绘制无网络的导线条进行设计，这种情况是只有设计工程师比较清楚连接关系，而会给后期维护的工程师造成相当大的困扰，如图 5-180 所示。如何给无网络的 PCB 添加网络呢？

1）单个网络的添加

（1）执行菜单命令"Design→Netlist→Edit Nets..."，进入网络编辑器，如图 5-181 所示。其中：

● Edit：对已存在的网络进行网络名称的编辑。

● Add：添加一个新的网络名称。

● Delete：删除已经存在的某个网络。

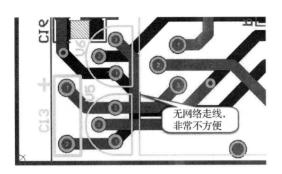

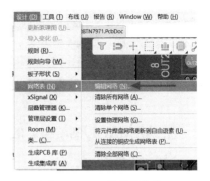

图 5-180　无网络的 PCB 走线　　　　　图 5-181　网络编辑菜单

（2）执行网络编辑器的"Add"命令可以添加一个新网络，对新网络的名称进行定义，单击"OK"按钮，即可完成一个单独的网络添加，如图 5-182 所示。

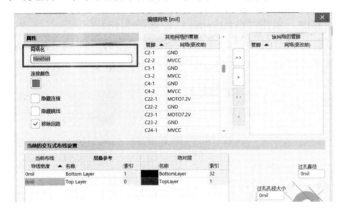

图 5-182　网络的添加

2）批量自动生成网络

介于第一种方法只能一个一个地添加网络，速度相对较慢，这里介绍第二种方法。利用第二种方法可以批量自动生成网络，前提是需要对 PCB 进行强制连接，即已经设计好了板子，但是没有网络显示。

（1）执行菜单命令"Design→Netlist→Configure Physical Nets..."，进入网络配置界面，如图 5-183 所示。

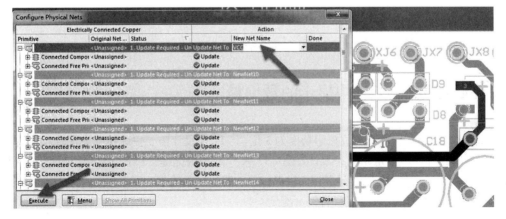

图 5-183　网络配置界面

（2）在"New Net Name"栏可以更改某个网络的名字，如"VCC"等，这个界面类似于网络的几种管理器一样，如果不想更新，系统会自动生成一个流水号网络。

（3）完成更新网络之后，可以单击"Execute"按钮，系统会提示 N 个网络进行了变更，单击"Continue"按钮继续进行更新即可。

5.96 在 Altium Designer 软件中有些功能是通过插件实现的，没有的插件如何安装？

在 Altium Designer 软件中，很多功能是以插件的形式存在的，如和各类 EDA 软件相互转换等，都需要插件的支持。有很多插件是软件自带的，但是也有一些插件需要手动进行安装。

（1）打开 Altium Designer 界面，在右上角选择"Extensions&Updates"，进入扩展更新界面。

（2）在扩展更新界面，单击"Configure..."，如图 5-184 所示。

（3）在弹出的插件安装界面中，勾选所有的项，单击每一项的"All On"按钮即可。勾选所有的选项，即选择所有插件，单击"应用"按钮，可完成安装（需在网络状态下）。

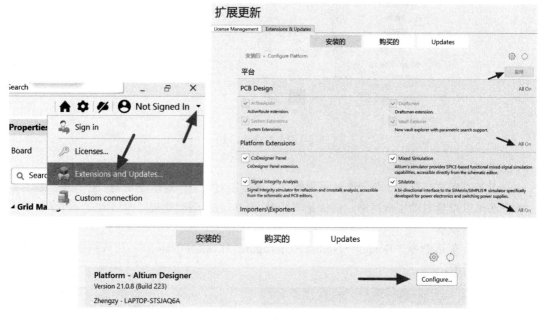

图 5-184　插件的安装

5.97 如何更改 PCB 中显示的数据精度？

Altium Designer 默认的单位显示精度为 3 位，当 PCB 设计需要更改精度设置时，方法如下：

单击 PCB 界面右上角系统参数设置图标"　❖　"或按快捷键"T+P"打开优选项，在"PCB Editor"选项卡中，对"公制显示精度"进行修改。需要注意的是，更改前要先关闭所有的 PCB 文件，否则无法进行更改，如图 5-185 所示。

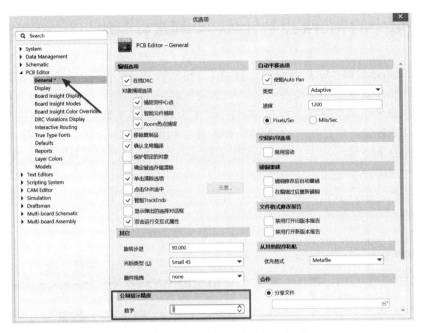

图 5-185　PCB 公制显示精度的变更

5.98　PCB 走线列表中 Signal Length 和 Routed Length 的区别是什么?

在使用 Altium Designer 画 PCB 电路图时，等长布线后，使用快捷键"R+L"检测布线长度时发现所布线长不一致，在 PCB 的"Nets"里查看长度时看到了"Signal Length"和"Routed Length"长度，如图 5-186 所示。

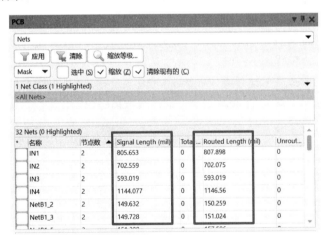

图 5-186　网络长度的显示

（1）Routed Length：已布线的长度。形象一点理解就是一条有弯道的路，在路的中间取线，到达弯道处再取中线，两线长度之和。

（2）Signal Length：信号能通过的长度。形象一点理解就是一条有弯道的路的最短距离，信号能通过就行。

通常等长布线参考的是 Routed Length 的长度。

5.99　PCB中的 Mark 点是什么，如何进行添加?

Mark 点是电路板设计中 PCB 应用于自动贴片机上的位置识别点。Mark 点的选用直接影响自动贴片机的贴片效率。

（1）将 Mark 点在原理图中做成一个器件，然后在原理图上匹配其封装，最后将其导入 PCB 中。

（2）如果原理图中没有添加 Mark 点，则可以在 PCB 中手动添加。首先将带有 Mark 点的封装库添加至与 PCB 同一个工程中，然后在封装库中选中 Mark 点的封装进行放置（软件会自动跳转至 PCB 界面进行放置）。

（3）一般在 PCB 中放置 6 个 Mark 点，且顶、底对贴放置在 PCB 的任意三个角落上，以方便贴片机识别方向，如图 5-187 所示。

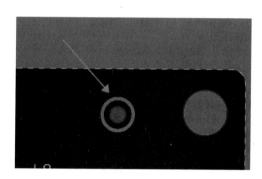

图 5-187　Mark 点的放置

5.100　PCB 在输出光绘文件时，是否可以指定文件夹?

在 Altium Designer 软件中输出光绘文件的默认路径是用户 PCB 文件所在的路径，用户也可以自己修改输出路径，步骤如下：

（1）右击工程，选择"工程选项"命令。

（2）在弹出的窗口中单击 Options 选项，然后对输出路径进行更改，如图 5-188 所示。

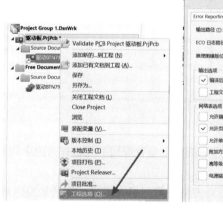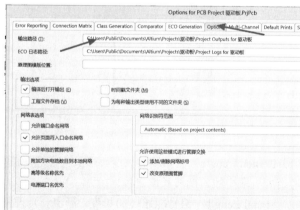

图 5-188　文件输出路径的变更

5.101 PCB 的螺钉孔大小有哪些参考?

在 PCB 上使用螺钉孔的时候,通常会在实际使用螺钉的直径尺寸上增加 0.5～1.0mm 作为补偿参数设计。如 M3 螺钉,直径为 3.0mm,则 PCB 使用 3.5mm 的螺钉孔,见表 5-1。

表 5-1 螺丝孔大小参考表

螺钉型号	M2	M2.5	M3	M4	M4.5	M5	M6
螺钉直径/mm	2	2.5	3	4	4.5	5	6
对应孔径/mm	2.5	3.0	3.5	4.5	5.3	5.8	7.0

5.102 使用 Altium Designer 的高版本如何在 Keepout 层绘制线条?

Keepout 层是禁止布线层的意思,一般用来绘制板框或禁止布线的区域。在 Altium Designer 软件中,Keepout 层不能进行带有电气属性的走线(也就是交互式布线),可以通过菜单命令"放置→Keepout"在 Keepout 层放置走线,如图 5-189 所示。

若需要将其他层的走线复制到 Keepout 层,就需要利用快捷键 EA 进行特殊粘贴。在特殊粘贴弹出窗口将"粘贴到当前层"进行勾选,如图 5-190 所示。

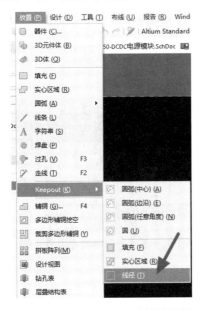

图 5-189 在 Keepout 层放置线条

图 5-190 特殊粘贴的应用

5.103 在 3D PCB 模式下如何进行单层显示?

Altium Designer 软件的 3D 渲染效果是非常强大的,在 3D 视图下,我们对于整板的布局布线可以有一个更直观的认识。同时 Altium Designer 软件提供了在 3D 模式下使用快捷键"Shift+S"也可以进行单层显示,以方便查看各层的不同情况,如图 5-191 所示是一个 PCB 设计的底层 3D 显示。

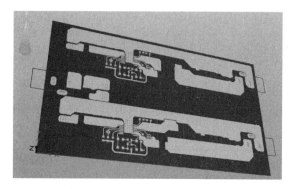

图 5-191　一个 PCB 设计的底层 3D 显示

5.104　PCB 设计中过孔不能打在焊盘上的原因是什么?

在 PCB 设计中过孔一般不允许打在焊盘上，主要有两方面原因。

（1）过孔在焊盘上，理论上其引线电感相对较小，因此是可以打孔到焊盘上的。

（2）由于工艺原因，打孔在焊盘上时，有时因为塞孔做得不太好而导致漏锡的问题，这样就会发生焊接时出现"立碑"的现象，所以此时不建议打在焊盘上。

综上所述，建议过孔应该拉出焊盘再进行打孔，但是有两种特殊情况是要求打孔在焊盘上的。

（1）比较大的散热焊盘上可以打过孔，方便散热。

（2）一些固定器件的焊盘上可以打过孔，但是过孔不要打在焊盘中间，而要打在焊盘的角上，如图 5-192 所示。

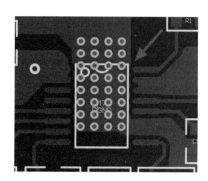 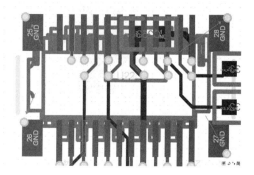

图 5-192　在散热焊盘和固定焊盘上打孔

5.105　打开 PCB 的 3D 模式却没有显示 3D 模型，是什么原因?

Altium Designer 软件提供了可以查看 PCB 的 3D 模式功能，如果在 3D 视图的模式下查看不到 3D 器件可能有以下两个原因:

（1）器件本身没有 3D 封装。

（2）没有打开 3D 封装的显示，按快捷键"Ctrl+D"打开 View Configuration 面板，在"View Options"选项中将"Show 3D Bodies"选择为"On"，如图 5-193 所示。

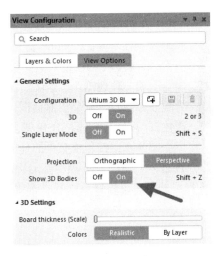

图 5-193　打开 3D 模型显示

5.106　PCB 在 3D 状态下如何实现顶、底翻转？

Altium Designer 软件提供的 3D 渲染效果是非常强大的，在 3D 状态下，PCB 可以按照任意角度进行旋转，以方便使用者查看器件的布局情况。

（1）在 3D 状态下按住"Shift+右键"，然后挪动鼠标就可以实现旋转。

（2）执行菜单命令"视图→0 度旋转""视图→90 度旋转""视图→垂直旋转""视图→翻转板子（按快捷键 V+B）"，可以实现多种角度的旋转，如图 5-194 所示。

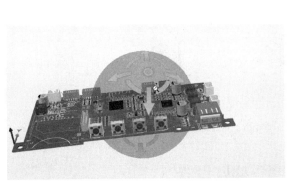

图 5-194　PCB 的旋转

5.107　打开 PCB 时会提示 "Cannot load 3D model" 错误，如何解决？

使用 Altium Designer 软件设计时，当打开之前做好的 PCB 并移动里面的元器件时就会弹出显示 "Cannot load 3D model from file" 的对话框，如图 5-195 所示。可以按照下面的方式进行解决。

图 5-195　PCB 报错提示

（1）打开问题元器件所在的库（*.libpkg），再打开里面出问题元器件所在的*.pcblib 文件；

（2）转换到 3D 模式下观看，打开左侧"PCB library"列表，一项一项地浏览，当浏览到丢失了 3D step 模型的元器件时程序会显示一个警告对话框，这时的 3D 视图上也会有一个红色框架表示原来的 3D 模型丢失；

（3）双击红色框架里的任何地方会弹出 step 文件导入对话框，单击"Insert step model"重新插入对应的 step 模型然后确定；

（4）如此重复，直到元器件库里的所有元器件 3D 模型都确认之后，再重新编译一下元器件库并保存。

5.108　如何对 PCB 走线进行自动优化处理？

Altium Designer 提供了一个"自动优化走线"功能，可以利用软件识别给布线做一个优化：选择所需要的优化线路，执行菜单命令"布线→优化选中走线"进行走线的优化，如图 5-196 所示对走线优化前后进行了对比，可以发现对路径进行了优化缩短，信号线越短，信号的完整性就会更好。

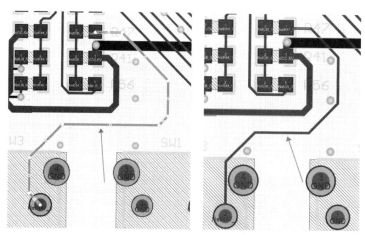

图 5-196　自动优化走线

5.109　如何保存和调用层颜色偏好设置？

在 Altium Designer 软件中可以根据个人习惯对每个层进行颜色设置，使用快捷键 L 打开 View Configuration 面板，在 Layers&Colors 选项中单击每个层前面的"颜色框"可以对颜色进行更改，如图 5-197 所示，前面的 ◉ 用来设置该层在 PCB 中是否进行显示，设置完成之后，可以对用户设置好的参数进行导出，然后在下一个 PCB 文件中导入该 PCB 的颜色参数，这样就避免了重复对层颜色进行设置。

注意：需要在 Layers Sets 中添加一个自己的层，否则会出现如图 5-198 所示的报错，提示默认层是否进行导出。

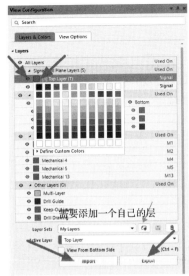

需要添加一个自己的层

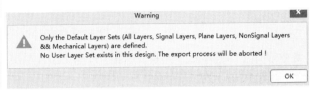

图 5-197　颜色偏好设置保存　　　　　　　图 5-198　设置报错

5.110　PCB 走线中如何检查走线不良的连接?

在 Altium Designer 软件中经常会遇到一些接触不良的走线连接，但是进行 DRC 检查开断路的时候是查不出来的，往往这个接触不良的连接会使后期生产出来的板出现开路现象。可以拷贝一个版本进行检查：

（1）可以利用查找相似的操作将所有走线进行选中，单击右键，在选项中选择"查找相似对象"，然后在弹出的窗口中采用默认设置进行确定。

（2）在执行完第一步之后，所有的走线都被选中了，此时可以在属性框中将线宽改为"1mil"，如图 5-199 所示。

（3）更改之后，运行快捷键"T+D+R"，如果有接触不良的问题，即可检查出来，检查出来的问题在原版本上进行更改替换即可，如图 5-200 所示。

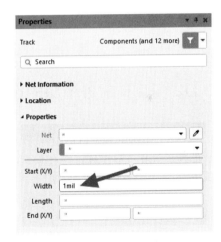

图 5-199　批量更改线宽

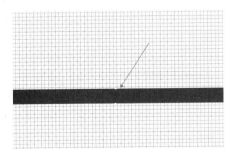

图 5-200　接触不良的表现

5.111 如何跳转到任意坐标?

进行 DRC 检查之后，在 Message 报告中显示出错误，如图 5-201 所示，由于软件的某些原因，进行双击无法跳转到错误位置，或者跳转的位置显示区域过大无法查看到具体错误，此时可以利用跳转至错误的坐标进行精准定位。

图 5-201　Message 错误提示

选中设计上的任意一个元素（过孔、焊盘、走线都可以），执行菜单命令"编辑→跳转→新位置"，如图 5-202 所示。

图 5-202　设置跳转坐标

5.112 PCB中各个层的作用是什么?

（1）Mechanical（机械层）。顾名思义，机械层是进行机械定型的。它也可以用于设置电路板的外形尺寸，数据标记、对齐标记、装配说明，以及其他的机械信息。这些信息因设计公司或 PCB 制造厂家的要求而有所不同。另外，机械层可以附加在其他层上一起输出显示。

（2）Keep out layer（禁止布线层）。该层用于定义在电路板上能够有效放置元件和布线的区域。在该层绘制一个封闭区域作为布线有效区，在该区域外是不能自动布局和布线的。禁止布线层是定义我们在布带有电气特性的元素时的边界，也就是说先定义了禁止布线层后，在以后的布线过程中，所布的具有电气特性的线不可能超出禁止布线层的边界，常常有些习惯性地把禁止布线层作为机械层来使用，这种方式其实是不对的，所以建议进行区分，否则每次生产的时候板厂都要进行属性变更。

（3）Signal layer（信号层）：信号层主要用于布置电路板上的导线，包括 Top layer（顶层）、Bottom layer（底层）和 30 个中间层。Top 层和 Bottom 层放置器件，中间层进行走线。

（4）Top paste 和 Bottom paste 是顶层、底焊盘钢网层，和焊盘的大小是一样的，做 SMT 的时候可以利用这两层来进行钢网制作，在钢网上挖一个焊盘大小的孔，再把这个钢网罩在 PCB 上，用带有锡膏的刷子一刷就很均匀地刷上锡膏了，如图 5-203 所示。

（5）Top Solder（顶层阻焊）和 Bottom Solder（底层阻焊）是阻焊层用来阻止绿油覆盖的，也就是常说的"开窗"，常规的铺铜或走线都是默认覆盖绿油的，如果相应地在阻焊层处理，就会阻止绿油覆盖，会把铜露出来，如图 5-204 所示可以看出两者的区别。

图 5-203   电路板钢网

图 5-204   PCB 中的开窗与未开窗

（6）Internal plane layer（内部电源/接地层）：该类型的层仅用于多层板，主要用于布置电源线和接地线，我们通常所说的双层板、四层板、六层板，一般是指信号层和内部电源/接地层相加之后的数目。

（7）Silkscreen layer（丝印层）：丝印层主要用于放置印制信息，如元件的轮廓和标注、各种注释字符等。Altium Designer 提供了 Top Overlay 和 Bottom Overlay 两个丝印层，分别放置顶层丝印文件和底层丝印文件。

（8）Multi layer（多层）：电路板上焊盘和穿透式过孔要穿透整个电路板，与不同的导电图形层建立电气连接关系，因此系统专门设置了一个抽象的层——多层。一般，焊盘与过孔都要设置在多层上，如果关闭此层，焊盘与过孔就无法显示出来。

（9）Drill drawing（钻孔层）：钻孔层提供电路板制造过程中的钻孔信息（如焊盘、过孔就需要钻孔）。Altium Designer 提供了 Drill gride（钻孔指示图）和 Drill drawing（钻孔图）两个钻孔层。

5.113   有什么方式能够对 PCB 进行快速拼板？

图 5-205 所示是一张要作为范例的 PCB 图。接下来我们要在一张新的 PCB 图里拼出 2×3 张 PCB 阵列。

（1）执行菜单命令"放置→拼板阵列"，放置一个拼板阵列，如图 5-206 所示。

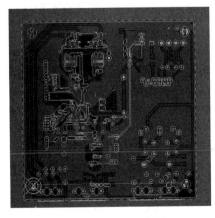

图 5-205   PCB 单板

图 5-206   PCB 的拼板阵列

（2）双击拼板阵列，在属性中将 PCB 文件加载进来，然后设置其个数与拼板之间的间距，其中"Column Count"是列数,"Row Count"是行数,Row Spacing 和 Column Spacing 是拼板之间的间距,如图 5-207 所示。

（3）放置阵列板到 PCB 图上,调整好位置刚好居中即可,并且重新定位 PCB 的原点到阵列板的原点上,如图 5-208 所示。

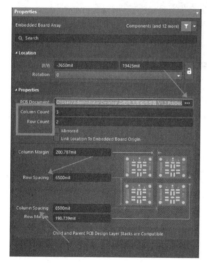

图 5-207　拼板阵列放置

图 5-208　拼板阵列示意图

（4）由于这类拼板为规则的矩形,因此采用 V-CUT 拼板方式,需要在机械层绘制 V-CUT 的线,实际上也就是每一块 PCB 的板框线及需要做切割的线,如图 5-209 所示,通过这种方式告知板厂如何生产。

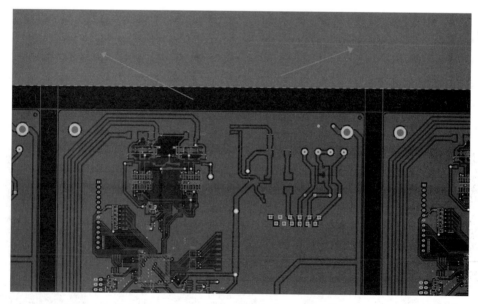

图 5-209　V_CUT 线的绘制

（5）完整的拼板设计如图 5-210 所示,接下来要做的工作就是把 PCB 阵列板转换成 GERBER 图。具体的操作过程这里就不做详细介绍了,要注意的是,把 GERBER 图发给板厂后,还需要和板厂的技术人员做好细节沟通,避免因沟通失误而造成损失。

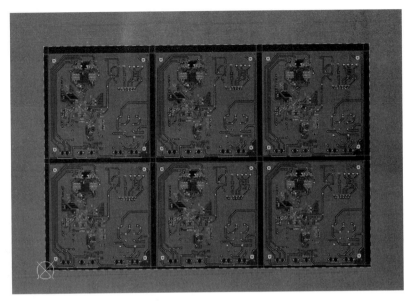

图 5-210　完整的拼板设计

5.114　使用拼板阵列功能时无法输入相关参数是什么原因?

Altium Designer 软件提供了一个非常方便且快捷的拼板功能，即拼板阵列功能。当执行这个功能之后，在其属性中可以输入拼板之间横向间距及纵向间距的相关参数，但是由于 Altium Designer 软件默认属性框大小的原因会导致无法找到输入相关参数的位置，如图 5-211 所示。遇到这种情况的解决方法为：选择属性框边缘向外拖拽，从而将属性框进行扩大，其输入相关参数的位置就会显示出来，如图 5-212 所示。

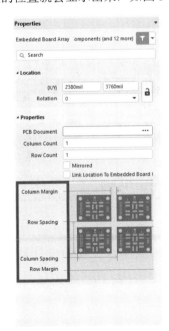

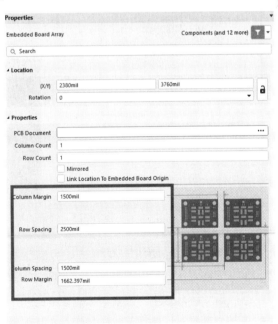

图 5-211　阵列拼板的属性　　　　　　　图 5-212　阵列拼板属性参数的设置

5.115　如何创建一个丝印层能避让的丝印白油？

在设计过程中，可能会利用一些不规则的白油来达到自己想要的设计效果。操作如下：

（1）在表层铺个铜皮，会自动避开焊盘。

（2）然后选中铺铜执行"工具→转换→打散多边形铺铜"。

（3）选中处理好的铜皮更换下层属性即可实现此要求，如图 5-213 至图 5-215 所示。

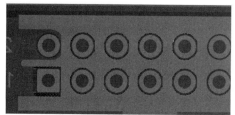

图 5-213　丝印白油完美避让

图 5-214　打散多边形铺铜

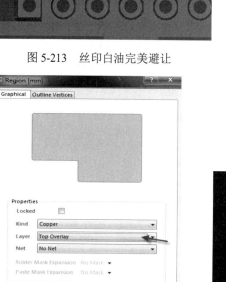

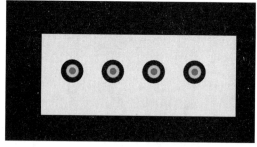

图 5-215　铺铜的层属性被更改

小助手提示

● 由于此时铺的铜皮是一个无网络的铜皮，所以需要将图 5-216 所示的"Remove Dead Copper"的勾移除，否则是不能显示的。

● 在铺铜选项中，选择第一种铺铜模式，否则执行"工具→转换→打散多边形铺铜"命令时得不到想要的效果。

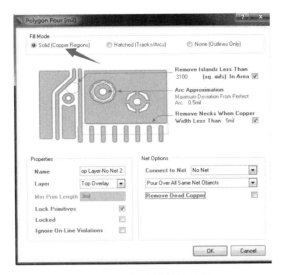

图 5-216　铜皮属性的选择

5.116　设置规则时提示 "Some rules have incorrect definitions", 如何处理?

规则设置完成后单击应用弹出如图 5-217 所示的报错提示, 这个报错表示有些规则未正确定义, 也就是说设置的规则有问题, 出现这样的提示后需要对所设置的规则进行检查, 检查完成后应用即可。但是有时也会出现规则没有设置错误还是弹出这样的提示的现象, 此时只需要把该规则删除, 再重新添加一个规则进行设置即可, 如果还是不行, 可以重新启动一下软件就能解决。

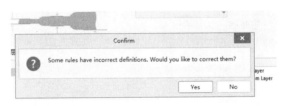

图 5-217　报错示意图

5.117　PCB中对器件或走线进行复制时, 如何可以带网络复制?

通常使用 "Ctrl+C" "Ctrl+V" 所进行的复制、粘贴元素是不带网络的, 如果需要在粘贴的时候将元素上的网络一起粘贴过去, 则需要利用 Altium Designer 中的特殊粘贴功能, 将元素选中进行 "Ctrl+C" 后, 使用快捷键 "E+A" 在弹出的窗口中将 "保持网络名称" 进行勾选后单击粘贴, 带网络的复制粘贴就完成了, 如图 5-218 所示。

图 5-218　特殊粘贴的使用

5.118 如何对元器件进行对齐等间距布局操作，有哪些注意事项？

Altium Designer 提供非常方便的对齐功能，如图 5-219 至图 5-222 所示，可以对选中的元件、过孔、走线等元素实行向上对齐、向下对齐、向左对齐、向右对齐、水平等间距对齐、垂直等间距对齐。

图 5-219　移动命令菜单

图 5-220　元器件移动

图 5-221　对象的坐标精准移动

图 5-222　对齐功能

对齐操作和原理图类似，这里不再进行详细说明，下面只提供快捷键的说明，具体释义可以参考前文内容。

Align Left	向左对齐（快捷键"A+L"）
Align Right	向右对齐（快捷键"A+R"）
Distribute Horizontally	水平等间距（快捷键"A+D"）
Align Top	向上对齐（快捷键"A+T"）
Align Bottom	向下对齐（快捷键"A+B"）
Distribute Vertically	垂直等间距（快捷键"A+S"）

5.119　PCB 上的钻孔文件信息应该在哪里进行查看?

在 PCB 设计完成以后,需要输出相关的光绘文件,在这之前需要提取钻孔信息,这里讲解一下如何查看 PCB 文件上的钻孔信息,具体操作如下:

(1)在 PCB 界面右下角执行"Panels→PCB"。

(2)在弹出的 PCB 窗口中,选择"Hole Size Editor"选项,窗口中就显示了 PCB 钻孔信息,如图 5-223 所示。

图 5-223　Hole Size Editor

Symbol:钻孔的图形符号。

Hole Size:钻孔的尺寸。

Hole Type:钻孔的类型。

Plated:是否为金属化钻孔。

5.120　在 PCB 中应如何提取钻孔符号的表格文件?

利用 Altium Designer 可以将钻孔信息直接放置在 PCB 界面操作,从而方便用户进行钻孔信息查看。

执行菜单命令"放置→钻孔表",软件会自己采集所使用的钻孔信息,然后生成一个表格,通过鼠标选择位置放置即完成了操作,如图 5-224 所示。

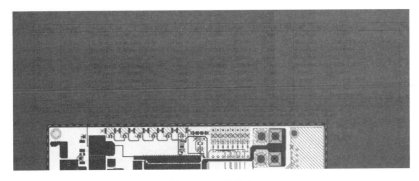

图 5-224　钻孔表

本章小结

    本章以 120 个问答的形式，详细讲述了使用 Altium Designer 软件绘制 PCB 的方法及注意事项，旨在让学习者熟练掌握 PCB 设计中的基本概念、熟练掌握使用 Altium Designer 软件、熟练掌握使用 Altium Designer 软件绘制 PCB、熟练掌握 Altium Designer 软件操作实战的各类技巧，以及熟练掌握使用 Altium Designer 软件进行 PCB 设计实战中各种问题的解决办法。

    书中的每一个问题作者均录制了完整的视频教程，可以在书籍背面的素材二维码中找到，通过视频和图文相结合的方式，可以让读者生动、形象地理解书中阐述的知识点。

第6章

其他综合常见问题解答 90 例

学习目标

➢ 进一步掌握使用 Altium Designer 软件的方法。

➢ 更充分了解和理解遇到的问题。

6.1 如何快速自定义 PCB 快捷键?

在使用 Altium Designer 软件进行 PCB 设计的时候,可以发现软件的快捷键多种多样,如果只利用系统默认的快捷键进行 PCB 设计,基于设计速度优先,就可以把这类默认的快捷键设置为自己喜欢的或方便的快捷键。Altium Designer 的自定义方法有两种。

第一种:

(1) 在菜单栏的空白处单击右键,选择 Customize 命令,如图 6-1 所示。

(2) 打开如图 6-2 所示的对话框,在左边栏中选择"All",在右边栏中找到需要设置快捷键的项并双击,如图 6-2 所示,进入快捷键设置界面。

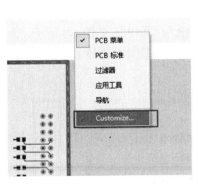

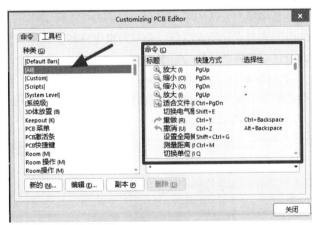

图 6-1　执行 Customize 命令　　　　图 6-2　选择需要设置快捷键的项

(3) 在图 6-3 中的"可选的"栏中输入需要设置的快捷键,如"F2",即可给操作设置对应的快捷键。

第二种：

（1）把鼠标指针放置在需要设置的菜单命令上，按住 Ctrl 键并单击左键，就可以直接进入如图 6-3 所示的快捷键设置界面。

（2）同第一种方法一样设置即可。

图 6-3　快捷键设置界面

6.2　怎么测量点对点的距离，以及怎么测量边缘与边缘之间的距离？

Altium Designer 提供了两种测量方式，一种是点对点的测量，另一种是边缘与边缘的间距测量。具体操作方法如下：

（1）点对点的距离测量：命令为报告→测量距离，快捷键为"Ctrl+M"，如图 6-4 所示，激活命令之后想测哪里单击哪里即可。

（2）边缘与边缘的间距测量：命令为报告→测量，快捷键为"R+P"，如图 6-5 所示，激活命令之后单击需要测量边缘的物体，只需碰到物体，测量的距离是物体与物体最近的地方的距离，即边缘与边缘的距离。

图 6-4　点对点的距离测量命令

图 6-5　边缘与边缘的测量间距命令

6.3 Altium Designer 中如何快速删除整个网络的走线?

一般在设计中可以框选或线选某些元素进行删除,但有些走线会比较长,如果一段一段选中后再删除比较麻烦,是否可以一键删除该网络的走线呢?

在 Altium Designer 17 以下的版本中,可以执行菜单命令"工具→取消布线→连接"对整体走线进行删除。而在 Altium Designer 17 或更高的版本中,执行操作"布线→取消布线→连接",可以单独删除该网络的所有走线,如图 6-6 所示。

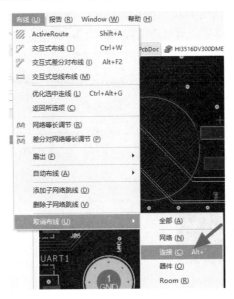

图 6-6 删除单根网络的布线

6.4 设计时无意中打开了放大镜,该如何关闭?

如图 6-7 所示,在 PCB 设计界面无意中把放大镜打开了,应该如何操作将其关闭?

放大镜的作用主要是方便设计者进行线路查看,可以通过快捷键"Shift+M"打开或关闭。

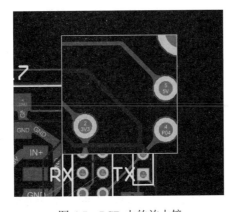

图 6-7 PCB 中的放大镜

6.5　如何消除 PCB 封装本身焊盘和焊盘间距的报错?

在将原理图以网表导入或直接导入的方式导入到 PCB 的过程中, 有时可以看到同封装的焊盘在进行绿色报错, 一般情况下这是多管脚的 IC 元器件报错。例如, 可以看到如图 6-8 所示的报错情况。遇到这样的情况应该如何处理?

（1）在"设计"菜单栏中选择"规则"选项, 打开"PCB 规则及约束编辑器"对话框, 如图 6-9 所示。

（2）在"PCB 规则及约束编辑器"对话框中找到"Clearance"并单击弹出规则设计界面。在其设计界面中, 勾选"忽略同一封装内的焊盘间距", 如图 6-9 所示。

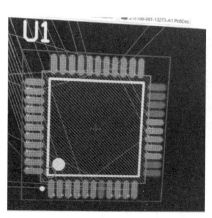

图 6-8　同封装焊盘间距报错情况

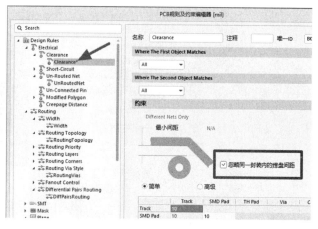

图 6-9　间距规则设置

（3）设置完成后, 需要单击"应用"按钮才能实现。当关闭"PCB 规则及约束编辑器"对话框返回 PCB 设计界面时, 对应同封装焊盘报错的元器件依然为绿色报错, 需要执行快捷键"T+M"进行错误标记复位。

6.6　PCB 设计完成之后, 文件特别大的原因及解决办法是什么?

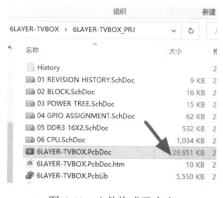

图 6-10　文件格式及大小

设计完 PCB 进行保存的时候, 在文件夹里看到此刻的 PCB 文件非常大, 是否可以在不改变设计文件的前提下压缩文件的大小呢? 答案是肯定的, 首先可以通过图 6-10 所示文件查看文件的原始大小。

（1）单击右上角 ✿ 图标, 或者按快捷键"T+P", 打开 Altium Designer 软件的"优选项"系统参数设置界面。

（2）在对应的系统参数对话框中选择"PCB Editor-True Type Fonts"选项卡, PCB 文件较大的原因就是存在中文字库, 需要在对应的"True Type Fonts"界面取消勾选"嵌入 TrueType 字体到 PCB 文档", 如图 6-11 所示。

（3）设置完成之后, 一定要将右下角的"应用"进行勾选，才能执行刚刚在选项卡中的每项设置。操作完成之后重新进行保存就能在对应的文件夹下看到 PCB 文件明显变小，如图 6-12 所示。

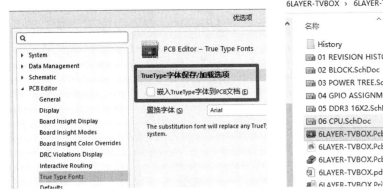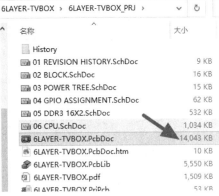

图 6-11　系统参数选项卡　　　　　　　图 6-12　更改之后的文件大小

6.7　如何更改 Altium Designer 软件整个界面的主题颜色？

许多 Altium Designer 09 等低版本的用户习惯了白色的皮肤主题颜色，不太习惯高版本的有黑色金属科技感的主题颜色。这也是用户使用软件界面颜色的一种习惯，所以如何更改主题颜色显得至关重要。

（1）在 Altium Designer 软件右上角，单击 ⚙ 图标进入参数设置界面。

（2）找到"System-View"选项卡，在"UI Theme"处将 Current 切换成"Altium Light Gray"，如图 6-13 所示。

图 6-13　Altium Designer 主题切换

（3）单击右下角的"OK"按钮，在弹出的窗口中选择"OK"。

（4）关闭 Altium Designer 软件，然后重新打开即可切换成功。切换之后可以从图 6-14 和图 6-15 中看出两者的对比。

图 6-14　科技黑主题

图 6-15　明亮主题

6.8　Altium Designer 中如何抓取圆环的圆心移动？

抓取圆心移动能够更加方便地进行精确设计，那么如何能更快速地抓取到圆心呢？操作如下：

在 Altium Designer 软件中，可以放置一个辅助过孔到圆心，移动圆环时直接抓取过孔的圆心即可，至于怎么将过孔放到圆心，则可以利用坐标来实现，如图 6-16 所示。

具体操作如下：

（1）将孔的坐标改为圆心的坐标。

（2）选中圆，按快捷键"M+S"，抓取圆心移动。

（3）在 Altium Designer 17 等高版本中直接拖动即可自动抓取到圆心。

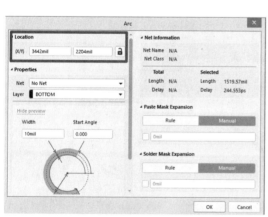

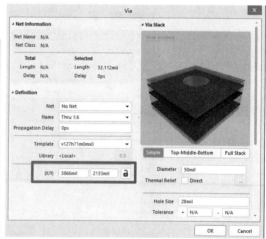

图 6-16　圆弧和过孔的坐标

6.9　如何对 Altium Designer 系统参数的偏好设置进行保存与调用？

通常在系统参数中将某些参数设置完成之后，再进行 PCB 设计。可是如果每次设计 PCB 都重新设置一遍系统参数就会非常麻烦，是不是可以将每次推荐的系统参数设置导出为一个文件再进行调用及保存就会更加方便。具体方法如下：

（1）在系统参数对话框将参数完全设置好之后，单击左下角的"保存"选项，如图 6-17 所示。

（2）之后就会弹出一个保存优选项对话框，如图 6-18 所示，选择保存类型为后缀是 ".DXPPrf" 的参数文件，并保存好路径。

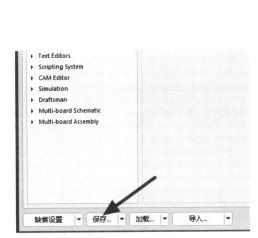

图 6-17　系统参数设置

图 6-18　系统参数的保存

（3）保存好文件之后同（1）和（2）步操作，则可以直接单击"加载…"选项进行调用。

6.10　如何将 Logo 图片导入 PCB 中？

Logo 是识别一个企业的重要标识之一。如果 Logo 是 CAD 文件，则可以直接按照前面介绍的 DXF 文件的导入方法进行导入；如果 Logo 是图片文档，则可以按照如下操作步骤进行导入。

（1）首先进行位图的转换。利用 Windows 画图工具，把图片转换成单色的 BMP 位图，如果转换成单色位图失真了，则可以转换成 16 色位图或其他位图，但一定要是位图才行，如图 6-19 所示。当 Logo 图片的像素较高时，转换后的 Logo 才更清晰，转换完成之后放置到桌面上。

（2）接着开始导入步骤。打开 Altium Designer，执行菜单命令"文件→运行脚本…"，进入选择脚本界面，选择"From file…"选项，如图 6-20 所示，在"C:\Program Files(x86)\Altium19\Examples\Scripts\Delphiscript Scripts\Pcb\PCB Logo Creator"路径下找到 PCB Logo 导入的脚本"PCBLogoCreator.PRJSCR"，单击"打开"按钮。

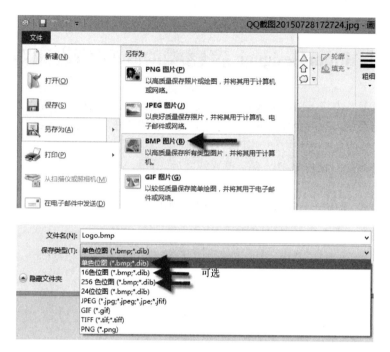

图 6-19 位图的转换

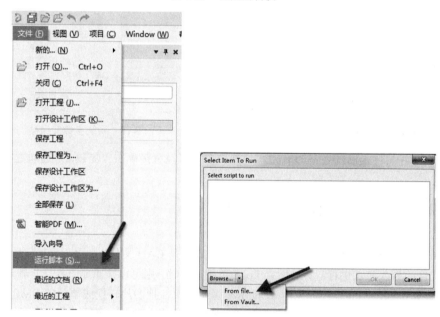

图 6-20 加载 Logo 转换脚本

 小 助 手 提 示

在以上路径下没有 Logo 转换脚本的，可以联系作者进行获取，或者在 PCB 联盟网上搜索"脚本"进行获取。

（3）单击加载的脚本，进入 Logo 导入向导，对其向导参数进行设置，如图 6-21 所示。

① Load：加载之前已经转换好的位图。

② Board Layer：选择好 Logo 需要放置的层。

③ Image size：预览导入之后的 Logo 大小。

④ Scaling Factor：导入比例尺，根据预览的图片尺寸可以调节比例尺，从而调节出想要的 Logo 大小。

⑤ Negative：反色设置，一般不勾选，读者可以自己尝试效果。

⑥ Mirror X：关于 X 轴镜像。

⑦ Mirror Y：关于 Y 轴镜像。

（4）设置好参数之后，单击"Convert"按钮进行 Logo 转换，等待几分钟之后，转换完成，即可查看效果图，如图 6-22 所示。

图 6-21　Logo 转换设置　　　　　　　　　　图 6-22　Logo 转换效果图

（5）导入之后，如果对大小不是很满意，则可以通过创建"联合"来进行调整。

① 框选导入之后的 Logo，单击右键，选择执行命令"联合→从选中的器件生成联合"，创建好"联合"，如图 6-23 所示。

② 在 Logo 上再次单击右键，选择执行命令"联合→调整联合的大小"，如图 6-24 所示。

图 6-23　创建"联合"　　　　　　　　　图 6-24　调整联合的大小

（6）激活调整大小命令之后，单击 Logo，这时会出现调整 Logo 大小的调整点，拖动调整点即可变大或缩小，如图 6-25 所示。

图 6-25　大小变更预览

（7）如果需要转换成元件方便下次调用，则可以直接框选复制这些 Logo 元素，新建一个元件封装并粘贴到里面，下次调用的时候直接放置就可以，如图 6-26 所示。

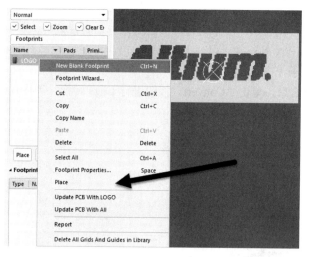

图 6-26　Logo 封装的创建

6.11　PCB 中放置的钻孔表是空白的，如何处理？

在进行 PCB 设计的时候，需要将钻孔表放置在 PCB 界面，但是有时候放置的钻孔表是一个空的状态，里面没有任何数值信息可以提供显示，这时应该如何处理？

（1）首先来看一下如何放置钻孔表。在放置菜单栏中找到"钻孔表"命令，如图 6-27 所示。

（2）单击"钻孔表"命令，钻孔表就会黏附在光标上，单击左键即可放置钻孔表，如图 6-28 所示。

图 6-27　找到"钻孔表"命令

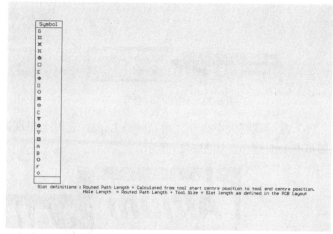

图 6-28　放置钻孔表

（3）可以看到此刻放置的钻孔表没有任何数值显示，是一个空的钻孔表。如何才能将钻孔表内的对应数值显示出来呢？选中钻孔表，在右下角执行"Panels→Properties"，打开钻孔表对应的属性框，选择属性框中的"Edit Columns"，如图 6-29 所示。

（4）在弹出的"Columns"对话框中，单击左下角的"Add Column"按钮，在展开的参数名称中，将需要显示的参数按照自己的设计需求进行勾选即可，如图 6-30 所示。

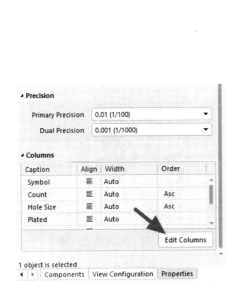

图 6-29　钻孔表属性框　　　　　　　图 6-30　钻孔表参数选择

（5）完成之后可以看到钻孔表的输出效果，如图 6-31 所示。

Symbol	Count	Hole Size	Plated	Routed Path Length	Hole Length	Via/Pad	Drill Layer Pair	Template	Description
G	197	10.00mil (0.264mm)	PTH	-	-	Via	Top Layer - Bottom Layer	v51h25	
⌧	6	21.65mil (0.550mm)	PTH	-	-	Pad	Top Layer - Bottom Layer	c110h55	
✕	3	27.56mil (0.700mm)	PTH	-	-	Pad	Top Layer - Bottom Layer	c138h70	
⌶	2	30.00mil (0.762mm)	PTH	-	-	Pad	Top Layer - Bottom Layer	r130_200h76r100	
⊕	16	35.00mil (0.889mm)	PTH	-	-	Pad	Top Layer - Bottom Layer	(Mixed)	
□	41	35.43mil (0.900mm)	PTH	-	-	Pad	Top Layer - Bottom Layer	(Mixed)	
E	9	38.00mil (0.965mm)	PTH	-	-	Pad	Top Layer - Bottom Layer	(Mixed)	
✿	6	39.37mil (1.000mm)	PTH	-	-	Pad	Top Layer - Bottom Layer	(Mixed)	
D	3	39.37mil (1.000mm)	PTH	78.74mil (2.000mm)	118.11mil (3.000mm)	Pad	Top Layer - Bottom Layer	r457_203h100_300r100	
◇	78	40.00mil (1.016mm)	PTH	-	-	Pad	Top Layer - Bottom Layer	(Mixed)	
✖	4	40.16mil (1.020mm)	PTH	-	-	Pad	Top Layer - Bottom Layer	(Mixed)	
✿	1	43.31mil (1.100mm)	PTH	-	-	Pad	Top Layer - Bottom Layer	c110h110	
C	3	47.24mil (1.200mm)	PTH	-	-	Pad	Top Layer - Bottom Layer	c200h120	
▽	2	53.15mil (1.350mm)	NPTH	-	-	Pad	Top Layer - Bottom Layer	c135hn135	
⊕	2	59.06mil (1.500mm)	NPTH	-	-	Pad	Top Layer - Bottom Layer	c150hn150	
▽	2	59.06mil (1.500mm)	PTH	-	-	Pad	Top Layer - Bottom Layer	c150h150	
⊡	10	62.99mil (1.600mm)	PTH	-	-	Pad	Top Layer - Bottom Layer	r220_250h160r100	
A	1	64.96mil (1.650mm)	PTH	-	-	Pad	Top Layer - Bottom Layer	c195h165	
B	1	90.55mil (2.300mm)	PTH	-	-	Pad	Top Layer - Bottom Layer	c350h230	
O	1	100.00mil (2.540mm)	PTH	-	-	Pad	Top Layer - Bottom Layer	c264h254	
F	2	110.00mil (2.794mm)	PTH	-	-	Pad	Top Layer - Bottom Layer	c381h279	
◇	4	125.98mil (3.200mm)	NPTH	-	-	Pad	Top Layer - Bottom Layer	c320hn320	
	394 Total								

Slot definitions : Routed Path Length = Calculated from tool start centre position to tool end centre position.
Hole Length = Routed Path Length + Tool Size = Slot length as defined in the PCB layout.

图 6-31　钻孔表的输出效果

6.12　进行 PCB 布线时如何使用强大的自动布线功能？

随着软件版本的逐渐升级与优化，随之增加的一些新功能也需要了解并学会使用，如 Altium

Designer 高版本中的自动布线功能，对于 PCB 布线有非常大的帮助。下面介绍如何使用这个强大的自动布线功能（PCB ActiveRoute）。

（1）创建网络类，如图 6-32 所示。

（2）需要对器件进行扇孔，并对其间距规则、线宽规则和高速信号长度规则进行设置，如图 6-33 所示。

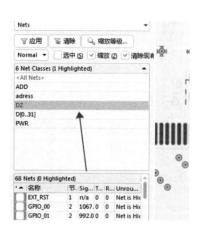

图 6-32　创建网络类

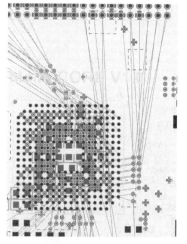

图 6-33　对器件进行扇孔

（3）建立好规则之后可以开始走线。在 PCB 界面的右下角执行"Panels→PCB ActiveRoute"打开 ActiveRoute 自动布线辅助工具，如图 6-34 所示。

（4）在弹出的自动布线对话框中可以了解每个分栏的作用，如图 6-35 所示。

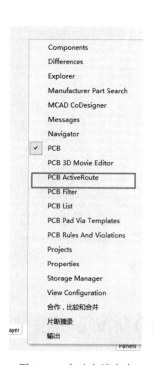

图 6-34　自动布线命令

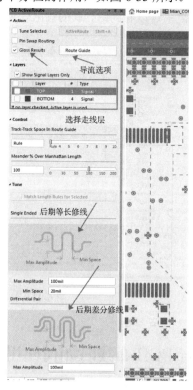

图 6-35　自动布线对话框

（5）回到 PCB 界面，执行"Alt+左上角滑动"操作选中需要布线的飞线，单击"ActiveRoute"对话框中的"Route Guide"进行走线路径的引导，如图 6-36 所示。

（6）轨迹走线完成之后，单击"ActiveRoute"或按快捷键 Shift+A 进行自动布线。

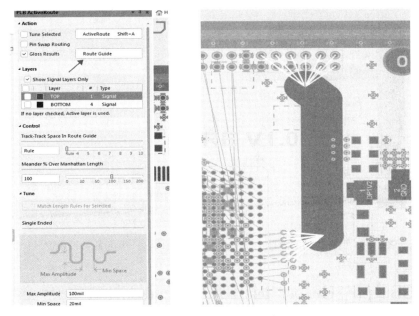

图 6-36　自动布线轨迹选择

6.13　在 CAM 文档中如何测量 Gerber 的距离？

有时将 Gerber 文件输出之后需要对里面元件与元件或元件与其他参数之间的距离进行测量，操作步骤如下：

（1）打开输出的 Gerber 文件，在"分析"菜单栏中可以看到"测量"命令，如图 6-37 所示。"测量"命令中包含点到点测量、对象到对象测量、网络到网络测量，此处以点到点测量为例进行选择。

（2）选择对应的测量选项之后，单击需要测量的两点，再单击右下角"Panels"中的"CAMtastic"命令，如图 6-38 所示，对应的数据显示如图 6-39 所示。

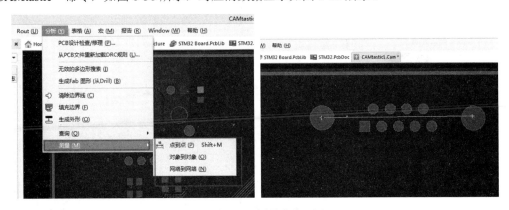

图 6-37　测量命令

图 6-38　两点之间的测量　　　　　　图 6-39　测量距离及单位显示

6.14　PCB 导出 Gerber 时出现 "legend is not interpreted until output" 的标准解决方法是什么?

Altium Designer 20 在导出 Gerber 的时候，Drill Drawing 层的 ".legend" 出现 "Legend is not interpreted until output"（即使在最终的输出中没有变化），从而导致导出 Gerber 时并没有对应的显示标识。这个问题在高版本中最常见，常见的原因是在放置钻孔表时，对应的选项没有被设置。

（1）在"放置"菜单栏中选择"钻孔表"命令，将钻孔表放置在对应的 PCB 界面，如图 6-40 所示。

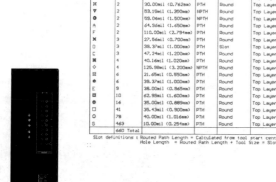

图 6-40　放置钻孔表

（2）然后双击钻孔表，在弹出的属性对话框中单击右下角的"Edit Columns"按钮，添加

"Template"选项，如图 6-41 所示。

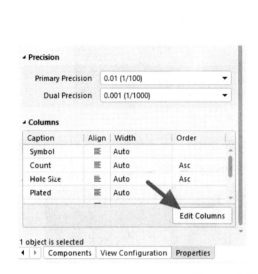

图 6-41　添加"Template"选项

（3）选择"Template"之后单击"确定"按钮，可以看到钻孔表中会多输出对应属性一栏，之后重新导出 Gerber 文件即可。

6.15　如何对 Altium Designer 软件中板框的四个边进行倒角？

一般来说，倒角的作用是使 PCB 的直角变为钝角或圆角，避免其太尖锐而划伤别的物体，同时有利于装配。圆形孔不需要倒角，方形孔或长方形孔是否需要倒角要看具体情况。

（1）在板框的顶角处放置一个过孔。

（2）选中过孔，按快捷键"M"，然后选择"通过 X,Y 移动选中对象…"命令，在弹出的对话框中填入 X 轴移动多少可以实现过孔精准移动，如图 6-42 所示。

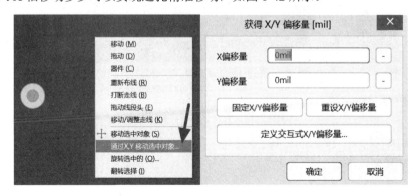

图 6-42　过孔的精准移动

（3）以顶角为坐标复制该过孔，再按空格键旋转到 Y 轴上，在 Y 轴上得到与 X 轴上一样的过孔。通过抓取过孔中心画一根经过这两个孔的线，再删掉过孔，如图 6-43 所示。

图 6-43　复制过程

（4）以顶点为中心复制这条线，把它粘贴到 4 个角上，修好 4 个角的线，这时倒角就画好了，如图 6-44 所示。

图 6-44　PCB 板框的倒角

6.16　PCB 中的走线怎么显示长度信息？

走线显示长度信息一般有两种方法。

1. 显示实时走线长度

（1）可以在软件最下面一栏中实时查看，如图 6-45 所示。

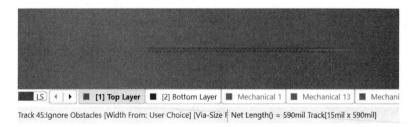

图 6-45　显示实时走线长度

（2）在走线状态下，按"Shift+H"快捷键，在 PCB 界面的左上角即可以实时查看该走线的长度信息，如图 6-46 所示。

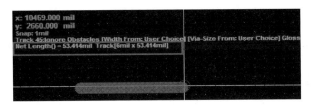

图 6-46　走线长度的实时显示

2．查看已经走线的长度

（1）将鼠标指针放置到需要查看走线长度的走线上，按住 Ctrl 键，并单击鼠标中键，即可查看当前走线的长度，如图 6-47 所示。

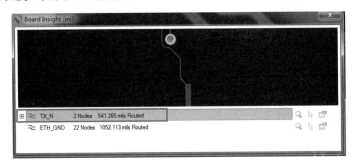

图 6-47　走线长度的显示

（2）当一根信号线中串了一个电阻时，按"Ctrl+H"键先选中这两段线，再按"R+S"键就能得出两根线的长度。

6.17　如何查看已经设定好的快捷键？

对于在一些设计中经常需要使用的操作，常规做法是设定特定的快捷键来提高设计速度。但是设定过后偶尔会忘记，这时就需要去软件中查看指定了哪些快捷键。

（1）在菜单栏空白处单击右键，在弹出的菜单中选择"Customize..."，如图 6-48 所示。

（2）弹出"Customizing PCB Editor"对话框，单击左栏中的"PCB 快捷键"，右栏中就会显示出 Altium Designer 软件中命令对应的快捷方式，即快捷键，如图 6-49 所示。

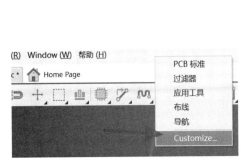

图 6-48　单击"Customize..."命令

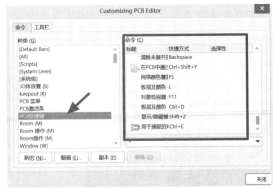

图 6-49　菜单命令对应的快捷键显示

6.18 更新原理图时，如果同页原理图的部分功能模块不想导入PCB中，该怎么操作?

可以在原理图中放置"编译屏蔽"。

在原理图界面执行菜单命令"放置→指示→编译屏蔽"或按快捷键"P+V+K"，把不想导入PCB的原理图框起来即可，如图 6-50 所示。

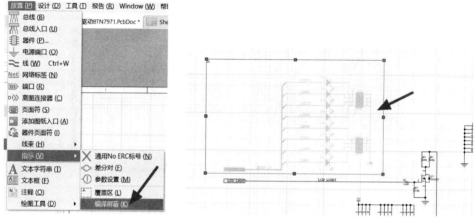

图 6-50　放置编译屏蔽

6.19 如何显示或隐藏 Altium Designer 软件的菜单栏?

（1）右击菜单栏中的白色空白区域，在弹出的菜单中选择"Customize..."命令，如图 6-51 所示。

（2）在弹出的"Customizing PCB Editor"对话框中，选择"工具栏"选项，即会弹出对应的工具栏界面。

（3）在工具栏界面，选择对应要显示或隐藏的"PCB 菜单"，勾选或取消勾选其后的"已经激活"选项，表示菜单栏在 PCB 中的显示或隐藏，如图 6-52 所示。

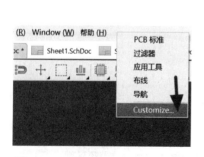

图 6-51　选择"Customize..."命令

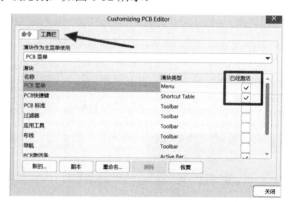

图 6-52　工具栏界面

6.20 如何设置自动保存备份来防止文件丢失？

自动保存可以按照以下步骤进行设置，通常设置为 30 分钟，不过在进行每一个重大操作之前，建议养成手动保存的习惯。

（1）在 PCB 界面右上角，单击系统参数设置图标，打开系统参数设置对话框。

（2）在对应的系统参数设置对话框中，选中左边栏中的"Data Management→Backup"选项，右边栏中会弹出对应的设置框，如图 6-53 所示。建议将自动保存时间设置为 30 分钟，保存路径随自己的设计而定。

图 6-53　自动保存参数设置

6.21 怎么处理过孔中间层的削盘？

在高速串行总线日益广泛应用的今天，无论是 PCIE、SATA 串行总线，还是 GTX、XAUI、SRIO 等串行总线，有时为了增大内层的铺铜面积，特别是 BGA 区域，都需要考虑走线的阻抗连续性及损耗控制，而对于阻抗控制，主要通过减少走线及过孔中的 Stub 线头来对内层过孔进行削盘处理。

（1）双击需要削盘的过孔，打开其属性，选择"Top-Middle-Bottom"模式，把内层焊盘的大小设置为"0"即可，如图 6-54 所示，多个过孔的此类操作可以通过查找相似功能批量处理。

（2）选择"Full Stack"模式，可以单独对某层进行削盘处理，如图 6-55 所示。

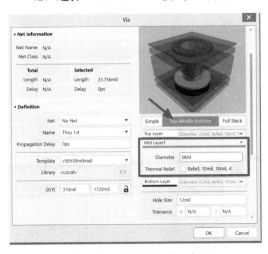

图 6-54　过孔的削盘—内层

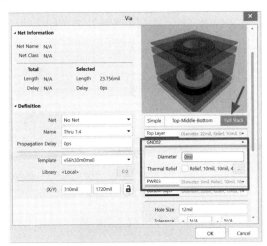

图 6-55　过孔的削盘—分层

6.22 如何设置在BGA类型的PCB设计中会用到的盲埋孔?

盲埋孔顾名思义就是盲孔和埋孔,盲孔是将PCB内层走线与PCB表层走线相连的过孔类型,此孔不穿透整个PCB,埋孔则是只连接内层之间走线的过孔类型,所以从PCB表面是看不出来的。在PCB设计时经常会用到盲埋孔,其在软件中的设置方法如下:

(1)放置一个过孔在PCB上,在放置状态下按Tab键打开此过孔的属性编辑框。

(2)在对应的过孔属性编辑框中找到并单击"Definition"分栏中"Name"选项的"…"图标,如图6-56所示,即可进入盲埋孔添加界面。

(3)在盲埋孔添加界面中,先单击"Via Types"选项,再单击"+"图标,即可添加盲埋孔,如图6-57所示。

图6-56 属性编辑框的选择

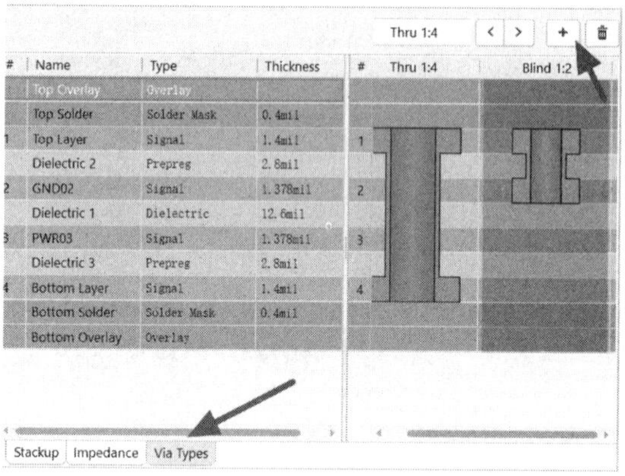

图6-57 盲埋孔的添加

(4)接下来需要在左边的属性编辑框里进行设置,假如要添加一个"2-3"层的埋孔,则按如图6-58所示进行设置。

(5)盲埋孔参数设置完成之后,一定要将此界面保存,否则退出之后还是没有盲埋孔;然后关闭此界面。

(6)退出盲埋孔设置界面回到PCB界面,放置一个过孔,在放置状态下按Tab键进入过孔属性设置对话框,通过更改过孔的"Name"属性来选择放置盲埋孔的类型,如图6-59所示。

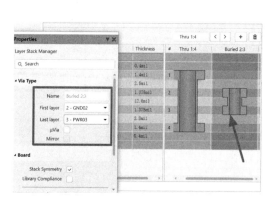

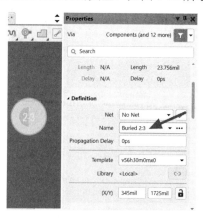

图6-58 盲埋孔参数的设置

图6-59 盲埋孔的放置

6.23 如何解锁 PCB 上的元器件锁定？

有时在进行 PCB 设计时会突然遇到其上的元器件全部或某个不能进行移动但可以选中的情况。这种情况是由于元器件被锁定而导致的不能移动或拖动，下面介绍解锁方法：

（1）在工具栏上单击过滤器的图标，设置只打开"Components"，如图 6-60 所示，然后按"Ctrl+A"键将整个 PCB 上的元器件选中。

（2）选中元器件之后，在右下角的"Panels-Properties"中打开对应的属性框，找到并单击"Location"选项中的锁定图标进行解锁，如图 6-61 所示。

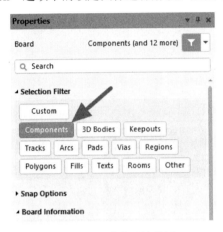

图 6-60　过滤器的使用

图 6-61　元器件的解锁

6.24 如何创建一个圆形的 Cutout？

在 PCB 设计中经常会遇到螺丝孔，一般螺丝孔周边需要禁布走线或铺铜，如果需要禁止铺铜，则需要放置一个圆形的 Cutout，以防止铜皮铺进去。

（1）单击菜单命令"放置→圆弧→圆"，以螺丝孔为中心，放置一个大小合适的圆，如图 6-62 所示。

（2）选中该圆，然后单击菜单命令"工具→转换→从选择的元素创建非铜区域"即可添加一个"Cutout"，这时可以删除放置的圆，如图 6-63 所示。

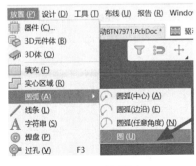

图 6-62　放置圆

图 6-63　添加 Cutout

6.25 如何创建一个和异形板框一模一样的铜皮？

在整板铺铜时，由于 PCB 形状是不规则的，所以可能会给铺铜带来诸多不便，这时需要创建和 PCB 形状一模一样的铜皮，故要以一个更快的方式创建一个铜皮。

（1）选中封闭的异形板框或区域，例如，选中一个圆形的闭合环。

（2）单击菜单命令"工具→转换→从选择的元素创建区域"，如图 6-64 所示，即可创建一个圆形的铺铜。

（3）双击铺铜，可更改铺铜的模式、网络及层属性。

（4）采取同样的方式也可以创建其他异形铺铜，如图 6-65 所示。

图 6-64　异形铺铜的创建命令　　　　图 6-65　异形铺铜的创建

6.26 如何切换 Altium Designer 软件的英文版本？

目前还没有 Altium Designer 软件的官方完全翻译版本，因此所谓的中文版只是目前的中英文混合版本。中英文版本之间的切换操作如下：

右上角执行 ⚙ 图标命令，在"System- General"选项卡里找到"Localization"选项，如图 6-66 所示，勾选本地化设置。勾选之后，重启软件即可切换到中文版本，用同样的方法再做一次可切换回英文版本。

图 6-66　本地化语言资源设置

6.27 如何快速进入 PCB 格点的设置窗口？

在 PCB 的布局与布线过程中，格点的设置至关重要。格点设置太大，会导致许多元器件或走线无法对齐，格点设置太小，则会造成移动区域比较小。以下是 Altium Designer PCB 栅格设置的三种方法。

（1）按快捷键"Ctrl+G"即可打开栅格编辑器，如图 6-67 所示。

图 6-67　栅格编辑器

图中，步进 X 间距为 100mil ，步进 Y 间距为 100mil，其值不可调节。两者的右侧垂直方向有一个类似锁的图标，表示锁定了水平栅格和垂直栅格的比例：垂直栅格随水平栅格同步同值联动调节。

栅格分为粗栅格和细栅格，每 4 个连续的细栅格可以出现一个粗栅格。粗、细栅格的颜色可分别设置。粗、细栅格可以选择线状或点状。

（2）要设置当前栅格的尺寸，只需按快捷键"Ctrl+Shift+G"，打开"Snap Grid"对话框，填入数值即可。布局零件时，建议选择栅格为 100mil，这种情况下布局摆放的零件可以整齐对齐。零件布局摆放完成后，在布线、调整文字丝印位置时，为了能够精细地微调布线、字符丝印的位置，可以把栅格改为 10mil 或 20mil，如图 6-68 所示。

（3）先把鼠标放在 PCB 上一个合适的位置，按快捷键 G，在指针右侧弹出如图 6-69 所示的菜单，可以从中选择英制的或公制的一个栅格尺寸。

图 6-68　设置当前栅格的尺寸

图 6-69　栅格设置

6.28 如何进行器件坐标的导出、导入及布局复制?

器件坐标在处理布局的时候非常有用,如把 A 板的布局导入 B 板中,就可以利用坐标快速实现。

(1)在 A 板 PCB 中单击菜单命令"文件→装配输出→Generates Pick and Place Files"。

(2)在坐标导出对话框中对导出格式和单位进行设置后导出,如图 6-70 所示。

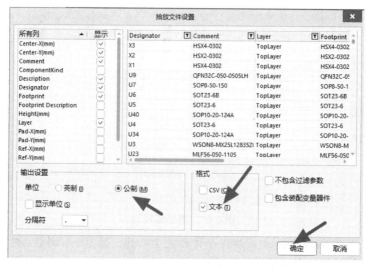

图 6-70　设置导出格式和单位

(3)在 B 板 PCB 中对所有器件执行解锁操作,单击菜单命令"工具→器件摆放→依据文件放置",如图 6-71 所示,在弹出的对话框的文件名中输入".txt",选择刚才 A 板导出的坐标路径,再选择导出的坐标文件,如图 6-72 所示,即可完成器件坐标的导入与布局的复制。

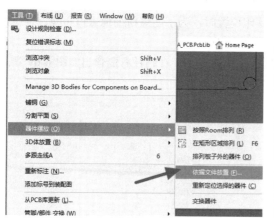

图 6-71　单击"依据文件放置"命令

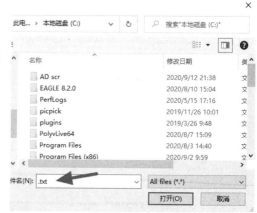

图 6-72　选择导出的坐标路径和坐标文件

6.29　蛇形等长走线时出现锐角或直角，该怎么处理？

如图 6-73 所示，在进行蛇形等长走线的时候会出现直角或锐角。众所周知，锐角或直角走线会带来信号反射，特别是在高速设计中，该怎么解决呢？

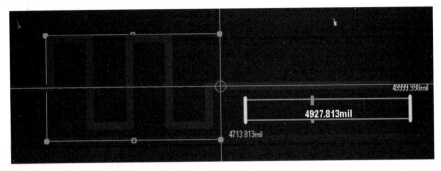

图 6-73　直角的蛇形走线

方法如下：

（1）按快捷键"U+R"进行蛇形等长走线。在等长状态下，执行键盘上的数字"1"或"2"来调整等长走线的形状。

（2）不断执行数字"1"或"2"，可以看到走线形状的变化，切换到需要的状态即可，如图 6-74 所示。

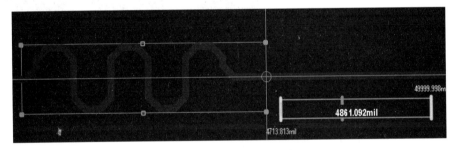

图 6-74　钝角的蛇形走线

6.30　如何高亮显示设置好的数据组？

经常看到在别人的 PCB 里，单击对应的 Class 组时可以对本组网络进行高亮显示，但是在自己的 PCB 中单击 Class 组却无法实现高亮，这是对 Class 组高亮模式的设置导致的。

（1）在 PCB 界面，单击右下角的"Panels→PCB"命令，打开 PCB 属性对话框。

（2）在 PCB 属性对话框中，选择对应的"Nets"选项，同时在如图 6-75 所示的箭头处选择"Mask"选项。

（3）单击对应的 Class 组，本组网络则会高亮显示。

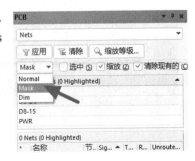

图 6-75　高亮显示 Class 组的设置

6.31　已经走好了的线，如何进行打断处理？

在PCB设计布线中，有时需要把已经走好的线的局部进行删除或更改，如果遇到这种情况，通常可以用打断走线功能来处理。

（1）单击编辑菜单栏，在其分栏中选择"裁剪导线"，如图 6-76 所示，也可以使用软件默认的快捷键"E+K"执行对应的打断命令。

（2）在执行"裁剪导线"命令之后，点选需要裁剪的导线两点，如图 6-77 所示。执行完"裁剪导线"/"打断走线"命令之后，单击右键或按 Esc 键退出对应的命令。

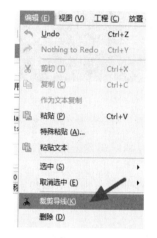

图 6-76　单击"裁剪导线"命令

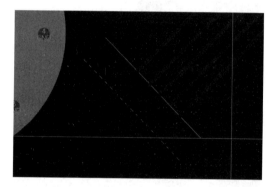

图 6-77　导线被打断

6.32　在PCB中如何创建矩形的槽孔？

对于方形焊盘的过孔，可以通过以下两种方式进行处理。

（1）通常在板框层单击"放置→线条"命令放置一个矩形框，选中此矩形框，执行"工具→转换→以选中的元素创建板切割槽"命令创建一个挖空，如图 6-78 所示。

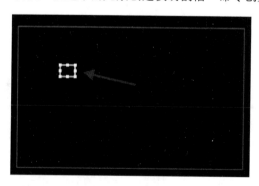

图 6-78　创建矩形挖空

（2）软件本身有一个可以进行矩形挖空的功能，单击菜单命令"放置→焊盘"放置一个焊盘，再双击该焊盘对其属性进行设置，如图 6-79 所示。

- 将焊盘的长设置为 120mil，宽设置为 90mil。
- 选择 Rect 选项，将 Length 同样设置为 120mil，Hole Size 设置为和焊盘宽度一样的值。

从图 6-79 中可以看到和之前一样的矩形挖空。

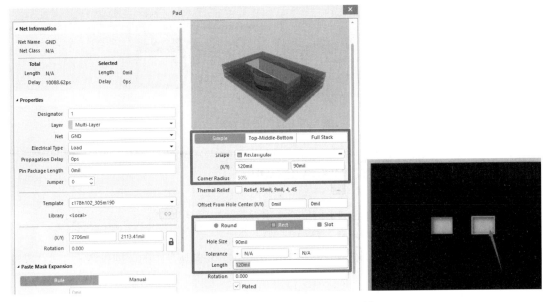

图 6-79　焊盘属性的设置及槽型孔预览

6.33　什么是过孔盖油？如何默认设置过孔盖油？

过孔盖油是指过孔的 Ring 环必须保证油墨的厚度，重点管控 Ring 环不接受假性露铜和孔口油墨。如图 6-80 所示为盖油孔与非盖油孔对比图。

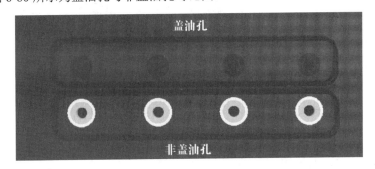

图 6-80　盖油孔与非盖油孔对比图

双击过孔进入过孔属性设置对话框，如图 6-81 所示，勾选"Tented Top"与"Tented Bottom"，即可完成盖油设置。可以选中所有过孔，全局操作勾选盖油选项。

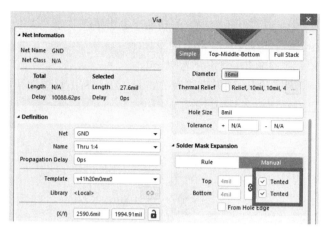

图 6-81　过孔属性设置

6.34　在 PCB 中如何进行圆弧半径标注？

圆弧半径标注的方法类似于线性标注。

（1）单击菜单命令"放置→尺寸→径向"。

（2）再单击圆弧进行放置，在放置状态下按 Tab 键，对其属性中的单位和显示方式进行设置，如图 6-82 所示。

（3）圆弧半径标注显示效果如图 6-83 所示。

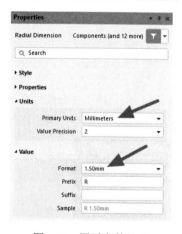

图 6-82　圆弧参数显示

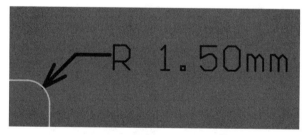

图 6-83　圆弧半径标注显示效果

6.35　在 Altium Designer 软件中如何输出 ODB++ 文件的格式？

ODB++文件是由 VALOR（IPC 会员单位）提出的一种 ASCII 码双向传输文件。文件集成了所有 PCB 和线路板装配功能性描述，涵盖了 PCB 设计、制造和装配方面的要求，包括 PCB 绘图、布线层、布线图、焊盘堆叠、夹具等信息。它的提出用来代替 Geber 文件的不足，包含更多的制造、装配信息。

输出设置如下：

（1）单击菜单命令"文件→制造输出→ODB++ Files"。

（2）出现"ODB++设置"对话框，此时可以设置想要输出的参数，输出的绘制层一般选择"勾选使用的"。

（3）可选择 PCB 中的 DRC 报告是否需要输出或板外框输出，然后按照设计需求自行进行设置即可，如图 6-84 所示。

（4）参数设置完成之后，单击"确定"按钮就可以进行输出操作。

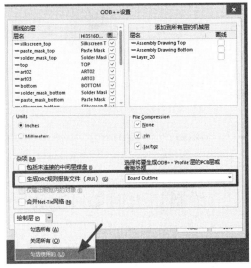

图 6-84　参数设置

6.36　如何解决焊盘与焊盘有链接关系但不显示网络名称的问题?

如图 6-85 所示，焊盘与焊盘有链接关系但不显示网络名称。操作步骤如下：

（1）按快捷键 L 或"Ctrl+D"，打开"View Configuration"对话框。

（2）在"View Configuration"对话框中，选择"View Options"选项，在其"Additional Options"下将"Pad Nets"选项选中，如图 6-86 所示。

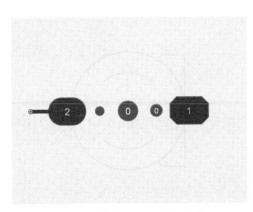
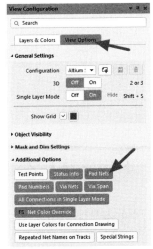

图 6-85　焊盘不显示网络名称　　　　　图 6-86　焊盘网络名称显示的设置

（3）设置完成之后，可以返回 PCB 中查看设置过参数的效果图，如图 6-87 所示，此时可以看到焊盘上的网络名称已经显示出来了。

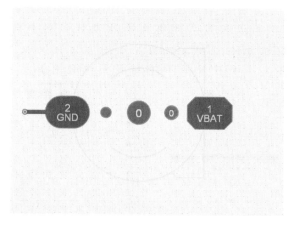

图 6-87　设置过参数后显示网络名称

6.37　在绘制 PCB 时如何让原理图和 PCB 分屏显示?

Altium Designer 提供了一个交互式布局功能，利用这个命令在原理图中选中器件的时候，该器件在 PCB 中同样会被选中，但是因为不能有两个显示屏，所以没办法同时看到选择情况，这个时候可以利用分屏操作，实现左、右分屏，即可以把原理图放置在左边，把 PCB 图显示在右边。

在菜单栏的空白处单击右键选择"垂直分割"命令，可以将原理图和 PCB 图分屏显示，从而很方便地进行 PCB 交互布局，如图 6-88 所示。

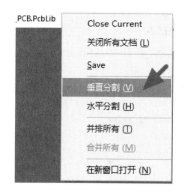
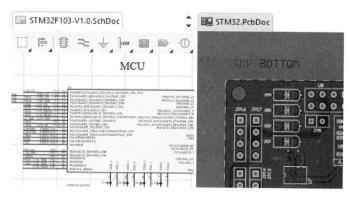

图 6-88　分屏显示操作

6.38　PCB 完成导入之后元件总是绿色高亮显示，如何解决?

此种问题分为两种情况：

（1）元件变绿：这种情况是由元件放置规则和丝印到焊盘间距规则引起的。按快捷键"D+R"进入 PCB 规则及约束编辑器，更改丝印到焊盘间距及元件间距的数值，一般设置为"0～2"，如图 6-89 所示。一般在做库的时候就要做好规则检查，这个功能有其实用性，但也不必强行保留，有时会把该检查关闭，必要的时候可以打开，如图 6-90 所示。

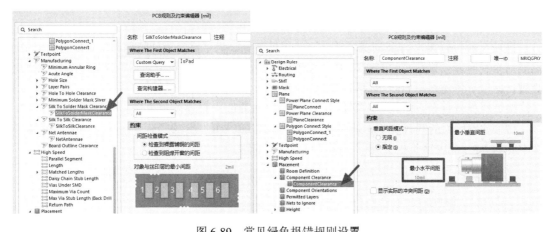

图 6-89　常见绿色报错规则设置

图 6-90　规则检查关闭

（2）IC 管脚变绿：这种情况是由自身封装管脚间距规则引起的。在间距规则中，勾选"忽略同一封装内的焊盘间距"可解决这个问题，如图 6-91 所示。

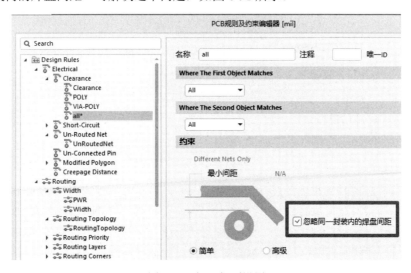

图 6-91　间距规则设置

6.39　什么是区域规则，以及如何添加区域规则？

区域（Room）规则是针对某个区域来设置的规则。为了满足设计阻抗和工艺能力的要求，需要对个别区域设置特殊的线宽走线、间距或过孔大小等，这时可以对这个区域进行特殊规则设置，常用于各类不同 Pitch 间距的 BGA。

（1）在设置规则之前，单击菜单命令"设计→Rooms→放置矩形 Room"，放置区域。

（2）放置区域的同时按 Tab 键可以对区域的名称和参数进行设置，如图 6-92 所示，放置一个名称为"RoomBGA"的区域，并选择好所放置的层。

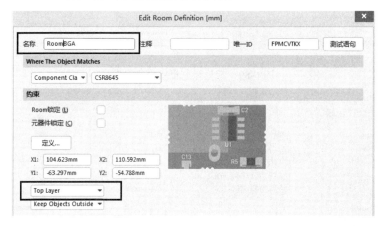

图 6-92　区域的设置

（3）单击菜单命令"设计→规则"或按快捷键"D+R"，进入 PCB 规则及约束编辑器，在"Where The First Object Matches"栏中，选择"Custom Query"，并输入"WithinRoom（'RoomBGA'）"，适配之前设置的区域，在"Where The Second Object Matches"栏中适配"All"。这里以设置间距 4mil、线宽 4.5mil、过孔 8/14mil 为例进行说明。区域间距、线宽、过孔规则设置分别如图 6-93、图 6-94 和图 6-95 所示。

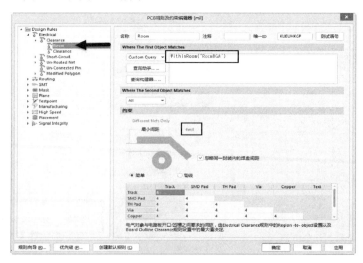

图 6-93　区域间距规则设置

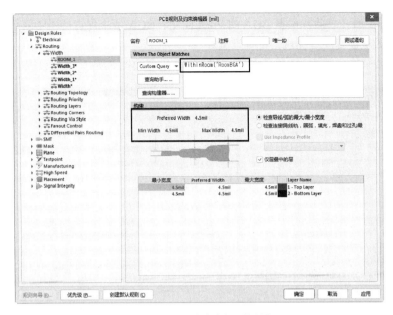

图 6-94　区域线宽规则设置

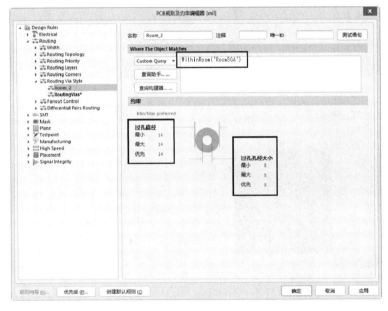

图 6-95　区域过孔规则设置

其他区域规则可以在 PCB 规则及约束编辑器中用类似的方法设置。

6.40　如何对 BGA 器件进行自动扇出？

对于 BGA 扇孔，同样过孔不宜打在焊盘上，推荐在两个焊盘的中间位置打孔。为了出线方便，很多工程师随意挪动 BGA 里的过孔位置，甚至打在焊盘上，从而造成 BGA 区域过孔不规则、易产生后期焊接虚焊的问题，也可能破坏平面的完整性。

对于 BGA 扇孔，Altium Designer 提供了快捷的自动扇出功能。

（1）在 BGA 扇孔之前，根据 BGA 的 Pitch 间距（BGA 两个焊盘的中心间距）对整体的间距规则、网络线宽规则及过孔规则进行设置。

（2）在布线规则中找到"Fanout Control"，对其进行如图 6-96 所示的设置。

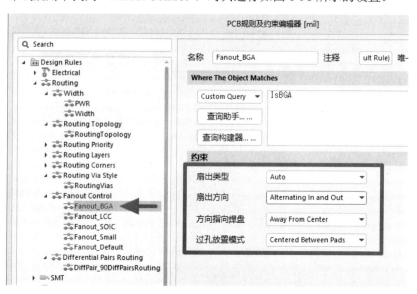

图 6-96 扇出控制规则设置

（3）单击菜单命令"布线→自动布线→元件"，如图 6-97 所示，弹出"扇出选项"对话框，如图 6-98 所示，选择好需要配置的选项即可。

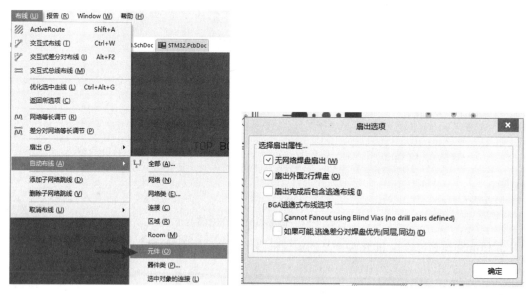

图 6-97 BGA 器件扇出命令　　　　　　　图 6-98 选择需要配置的选项

6.41 在 PCB 中如何添加机械层?

通常 PCB 会默认显示一个机械层，当需要额外增加时，很多人找不到机械层的添加方法，下面来进行说明。

（1）按 L 键，打开"Layer&Colors"显示窗口。

（2）在窗口中找到"Mechanical Layers"栏，右击"Mechanical1"，选择"Add Mechanical Layer"即可，如果需要增加多层，可重复上述操作，如图 6-99 所示。

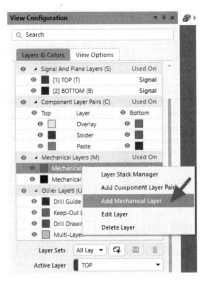

图 6-99　机械层的添加

6.42　Altium Designer 中常用文件的后缀有哪些？

在对软件文件的后缀名很熟悉之后，不需要打开文件就可以知道此文件具体是哪一个文件，从而提高设计速度。下面将常用的文件后缀进行整合。

（1）首先从 PCB 设计的创建文件顺序进行介绍。想要进行 PCB 设计，进入 Altium Designer 软件的第一步就是创建工程，能观察到工程文件的后缀名为".Prjpcb"。

（2）创建完工程之后需要进行元件库的创建，元件库的文件后缀名为".SchLib"。

（3）创建完库之后需要进行原理图的设计，即创建原理图。原理图文件后缀名为".SchDoc"。

（4）接下来，将元件绘制封装，即创建 PCB 封装库。封装库文件的后缀名为".PcbLib"。

（5）绘制完的 PCB 封装库，可以作为桥梁将元器件导入 PCB 文件中，然后进行 PCB 布局布线的设计。PCB 文件的后缀名为".PcbDoc"。

（6）导入 PCB 的方法中，除了直接导入法，还有一种需要知道的方法，即网表导入法，这就涉及网络表文件，其后缀名为".NET"。

6.43　PCB 中如何快速隐藏铜皮？

隐藏铜皮可分为以下 3 种情况，不同情况对应不同的软件操作。

（1）如果只想隐藏当前选中的铜皮，则选中需要隐藏的铜皮，然后单击右键，在弹出的菜单中选择"铺铜操作→隐藏选中铺铜"即可，如图 6-100 所示。

（2）如果需要隐藏一部分铜皮，则可以打开铺铜管理器，选择菜单栏中的"工具→铺铜操作→铺铜管理器"，在弹出的铺铜管理器对话框中，想隐藏哪些铜皮就在"已隐藏"一栏打上√，如图6-101所示，设置完成之后单击"应用"按钮即可。

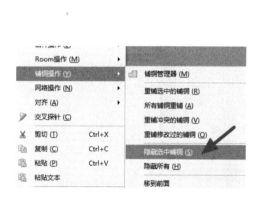

图 6-100　隐藏选中的铜皮

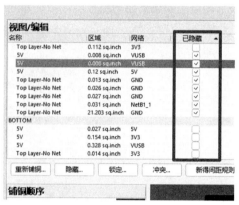

图 6-101　隐藏铜皮选项

（3）隐藏整个 PCB 中的铜皮也可用上述步骤 2 的方法，但是会非常烦琐。

以下方法就会显得非常方便：按快捷键"Ctrl+D"或快捷键 L，打开"View Configuration"对话框，在"View Options"分栏中将"Polygons"隐藏，如图 6-102 所示。

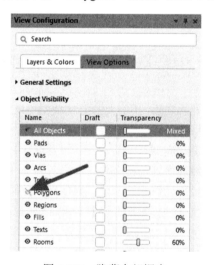

图 6-102　隐藏全部铜皮

6.44　如何解决 PCB 飞线不从过孔出线?

飞线不从过孔出线的原因是其拓扑结构所导致的，解决的方式就是设置一下拓扑结构。

（1）单击菜单命令"设计→规则"或按快捷键"D+R"，打开"PCB 规则及约束编辑器"对话框。

（2）在对话框中选择"Routing→RoutingTopology"选项。

（3）这里有 Shortest 结构、Horizontal 结构、Vertical 结构、Daisy-Simple 结构、Daisy-MidDriven 结构、Daisy-Balanced 结构、Starburst 结构。这些结构影响了飞线出线的方式，一般

默认选择 Shortest 结构，选择之后执行应用即可，如图 6-103 所示。

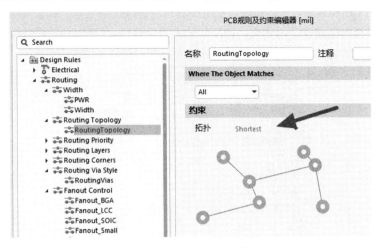

图 6-103　Shortest 结构

几种拓扑结构的分析如下：

（1）Shortest 结构：在布线时连接所有节点的连线最短规则，也就是采用最短的连接方式。

（2）Horizontal 结构：在布线时采用连接节点的水平连线最短规则，所有节点按照水平最短的方式来连接。

（3）Vertical 结构：这个结构同样也是连接所有节点，在垂直方向进行一个连接线段且按照最短规则。

（4）Daisy-Simple 结构：简单菊花链形式，将所有的点以此连接。

（5）Daisy-MidDriven 结构：从 Topology 下拉菜单中选择 Daisy_MidDiven 选项。该规则选择一个 Source（源点），以它为中心向左、右连通所有节点，并使连线最短。

（6）Daisy Balanced 结构：从 Topology 下拉菜单中选择 Daisy Balanced 选项。选择一个源点，将所有中间节点数目平均分成组，并将所有组连接在源点上，使连线最短。

6.45　为什么在封装库里添加了封装，而在更新原理图时显示找不到?

如图 6-104 所示，为什么在封装库里添加了封装，但更新原理图的时候却显示"FootPrint Not Found"？

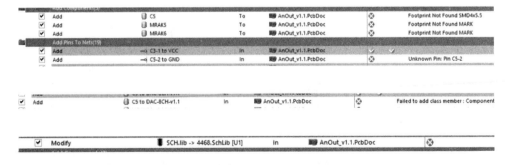

图 6-104　库无法匹配

（1）首先检查封装名称是否与 PCB 库中的封装名称一致，经常会出现如原理图库里填写的是"0805C"，而在 PCB 封装库里的名称是"C0805"，这种是匹配不上的，就会出现报错。

（2）然后检查封装路径是否正确，如果封装被指定路径，但是路径中的 PCB 库被移除了，此时也是匹配不上的，可以调整封装路径使其重新匹配，如图 6-105 所示。

图 6-105　封装路径的匹配

6.46　Cutout 功能在 PCB 设计中是如何应用的？

Cutout 功能就是禁止铺铜的意思，可以针对某层或多层进行铺铜挖空，这个只是针对铺铜有效，其不能作为一个独立的铜存在，所以放置完 Cutout 之后不用进行删除操作。

（1）单击菜单命令"放置→多边形铺铜挖空"，如图 6-106 所示。

（2）如图 6-107 所示，有一个尖刺的铜皮，可以采用 Cutout 将其挖去，放置之后，需要对铜皮重新铺铜，尖刺的铜皮才会被删除。

图 6-106　放置多边形铺铜挖空

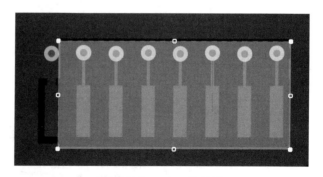

图 6-107　Cutout 的放置

（3）双击 Cutout，可以对其属性进行设置，属性中的 Layer 可以选择 Cutout 的应用范围，也可以根据自己的情况选择所放置的对应层，或者选择 Multi-Layer 可以适用所有层，即对所有层的铺铜都禁止。

6.47 如何在 PCB 中给走线镀锡？

在进行 PCB 设计的时候，总会碰到过载电流比较大的情况。我们知道过载电流的大小与线宽的关系，如果过载电流大，则也要将对应的线宽增宽。如果在某种情况下不能增宽走线，那么最常用的一种方法就是给走线镀锡。

（1）首先在顶层绘制一段导线，如果需要对其进行镀锡，则选中该导线，然后按快捷键"Ctrl+C"进行复制。

（2）切换到顶层阻焊层（TOP Solder），利用特殊粘贴法，将顶层导线粘贴到当前层。可以看到对应在顶层绘制的那一根导线同样在 TOP Solder 也存在，与之前顶层的走线重叠，如图 6-108 所示。

（3）完成之后，可以切换到三维模式观察露铜的效果图，生产时上锡之后就变成镀锡线，如图 6-109 所示。

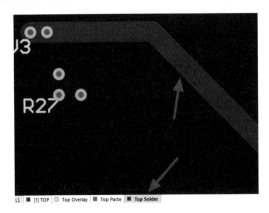
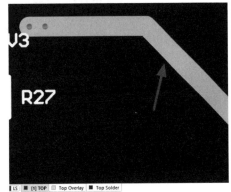

图 6-108　阻焊层走线　　　　　　　图 6-109　三维模式露铜

6.48 如何快速将多个元器件放置在一个矩形区域内？

这里介绍一个元器件排列功能，即矩形元器件放置框，可以在布局初期结合元器件的交互，方便地把一堆杂乱的元器件按模块分开并摆放在一定区域内。

（1）在原理图上选择其中一个模块的所有元器件，这时 PCB 上与原理图相对应的元器件都被选中。

（2）执行"矩形元器件放置框"命令。

（3）在 PCB 上某个空白区域框选一个范围，这时这个功能模块的元器件都会排列到该框选范围内，如图 6-110 所示。利用该功能，可以把原理图上所有的功能模块进行快速分块。

模块化布局与交互式布局是密不可分的。利用交互式布局，在原理图上选中模块的所有元器件，并一个一个地在 PCB 上排列好，然后可以进一步细化布局其中的 IC、电阻、二极管，这就是模块化布局，效果图如图 6-111 所示。

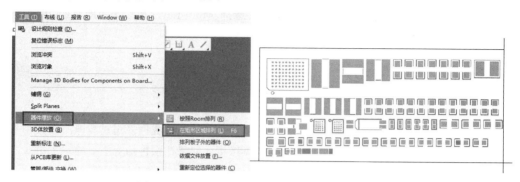

图 6-110　矩形元器件放置框与元器件的框选排列

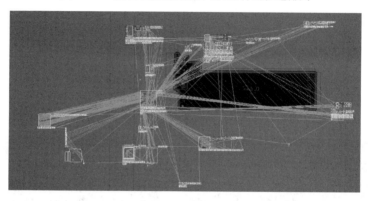

图 6-111　模块化布局的效果图

小助手提示

在进行模块化布局的时候，可以通过"垂直分割"命令对原理图编辑界面和 PCB 设计交互界面进行分屏处理，如图 6-112 所示，从而方便我们快速布局。

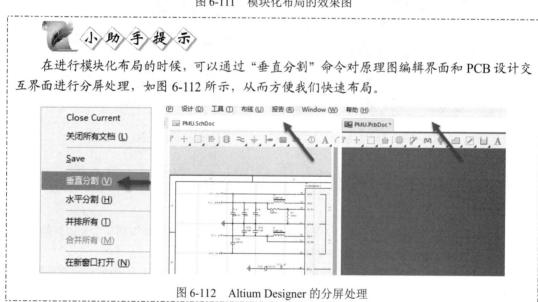

图 6-112　Altium Designer 的分屏处理

6.49　在 Altium Designer 软件中如何使用全屏大十字光标？

在设计过程中使用大十字光标可以方便我们快速地进行对齐。大十字光标的设置方法为：

在 PCB 界面右上角按 ⚙ 图标或按快捷键 "T+P"，进入系统参数优选项设置对话框，找到 "PCB Editor-General" 选项卡，在 "光标类型" 处选择 "Large 90"，如图 6-113 所示。其中，"Large 90" 表示大 90 度光标，"Small 90" 表示小 90 度光标，"Small45" 表示小 45 度光标。

图 6-113　光标类型的更改

6.50　在 PCB 设计过程中如何添加泪滴？

1）泪滴的作用

（1）避免电路板受到巨大外力冲撞时导线与焊盘或导线与导孔的接触点断开，也可使电路板显得更加美观。

（2）焊接时，可以保护焊盘，避免进行多次焊接时焊盘脱落；生产时，可以避免蚀刻不均、过孔偏位出现的裂缝等。

（3）信号传输时平滑阻抗，减小阻抗的急剧跳变；避免高频信号传输时由于线宽突然变小而造成反射，可使走线与元件焊盘之间的连接趋于平稳化过渡。

2）泪滴的添加

单击菜单命令 "工具→泪滴" 或按快捷键 "T+E"，进入如图 6-114 所示的泪滴属性设置对话框。

（1）工作模式-添加：选择执行添加泪滴命令。

（2）对象：选择匹配对象，一般选择 "所有"，在图 6-114 中该选项的右边会适配相应的对象，包括 "过孔/通孔焊盘" "贴片焊盘" "走线" 及 "T 型连接"。

（3）泪滴形式-Curved：选择弯曲的补充形状。

（4）强制铺泪滴：对于添加泪滴的操作采取强制执行方式，即使存在 DRC 报错，通常为了保证泪滴的完整添加，也要对此项进行勾选，后期 DRC 再修正即可。

（5）调节泪滴大小：当空间不足以添加泪滴时，变更泪滴的大小，可以更加智能地完成泪滴的添加动作。

泪滴添加效果示意图如图 6-115 所示。

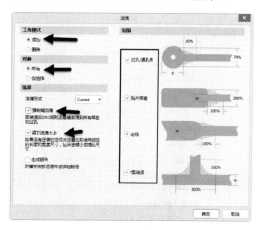

图 6-114　泪滴属性设置

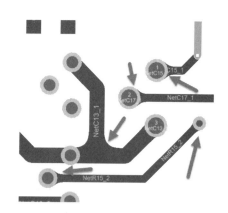

图 6-115　泪滴添加效果示意图

6.51　如何移动 PCB 设计的原点？

原点只是一个参考点，可以方便设计者进行布线，如果需要移动原点，可以直接重新定义原点位置。

（1）单击菜单命令"编辑→原点→设置"或按快捷键"E+O+S"，激活对应的原点放置命令。

（2）激活放置命令之后，鼠标就会显示出十字光标，单击想要放置原点的位置即可放置原点，如图 6-116 所示。

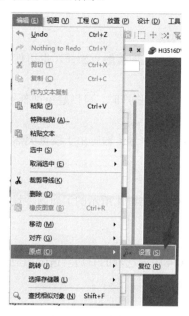

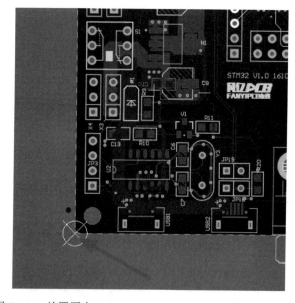

图 6-116　放置原点

6.52 如何在 Altium Designer 软件中快速交换两个器件?

进行 PCB 设计时,当两个器件相隔很远而想对其进行位置互换时,如果直接拖动进行位置互换会引起非常多的报错,从而导致后期还要修改很长时间。Altium Designer 软件开发了一个器件交换功能供使用。

(1)单击菜单命令"工具→器件摆放→交换器件",如图 6-117 所示。

(2)分别选择需要交换的两个器件,被选中的器件就能实现器件交换功能。

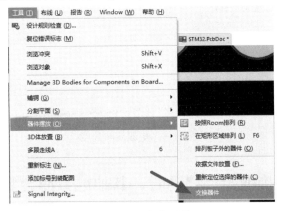

图 6-117 交换器件

6.53 在 Altium Designer 软件中怎样对器件进行任意角度旋转?

对器件或物体进行角度旋转有两种方式:

(1)在 PCB 界面按快捷键"T+P",进入系统参数设置项,调整空格键旋转角度,默认的是 90° 更改为"1°",如图 6-118 所示。在 PCB 中可以将指针放置到器件上进行拖动,然后按空格键旋转到想要的任意角度。

图 6-118 更改旋转步进

（2）双击该需要旋转的器件，打开属性（Component）窗口，然后在"Rotation"处输入需要旋转角度的数值，从而可以实现器件的任意角度旋转，如图 6-119 所示。

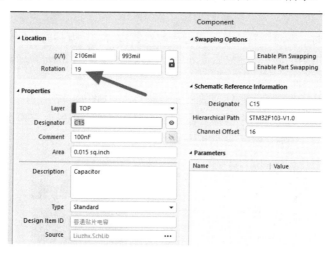

图 6-119　更改旋转角度

6.54　在 PCB 中拖拽器件移动时，其他地方都会变成黑色，该如何恢复？

当设计过程中需要选择拖动一个器件或一个模块进行想要的布局时，可能会遇到拖动时这个器件或模块是高亮的，但其他器件和区域是完全黑暗的，这就出现了根本看不清楚其他区域的情况，如图 6-120（a）所示。

此时，在器件或模块被拖动的状态下，按键盘上的"["或"]"进行亮度调节即可。其中，"["调大对比度，"]"调小对比度，如图 6-120（b）所示。

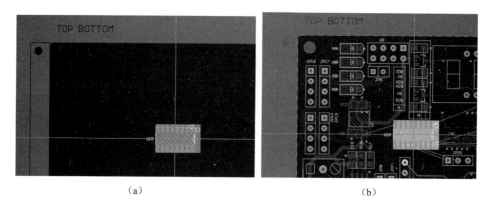

（a）　　　　　　　　　　　　　　　　　　（b）

图 6-120　亮度调节对比图

6.55　Altium Designer 软件中的 unknow pin 报错如何解决？

（1）PCB 封装缺失遗漏：可以直接把对应的 PCB 库加载到工程，并进行匹配，对应报错如

图 6-121 所示。单击箭头指示处的"添加"命令，在在弹出的对话框中，再单击图中所示处的"浏览"按钮，如图 6-122 所示，选择封装库的封装即可。

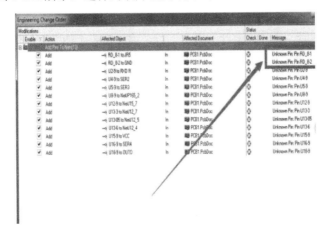

图 6-121　报错情况

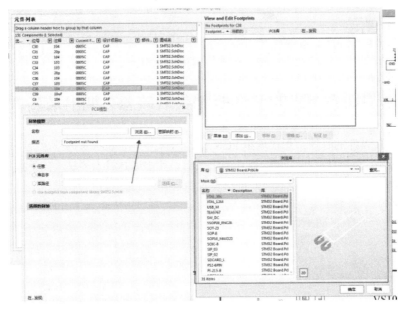

图 6-122　添加对应封装

（2）Altium Designer 软件中的 PCB 封装管脚与原理图无法对应：删除现在所包含的封装，添加正确的封装即可。或者将 PCB 库（注意是 PCB 库）原有的封装删除，在 PCB 库中添加正确的封装之后，修改为原理图器件对应的封装名称即可。不用再去修改原理图中的封装。

（3）Altium Designer 软件中原理图封装具有电气属性的一脚没有外放，连接无电气属性：此时需要去原理图封装库中修改，如图 6-123 所示。

（4）管脚定义不按照标准，数字前不用加 0 或其他：按照正确数字命名管脚，再在封装库中双击管脚修改即可。

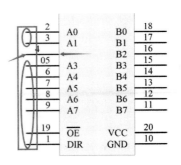

图 6-123　原理图封装库的修改

6.56　在创建 PCB 封装时如何放置多个管脚?

在制作 PCB 封装时，由于封装存在多个管脚，因此需要更加便捷、快速地放置多个管脚。这时可以利用阵列粘贴的方法。

（1）复制一个管脚之后，执行快捷键"E+A"特殊粘贴法的功能，弹出选择性粘贴对话框之后单击"粘贴阵列"按钮，如图 6-124 所示。

（2）随即弹出设置粘贴阵列对话框，设置好数量、间距等即可整齐、快速地放置多个管脚，如图 6-124 所示。

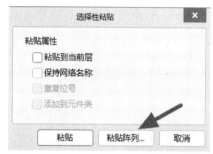

图 6-124　粘贴阵列设置

6.57　PCB 界面右下角的 Panels 消失后该怎么调出来?

在进行 PCB 设计的时候，想要调出 PCB、Projects、Components 等菜单命令时发现右下角的 Panels 不见了？需要什么操作才能把它调出来呢？其实这是状态栏被关闭造成的。

执行菜单命令"视图→状态栏"即可将其重新打开，如图 6-125 所示。

图 6-125　状态栏的打开

6.58　从 Altium Designer 原理图生成 PCB 时，如何取消 Room 区域？

从原理图生成 PCB 时，总会生成一个或多个 Room 区域，如图 6-126 所示。这个 Room 区域在一般情况下没有什么作用，反而会给设计带来一些不便，那么有什么方法可以取消此区域。

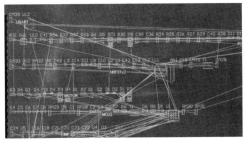

图 6-126　Room 区域

方法 1：

在导入 PCB 时，取消勾选变更选项栏中的 Room 选项，这样在导入 PCB 时就不会将 Room 导入了，如图 6-127 所示。

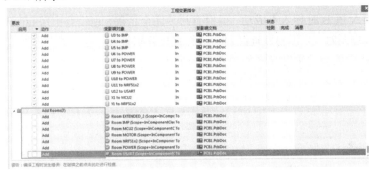

图 6-127　取消导入勾选

方法 2：

（1）在"工程"下拉菜单中，选择"工程选项"命令，在弹出的对话框中选择 Class Generation 选项，如图 6-128 所示。

图 6-128　执行工程选项命令

（2）取消勾选上图中蓝色方框里的"生成 Rooms"选项，如图 6-129 所示。

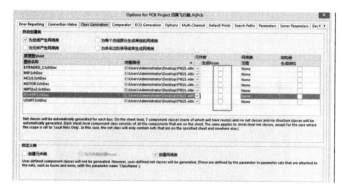

图 6-129　对话框的设置

（3）重新将原理图更新到 PCB 中，Room 就会消失。

6.59　在原理图中如何进行 ID 号的复位?

从原理图导入 PCB 时导入不成功，但检查封装完全正确，也没有出现 unkown pin 报错。这是由于在设计原理图时，习惯将原理图器件进行直接复制处理。这样就会出现 ID 号一模一样的情况，导入 PCB 中就会发生冲突，如图 6-130 所示。

单击"工具→转换→重置元器件 Unique ID"选项，如图 6-131 所示。

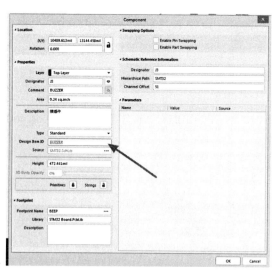

图 6-130　器件 ID 号

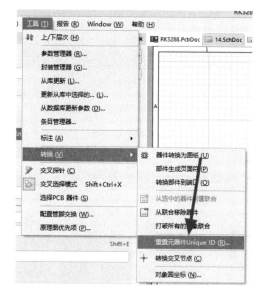

图 6-131　对应的菜单命令

第一步，复位重复的 ID。

第二步，第一项只针对当前页面的原理图文件；第二项只针对当前工程下的原理图文件；第三项针对所有打开的原理图文件。

6.60 如何实现模块化调用原理图？

可以通过多通道的设计实现一次设计多次复用的效果，这样比使用片段调用，复制 Room 更加方便快捷。

（1）创建对应的子原理图，只需要复制主原理图即可，如图 6-132 所示。

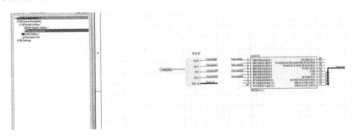

图 6-132　子原理图的创建

（2）要实现原理图复制，前面都是铺垫，首先设置几个参数，从而防止器件导入时名字一模一样，单击"工程→工程参数"菜单命令，如图 6-133 所示。

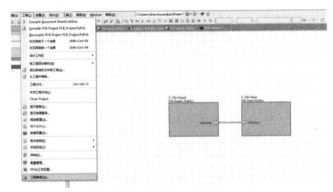

图 6-133　执行工程参数命令

（3）在弹出的对话框中，可以按照图中给出的命名规则命名，也可以按照设计需求来命名，没有具体要求，如图 6-134 所示。设置完成之后，可以开始进行复制处理。

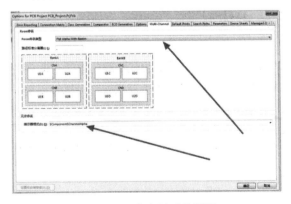

图 6-134　命名显示的设置

（4）单击"设计→图纸生成器件"命令，将其生成图纸，如图 6-135 所示。单击右键，在弹出的对应快捷菜单中进行如图 6-136 所示的操作。

图 6-135　执行图纸生成器件命令

图 6-136　进行图纸操作

（5）效果如图 6-137 所示，之后更新至 PCB 中即可。

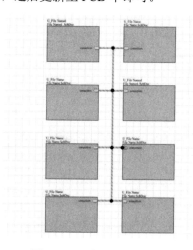

图 6-137　原理图的效果图

6.61　如何进行多根走线？

为了达到快速走线的目的，有时可以采取总线走线的方法，即多条走线。

（1）在进行多条走线操作时，需要先选中所需走线，再执行菜单命令"布线→交互式总线布线"，如图 6-138 所示，或者按快捷键"U+M"，再单击选中多条走线的顶点，并且移动鼠标进行拉线。

（2）在走线状态下按快捷键 Tab，还可以对多条走线间距等属性进行设置，如图 6-139 所示。

图 6-138　执行多根走线命令　　　　　图 6-139　设置多条走线间距等属性

6.62　单端蛇形走线及注意事项是什么？

在 PCB 设计中，蛇形等长走线主要是针对一些高速并行总线来讲的。由于这类并行总线往往有多条数据信号基于同一个时钟采样，且每个时钟周期可能要采样两次甚至 4 次，而随着芯片运行频率的提高，信号传输延迟对时序影响的比重越来越大，为了保证在数据采样点能正确采集所有信号的值，就必须对信号传输延迟进行控制。

（1）在 Altium Designer 中，等长走线之前建议完成 PCB 的连通性，并且建立好相对应的网络类，因为等长是在既有的走线上进行绕线的，并不是一开始就走成蛇形线，等长时也是基于一个总线里面以最长的那条线为目标线进行长度的等长。

（2）执行菜单命令"布线→网络等长调节"，如图 6-140 所示，或者按快捷键"U+R"激活等长命令，单击需要等长的走线，并按 Tab 键调出蛇形走线参数设置对话框，如图 6-141 所示。

图 6-140　执行网络等长调节命令　　　　图 6-141　设置单端蛇形线参数

6.63　如何在PCB中进行散热处理?

（1）布线时，需注意不要将热源堆积在一起，适当分散开来；大电流的电源走线尽量短、宽。

（2）根据热量的辐射扩散特性，CPU 使用散热芯片时，最好以热源为中心，使用正方形或圆形散热片，一定要避免长条形的散热片。散热片的散热效果并不与其面积大小成倍数关系。

（3）单板发热元件焊盘底部打过孔，开窗散热，如图 6-142 所示。

（4）在单板表面铺连续的铜皮，如图 6-143 所示。

（5）增加单板含铜量（使用 1 盎司表面铜厚）。

（6）在 CPU 顶面及 CPU 对应区域的 PCB 正下方贴导热片，将 CPU 的热量散到后盖上。对于有金属后盖的机器，最好将 CPU 的热量通过导热硅胶导至后盖。

图 6-142　打孔散热图

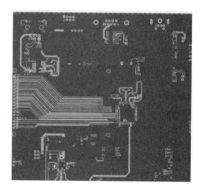
图 6-143　铺连续的铜皮

6.64　如何在PCB设计中防止电磁干扰?

（1）对于辐射电磁场较强的元件及对于电磁感应较灵敏的元件，应加大它们相互之间的距离或考虑添加屏蔽罩加以屏蔽。

（2）尽量避免高、低电压元件相互混杂及强、弱信号元件交错在一起。

（3）对于会产生磁场的元件，如变压器、扬声器、电感器等，布局时应注意减少磁力线对印制导线的切割，相邻元件的磁场方向应相互垂直，减少彼此之间的耦合，如图 6-144 所示。

图 6-144　电感器与电感器垂直 90° 进行布局

（4）对干扰源或易受干扰的模块进行屏蔽，屏蔽罩应有良好的接地，屏蔽罩的规划如图 6-145 所示。

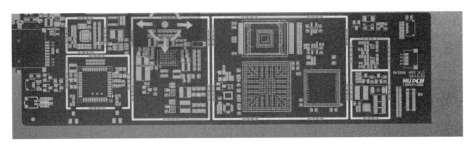

图 6-145　屏蔽罩的规划

6.65　如何输出 PCB 的装配图？

在 PCB 生产调试期间，为了方便查看文件或查询相关元件信息，会把 PCB 设计文件转换成 PDF 文件。下面介绍常规 PDF 文件的输出方式。

前期需要在计算机上安装虚拟打印机及 PDF 阅读器，准备充足后按照以下步骤进行操作。

（1）执行菜单命令"文件→智能 PDF"，打开 PDF 输出设置向导，如图 6-146 所示，根据向导，单击"Next"按钮进入下一步。

（2）选中导出目标，按照向导提示，设置好文件的输出路径，如图 6-147 所示。

图 6-146　PDF 输出设置向导

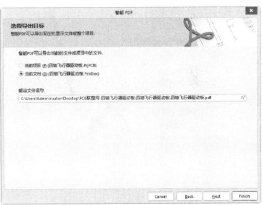

图 6-147　文件输出路径的设置

（3）"导出原材料的 BOM 表"为物料清单输出选项，此项可选，但 Altium Designer 有专门输出 BOM 表的功能，此处一般不再勾选，如图 6-148 所示。

（4）在输出栏目条上单击右键，创建装配图输出，一般默认创建顶层和底层装配输出元素，如图 6-149 所示。

（5）双击"Top LayerAssembly Drawing"输出栏目条，可以对输出属性进行设置，装配元素一般输出机械层、丝印层及阻焊层，单击"添加""删除"等按钮进行相关输出层的添加、删除等操作，如图 6-150 所示。同理，对"Bottom LayerAssembly Drawing"输出栏目条进行相同操作。

图 6-148　BOM 表输出选项

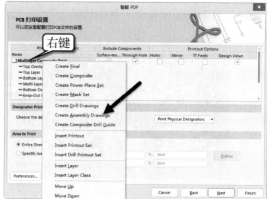

图 6-149　创建装配输出元素

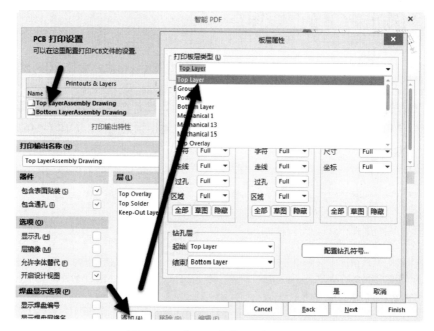

图 6-150　装配元素输出属性的设置

如果是装配图，一般添加如下线路层进行输出即可。

① Top/Bottom Overlay：丝印层。

② Top/Bottom Solder：阻焊层。

③ Mechanical/Keep-Out Layer：机械层/禁布层。

（6）在如图 6-151 所示的视图设置对话框中，底层装配栏（Bottom LayerAssembly Drawing）勾选"Mirror"选项，在输出之后观看 PDF 文件时是顶视图，反之是底视图。

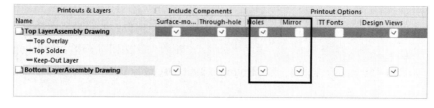

图 6-151　视图的设置

（7）Area to Print：选择 PDF 文件的打印范围，如图 6-152 所示。

① Entire Sheet：整个文档全部打印。

② Specific Area：区域打印，可以自行输入打印范围的坐标，也可以单击"Define"按钮，利用鼠标框选需要打印的范围。

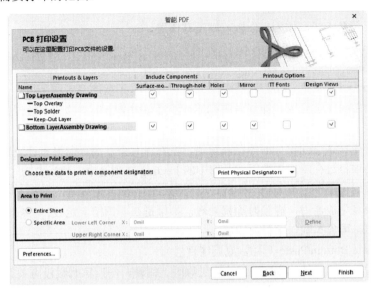

图 6-152　打印范围的设置

（8）设置输出颜色，如图 6-153 所示，分别可选"颜色"（彩色）、"灰度"（灰色）、"单色"（黑白），单击"Finish"按钮，从而完成装配图的 PDF 文件输出。

（9）Demo 案例装配图的 PDF 文件输出效果图如图 6-154 所示。

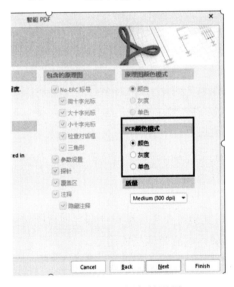

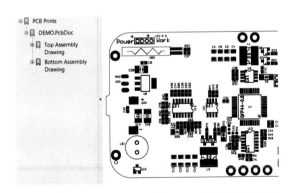

图 6-153　输出颜色的设置　　　图 6-154　Demo 案例装配图的 PDF 文件输出效果图

6.66 PCB中各层的定义及描述是什么?

（1）TOP Layer（顶层布线层）。

设计为顶层铜箔走线，如为单面板，则没有该层。

（2）Bottom Layer（底层布线层）。

设计为底层铜箔走线。

（3）Top/Bottom Solder（顶层/底层阻焊绿油层）。

焊盘在设计中默认会开窗，即焊盘露铜箔，波峰焊时会上锡，建议不做设计变动，以保证可焊性。

过孔在设计中默认会开窗，即焊盘露铜箔，波峰焊时会上锡。如果设计放置过孔上锡，则不要露铜箔，必须将过孔附加属性阻焊开窗中的 Penting 选项选中，然后关闭过孔开窗。

另外，本层也可单独进行非电气走线，则阻焊绿油相应开窗处理，如果是在铜箔上走线，则用于增强走线过电流能力，焊接时加锡处理；如果是在非铜箔上走线，一般设计用于做标识和特殊字符丝印，可省掉制作字符丝印层。

（1）Top Paste/Bottom Paste（顶层/底层锡膏层）。

该层一般用于贴片元件的 SMT 回流焊过程时上锡膏，与厂家制板没有关系，导出 Gerber 时可删除，PCB 设计时保持默认即可，如图 6-155 所示。

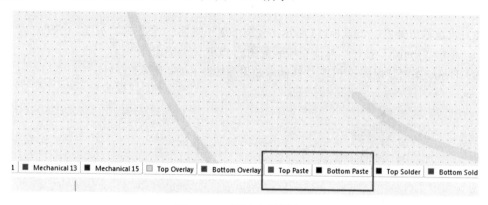

图 6-155　顶层/底层锡膏层

（2）Top Overlay/Bottom Overlay（顶层/底层丝印层）。

该层设计为各种丝印标识，如元件位号、字符、商标等。

（3）Mechanical Layers（机械层）。

该层设计为PCB机械外形，默认 Layer1 为外形层，其他可作为机械尺寸标注或特殊用途，如某些板子需要制作电碳油时可以使用，但是必须在同层标识清楚该层的用途。

（4）Keep-Out Layer（禁止布线层）。

该层设计为禁止布线层，很多设计师也用于 PCB 机械外形。如果 PCB 上同时有 Keep-Out Layer 和 Mechanical Layers，则主要看这两层的外形完整度，一般以 Mechanical Layers1 为准，建议设计尽量使用 Mechanical Layers1 作为外形层，如果使用 Keep-Out Layer 作为外形层，则不再使用 Mechanical Layers1，从而避免混淆，如图 6-156 所示。

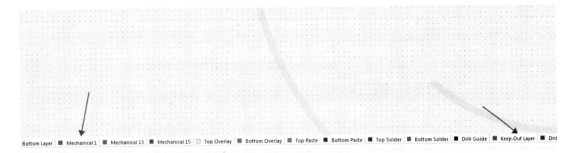

Bottom Layer ▪ Mechanical 1 ▪ Mechanical 13 ▪ Mechanical 15 ▫ Top Overlay ▪ Bottom Overlay ▫ Top Paste ▪ Bottom Paste ▫ Top Solder ▪ Bottom Solder ▫ Drill Guide ▪ Keep-Out Layer ▪ Drill

图 6-156 机械层与禁止布线层

（5）Mid Layer（中间信号层）。

该层多用于多层板，设计时很少使用，也可作为特殊用途层，但是必须在同层标识清楚该层的用途。

（6）Internal Planes（内电层）。

该层多用于多层板，设计时没有使用。

（7）Multi Layer（通孔层）。

该层表示通孔焊盘层。

（8）Drill Guide（钻孔定位层）。

该层表示焊盘及过孔的钻孔中心定位坐标层。

（9）Drill Drawing（钻孔描述层）。

该层表示焊盘及过孔的钻孔孔径尺寸描述层。

6.67 如何正确使用 PCB 的过滤器？

过滤器，顾名思义就是过滤一些不要的元素而选择需要的元素，此项功能可以让设计的速度提高，也是经常在设计中使用到的操作。方法如下：

（1）可以直接在 PCB 设计界面的上方看到过滤器，打开即可，如图 6-157 所示。

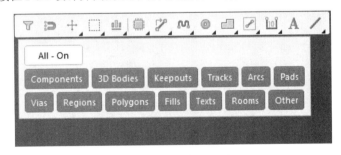

图 6-157 过滤器界面

过滤器中有元器件、3D 体、禁布区、走线、圆弧、焊盘、过孔、填充、铜皮、字体、room 等元素，把不需要的消除掉即可。

（2）也可在右下角执行"Panels→Properties"菜单命令将 PCB 属性框打开，其界面右上方也有过滤器，如图 6-158 所示。

图 6-158　属性框中的过滤器

6.68　Altium Designer 丝印不显示的解决办法是什么？

在进行 PCB 设计的过程中，偶尔会发生丝印突然被隐藏或不显示的情况，这时可以按照如下的方法进行操作即可。

（1）单击 PCB 界面右下角 "Panels→View Configuration" 选项打开对应的对话框，或者按快捷键 "L" 也可打开，如图 6-159 所示。

（2）在对应的 View Configuration 对话框中，在 "Layers-Component Layer Pairs" 中将对应的丝印层打开，如图 6-160 所示，单击前面的眼睛状图标即可，回到 PCB 中就可以将丝印显示出来。

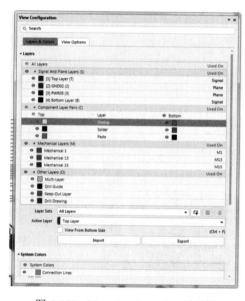
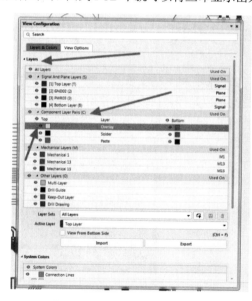

图 6-159　View Configuration 对话框　　　　图 6-160　Overlay 层的显示

6.69　什么是 IPC 网表，如何输出 IPC 网表文件？

如果在提交 Gerber 文件给生产厂家的同时生成 IPC 网表给厂家进行核对，那么在制板时就可以检查出一些常规的开路、短路问题，从而避免一些损失。

在 PCB 设计交互界面中，单击菜单命令"文件→制造输出→Test Point Report"，如图 6-161 所示，进入 IPC 网表的输出设置界面，按照图 6-162 所示进行相关设置，最后输出即可。

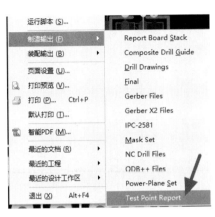

图 6-161　Test Point Report 选项　　　　图 6-162　IPC 网表文件的输出设置

6.70　如何进行元素的显示与隐藏操作？

在设计的时候，为了更好地识别和引用，可以对过孔或铜皮进行隐藏等操作，从而可以更好地对其中单独一个元素进行分析处理。

（1）在右下角 Panels 中执行"View Configuration"命令，如图 6-163 所示，或者按快捷键"L"打开对应的对话框，如图 6-164 所示。

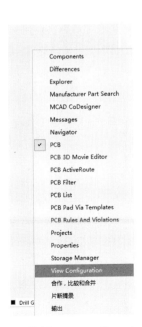

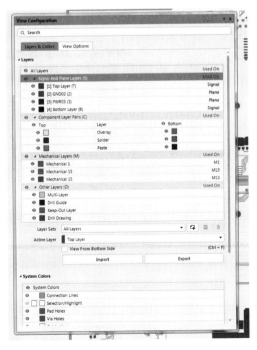

图 6-163　执行 View Configuration 命令　　　　图 6-164　View Configuration 对话框

（2）在对话框中选择"View Options"选项，在所示界面可以根据设计需要进行元素的显示/隐藏或透明度设置，如图 6-165 所示。

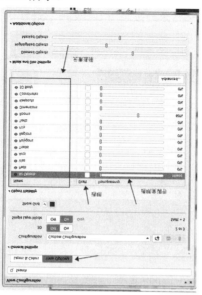

图 6-165　元素显示/隐藏及透明度设置

6.71　PCB 走线时如何打开透明模式?

在设计中，为了方便查看走线或铜皮中是否还存在其他网络的线头，可以将走线、过孔或铜皮打开透明显示模式。

在 PCB 界面的右下角"Panels"中执行"View Configuration"选项，或者按快捷键"L"打开对应的对话框，并在"Object Visibility"选项中可以看到的各种元素后的"Draft"选项即为透明模式选项，如图 6-166 所示。

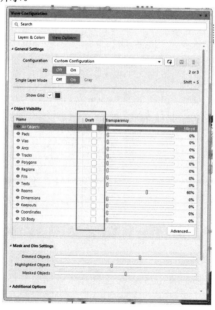

图 6-166　透明模式选项的设置

6.72 如何进行 xSignals 等长?

2018 年 10 月，Altium Designer 公司宣布其旗舰级 PCB 设计工具 Altium Designer 正式发布新版本 110.0.4。此版本引入若干新特性，显著提高了设计效率，xSignals 功能就是其中之一。利用 xSignals 向导可自动进行高速设计的长度匹配，其可以自动分析 T 形分支、元件、信号对和信号组数据，从而大大减少了高速设计配置时的时间消耗。

1）手工法创建 xSignals 类

（1）在 PCB 设计交互界面的右下角执行"Panels→PCB→xSignals"命令，打开"xSignals"面板栏，如图 6-167 所示，在这里有默认的"All xSignals"，也可以在这里单击创建 xSignals 类，在类窗口中单击右键，选择"Add Class"选项，添加一个以"DDR2_ADDR"为例的 xSignals 类。

（2）执行菜单命令"设计→xSignals→创建 xSignals"，如图 6-168 所示，进入 xSignals 添加匹配界面，如图 6-169 所示。

图 6-167　添加 xSignals 类

图 6-168　创建 xSignals 类

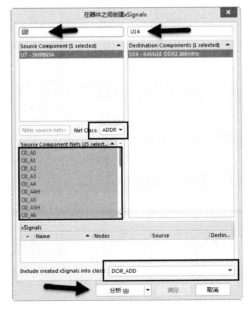

图 6-169　xSignals 添加匹配界面

① 在上方两个箭头处输入第一匹配的元件位号和第二匹配的元件位号，这里选择"U7"和"U14"，即 CPU 和第一片 DDR。

② Net Class：如果之前创建了网络类，则可以通过这里滤除一些网络，从而精准地筛选出需要添加到 xSignals 中的网络。

③ Include created xSignals into class：把这些适配的网络添加到刚创建的 xSignals 类中。

（3）单击"分析"按钮，系统即可自动分析出哪些网络需要添加到 xSignals 类中，再单击"确定"按钮，完成添加，如图 6-170 所示。

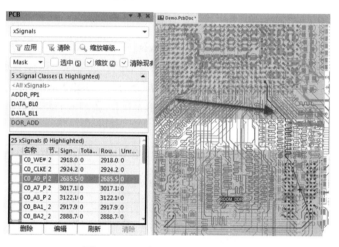

图 6-170　添加成功的 xSignals 类

2）向导法创建 xSignals 类

如果存在很多 xSignals 类需要创建，则可以通过 xSignals 向导，并利用元件与元件的关联性进行。

（1）执行菜单命令"设计→xSignals→运行 xSignals 向导"，打开 xSignals 向导，如图 6-171 所示，根据向导单击"Next"按钮。

（2）进入如图 6-172 所示的"Select the Circuit"界面，选择创建 xSignals 的应用单元，此处提供 3 种选择。

图 6-171　xSignal 向导

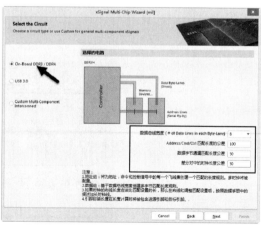

图 6-172　选择应用单元及误差填写

① On-Board DDR3/DDR4：有 DDR3 或 DDR4 类型的板长。

② USB 3.0：含有 USB 3.0 的板卡。

③ Custom Multi-Component Interconnect：自定义选择类型。

因为方法类似，这里以 DDR3 的板卡类型为例进行说明。

● 数据总线宽度（# of Data Lines in each Byte-Lane）：选择数据位类型，一般为 8 位或 16
位，具体根据 DDR 进行选择。

● Address/Cmd/Ctrl 匹配长度的公差：填写地址线/控制线的匹配误差，DDR 一般填写
100mil，具体请详细参考 DDR 的规格要求。

● 数据字节通道匹配长度公差：填写数据线之间的误差，DDR 一般填写 50mil，具体请详
细参考 DDR 的规格要求。

● 差分对中的时钟长度公差：填写差分时钟的误差，DDR 一般填写 50mil，具体请详细参
考 DDR 的规格要求。

（3）单击图 6-172 中的 "Next" 按钮，进入如图 6-173 所示的界面，通过元件过滤功能，选
择需要创建的第一个元件 "U7"，即主控 CPU，然后选择预知关联的第一片 DDR "U14"，之后
单击 "Next" 按钮。

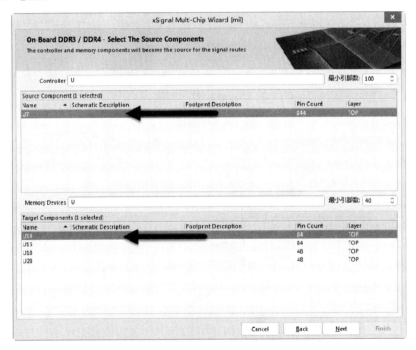

图 6-173　xSignals 的元件关联选择

（4）进入如图 6-174 所示的界面，根据需要设置相关参数。

① T-Branch Topology：选择拓扑结构。

② Define xSignal Class Name Syntax：自定义创建的 xSignals 类的名称和后缀。

③ Clarify Existing Net Names：选择地址线、控制线、时钟线总线的适配。

单击 "Analyze Syntax & Create xSignal Classes" 按钮，创建 xSignals 类，然后单击 "Next"
按钮。

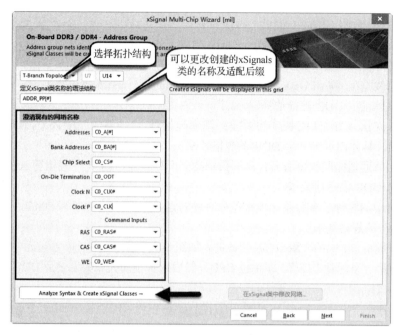

图 6-174 地址线网络关联的适配

（5）进入如图 6-175 所示的界面，类似于地址线的适配方法，设置好数据线适配的参数。单击"Finish"按钮，完成 U7～U14 的 xSignals 类的创建。

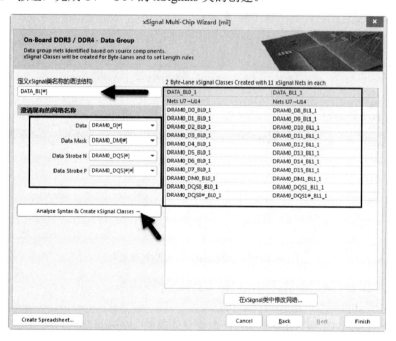

图 6-175 数据线网络关联的适配

（6）在 PCB 设计交互界面的右下角执行"Panels→PCB→xSignals" 命令，可以看到系统自动创建了 3 组 xSignals 类，单击其中的一类，对其进行等长绕线，直到里面没有红色标记为止，如图 6-176 所示。

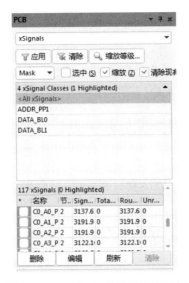

图 6-176　xSignals 类等长数据列表

（7）依据上述方法，可以再创建 CPU 到另外一片 DDR 的 xSignals 类分别进行等长。

6.73　什么是 Stub 线头？如何通过规则检查进行规避？

虽然可以对走线进行一些优化处理，但是考虑到还要进行人工布线处理，因此对走线的一些线头会有遗漏，这种线头简称 Stub 线头。Stub 线头在信号传输过程中相当于一根"天线"，不断接收或发射电磁信号，特别是在高速时，容易给走线导入串扰，所以有必要对 Stub 线头进行检查，并在设计中进行删除处理。

（1）执行菜单命令"设计→规则"或按快捷键"D+R"打开对应的规则设计对话框，找到"NetAntennae"进行如图 6-177 所示设置。

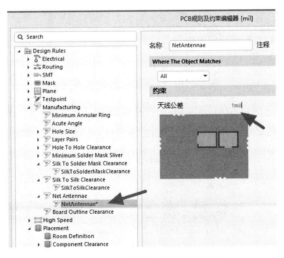

图 6-177　"天线"的长度设置

（2）规则设置完成之后，执行菜单命令"工具→设计规则检查"或按快捷键"T+D"，在其对话框中将对应的"NetAntennae"在线或批量检查打开，如图 6-178 所示。

图 6-178　Stub 线头的检查

6.74　如何对器件进行高度检查？

因为考虑到 PCB 布局存在限高要求，这种情况需对高度等进行例行检查，元件高度检查需要元件封装设置好高度信息、高度检查规则及适配范围（全局还是局部），并勾选高度检查。

（1）执行菜单命令"设计→规则"或按快捷键"D+R"打开规则对话框，在对应的高度规则中进行设置，如图 6-179 所示。

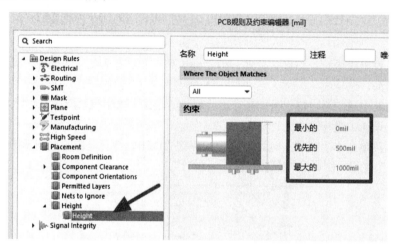

图 6-179　元件高度规则的设置

（2）规则设置完成之后，执行菜单命令"工具→设计规则检查"或按快捷键"T+D"打开对应的设计规则检查器对话框，将元件高度检查打开，如图 6-180 所示。

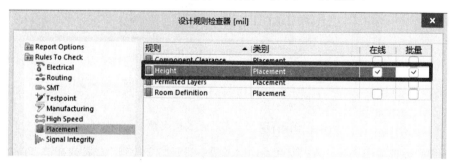

图 6-180　元件高度检查开关的设置

6.75　底层器件如何快速切换到顶层？

对器件实现快速的顶底切换，能更加方便、高效地进行布局。

（1）单个器件在移动状态下，可执行快捷键"L"键快速实现换层。

（2）如何实现多个器件快速实现换层。

● 选中多个器件，按快捷键"M+S"，在移动状态下，按快捷键"L"快速实现换层。

● 可以全局操作，同样选中需要换层的器件，按 F11 键，进入 PCB 的属性面板，在 Layer
选项中选择"TOP"或"Bottom"来实现快速换层，如图 6-181 所示。

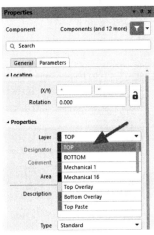

图 6-181　器件的层属性

6.76　关于警告"SQ.SCH Extra Pin 1in Normal of part"的解决办法？

在绘制元件时，正常放置的顺序即先放形状后放置管脚，但是如果先放置管脚再放置形状
就会形成一个优先级问题。先选中，然后单击"编辑→移动→移到后面"命令即可，或者按快
捷键"M"，如图 6-182 所示。

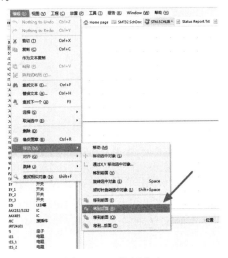

图 6-182　执行命令

6.77 如何进行 3D STEP 模型的导出?

3D STEP 模型，一般是提供给专业的 3D 软件进行结构核对的，如 Pro/Engineer。Altium Designer 提供导出 3D STEP 模型的功能，结构工程师可以直接导出进行结构核对。

（1）在 PCB 设计交互界面，执行菜单命令"文件→导出→STEP 3D"，如图 6-183 所示。

（2）在弹出的对话框中按图 6-184 所示进行设置。

① "有 3D 体的元件"栏中的导出所有：将含有 3D 模型的元件全部导出来。

② "3D 体导出选项"栏中的导出以上两者：将简单模型和导入的模型进行导出。

③ "焊盘孔洞"栏中的导出所有：将焊盘孔进行导出。

④ "器件后缀"栏中的无：不用添加元件的后缀。

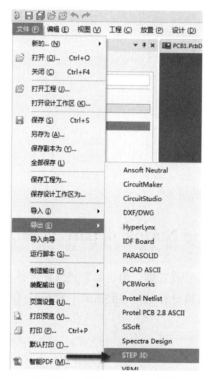

图 6-183　导出 3D STEP 模型　　　　图 6-184　导出选项设置

（3）导出来后缀为.step 的文件就是 3D STEP 模型文件，可以发送给结构工程师核对。

6.78 如何输出 3D PDF 文档?

（1）和 3D STEP 模型的导出类似，单击菜单命令"文件→导出→PDF3D"，如图 6-185 所示。

（2）在弹出的如图 6-186 所示的对话框中，可以采用 Altium Designer 的默认设置，也可以选择性地进行输出。常用输出选项的释义如下。

① Solder：阻焊。

② Silk：丝印。

③ Copper：铜皮，可以复选"Hide internal"（隐藏内层）。

④ Text：文字。

⑤ 3D Body：3D 模型，这个一定要选择。

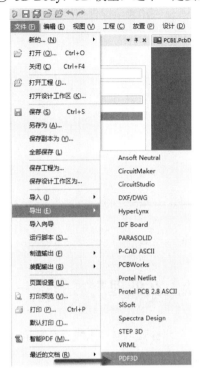

图 6-185　输出 3D PDF

图 6-186　3D PDF 的输出设置

（3）设置完成之后，单击"Export"按钮进行输出。

（4）用 PDF 阅读器或编辑器将输出的 PDF 打开，这里建议使用 PDF 编辑器工具 Adobe Acrobat，可以对输出的 PDF 图形进行编辑、测量等操作，如图 6-187 所示。

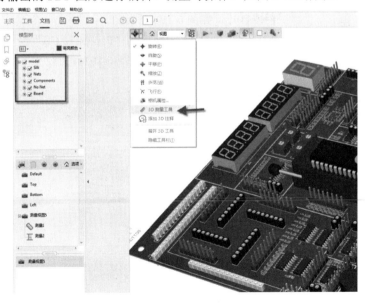

图 6-187　3D PDF 的编辑

（5）3D PDF还可以协助检查PCB的一些常规性能，如No Net，选中图6-188中的"No Net"选项，即可以高亮显示出来，再到PCB中更正就好。

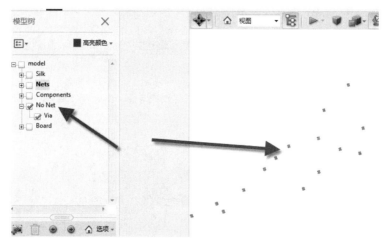

图6-188　No Net检查

6.79　布线时，打开飞线但飞线不显示该怎么处理？

经常在进行PCB设计的时候，明明确定已经将飞线全部打开，但是飞线没有显示，这时就不知道问题出现在哪里？

通常飞线不能进行显示，可以从如下几个方面找原因，均确认没问题之后，飞线可以正常显示。

图6-189　显示所有网络

（1）按快捷键"N"，选择"显示连接→全部"，显示所有网络，如图6-189所示。

（2）按快捷键"L"，查看右方"Connection Lines"的 ⊙ 是否被打开，如图6-190所示。

（3）在PCB界面单击"Panels→PCB"命令，查看面板栏，选择是否为"Nets"选项，而不是"From-To"选项，如图6-191所示。

图6-190　默认飞线的打开

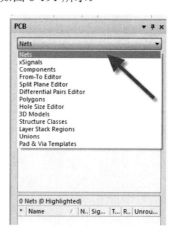

图6-191　Nets面板栏

6.80 PADS 原理图如何转换成 Altium Designer 原理图？

目前各个公司的 PCB 设计软件不同，产品原理具有独立性，因此各软件之间原理图需要转换。下面介绍当前主流设计软件 Altium Designer、PADS 和 OrCAD 之间的原理图互转，供读者参考。

（1）用 PADS Logic 打开一份需要转换的原理图，单击菜单命令"文件→导出…"，导出一份 ASCII 编码格式的 TXT 文档，如图 6-192 所示。

（2）单击"保存"按钮，弹出"ASCII 输出"对话框，对所有的元素全部选择进行输出，输出版本选择最低版本"PADS Logic 2005"进行输出，如图 6-193 所示。

（3）打开 Altium Designer 17，单击菜单命令"File→Import Wizard"，选择"PADS ASCII Design And Library Files"导入选项，如图 6-194 所示。

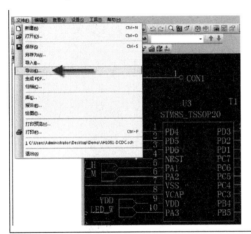

图 6-192　PADS 原理图的导出

图 6-193　ASCII 输出设置

图 6-194　原理图转换向导

（4）单击"Next"按钮，选择之前导出的 TXT 文档，单击"Next"按钮。

（5）根据向导设置输出文件路径及预览工程文件，如图 6-195 所示。继续单击"Next"按钮，根据向导进行转换，直到转换完成。

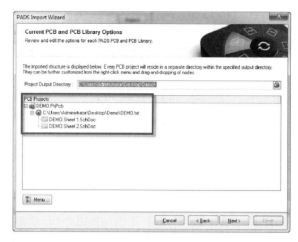

图 6-195　设置输出文件路径及预览工程文件

（6）转换后的 Altium Designer 原理图如图 6-196 所示。因为软件本身存在兼容性问题，转换过程中可能出现不可预知的错误，因此转换完成后的原理图仅供参考，如果要使用，则须进行检查及确认。

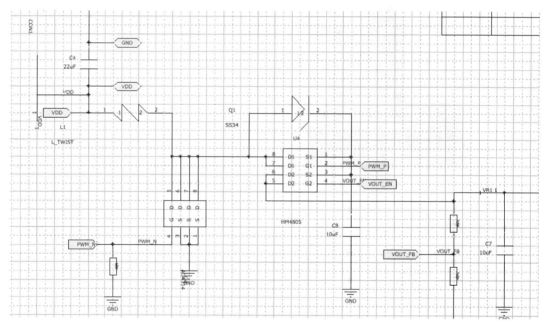

图 6-196　转换后的 Altium Designer 原理图

6.81　OrCAD 原理图如何转换成 Altium Designer 原理图?

（1）将 OrCAD 原理图转换成 Altium Designer 原理图时，一般有版本要求，最好是 16.2 及以下版本。用 OrCAD 打开原理图之后，在主菜单上单击右键另存为 16.2 版本，如图 6-197 所示。

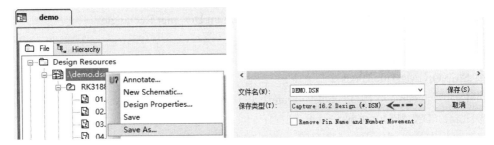

图 6-197　另存为 OrCAD 的低版本

（2）与 PADS 原理图转换步骤一样，打开 Altium Designer 17，单击菜单命令"File→Import Wizard"，选择"Orcad and PADS Designs and Libraries Files"导入选项，如图 6-198 所示。然后单击"Next"按钮，选择之前另存的 16.2 版本的 OrCAD 原理图，按照弹出的转换向导进行转换。

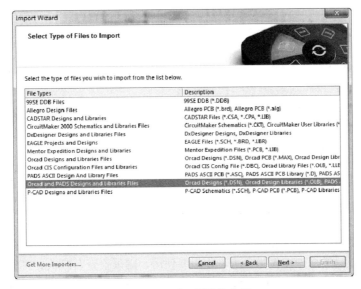

图 6-198　原理图转换向导

（3）在转换过程中，注意转换选项设置，如图 6-199 所示。

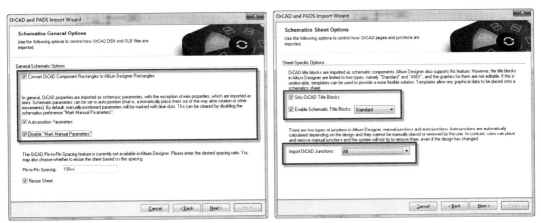

图 6-199　转换选项设置

① Convert OrCAD Component Rectangles to Altium Designer Rectangles。

② Auto-position Parameters。

③ Disable "Mark Manual Parameters"。

④ Strip OrCAD Title Blocks。

⑤ Enable Schematic Title Blocks—Standard。

⑥ Import OrCAD Junctions—All。

（4）根据向导设置输出文件路径及预览工程文件，如图 6-200 所示。继续单击"Next"按钮，根据向导进行转换，直到转换完成。

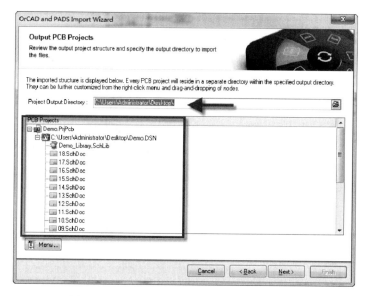

图 6-200 设置输出文件路径及预览工程文件

（5）转换后的 Altium Designer 原理图如图 6-201 所示。同样，转换可能存在不可预知的错误，因此转换完成后的原理图仅供参考，如果要使用，则须检查及确认。对电阻、电容的封装型号按照 BOM 表核对一遍，当 OrCAD 中有可选封装类型时，转换过来的封装型号可能会变。

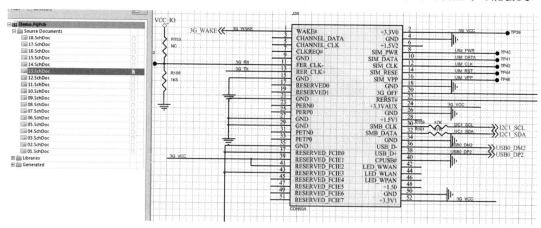

图 6-201 转换后的 Altium Designer 原理图

6.82　Altium Designer 原理图如何转换成 PADS 原理图？

1）第一种方法

（1）在程序中找到并打开 PADS 中的"Symbol and Schematic Translator for PADS Logic"（符号和原理图转换器），选择"Protel 99SE/DXP"，如图 6-202 所示。

（2）添加需要转换的 Altium Designer 原理图及设置输出文件路径，单击"转换"按钮，即可根据向导进行原理图的转换，如图 6-203 所示。

图 6-202　符号和原理图转换器　　　　　图 6-203　添加原理图及设置输出文件路径

（3）根据向导进行转换，直到转换完成。转换后的 PADS 原理图用 PADS Logic 打开即可，如图 6-204 所示。

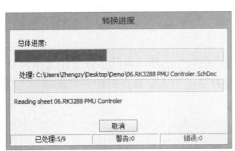

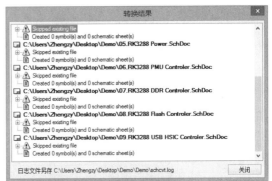

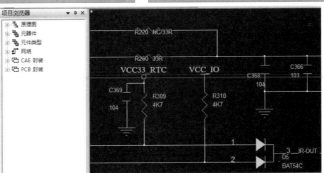

图 6-204　根据向导进行转换及转换后的 PADS 原理图

2）第二种方法

直接打开 PADS Logic，单击菜单命令"文件→导入…"，选择导入"Protel DXP/Altium Designer 2004-2008 原理图文件"，可以直接转换打开，如图 6-205 所示。同样，转换完成之后，请检查并确认原理图。

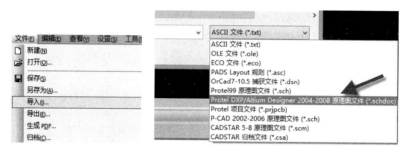

图 6-205　导入 Altium Designer 原理图

6.83　Altium Designer 原理图如何转换成 OrCAD 原理图？

（1）准备需要转换的原理图，利用 Altium Designer（这里建议用 Altium Designer 12.4 版本操作）的新建工程功能新建一个工程，并把需要转换的原理图（可多页原理图）添加到工程中，如图 6-206 所示。

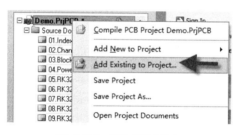

图 6-206　添加到工程中

（2）在工程文件上单击右键，选择"Save Project As…"选项，将此工程文件另存为 DSN 格式，如图 6-207 所示。在弹出的如图 6-208 所示的对话框中选择箭头所标记的两项，之后单击"OK"按钮。

图 6-207　工程文件另存为

（3）在上述步骤完成之后，转换基本完成，一般需要采用 OrCAD 12.5 版本打开转换之后的文件。注意：在用低版本打开之前，不要用 OrCAD 的其他版本打开这份文件，否则就打不开了，打开后再保存一次，就可以用高版本打开了。

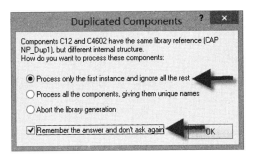

图 6-208　转换设置

6.84　OrCAD 原理图如何转换成 PADS 原理图?

（1）在转换原理图之前，一般需要把 OrCAD 原理图的版本降低到 16.2 及以下版本。用 OrCAD 打开原理图之后，在主菜单上单击右键，另存为 16.2 版本。

（2）在程序中找到并打开 PADS 中的"Symbol and Schematic Translator for PADS Logic"（符号和原理图转换器），选择"OrCAD Capture"，如图 6-209 所示。

图 6-209　符号和原理图转换器

（3）添加需要转换的 OrCAD 原理图及设置输出文件路径，单击"转换"按钮，即可根据向导进行原理图的转换，如图 6-210 所示。

图 6-210　添加原理图及设置输出文件路径

（4）根据向导进行转换，直到转换完成，转换后的 PADS 原理图用 PADS Logic 打开即可。

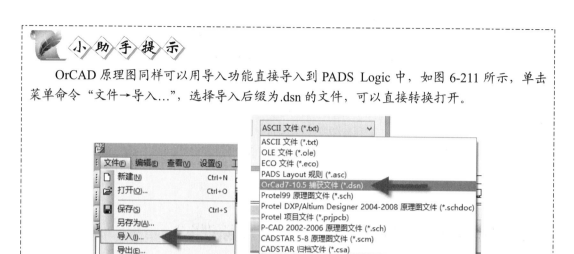

OrCAD 原理图同样可以用导入功能直接导入到 PADS Logic 中，如图 6-211 所示，单击菜单命令"文件→导入…"，选择导入后缀为.dsn 的文件，可以直接转换打开。

图 6-211　导入 OrCAD 原理图

6.85　如何将 PADS 原理图转换成 OrCAD 原理图？

各软件之间的原理图转换有相互性，如图 6-212 所示。利用各软件之间原理图互转的功能，可以选择先把 PADS 原理图转换成 Altium Designer 原理图，再把 Altium Designer 原理图转换成 OrCAD 原理图（相关方法参照前文）。

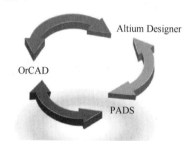

图 6-212　各软件之间原理图转换的相互性

6.86　如何将 Allegro PCB 转换成 Altium Designer PCB？

与原理图转换一样，因为各个公司的 PCB 设计软件不同，可能需要复制不同软件 PCB 设计中的元件封装、模块、DDR 走线等元素，这时不同软件之间的 PCB 转换就有其必要性了。

（1）转换 PCB 之前，一般需要把 Allegro PCB 的版本降低到 16.3 及以下。此处以 Allegro16.6 为例，打开一个 16.6 版本的 PCB，单击菜单命令"File→Export→Downrev Design…"，进行低版本文件的导出，如图 6-213 所示，选择导出 16.3 版本。

（2）把所转换之后的 BRD 文件直接拖动到 Altium Designer 中，或者打开 Altium Designer，单击菜单命令"File→Import Wizard"，根据向导，选择"Allegro Design Files"导入选项，如图 6-214 所示，然后单击"Next"按钮，把需要转换的 BRD 文件加载进来，再单击"Next"按钮进行转换。

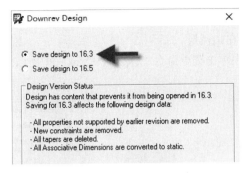

图 6-213　低版本 Allegro PCB 的导出

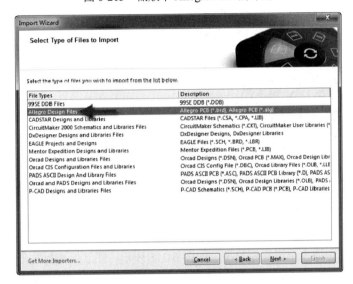

图 6-214　Allegro PCB 转换的添加

（3）等待 Allegro PCB 的转换，如图 6-215 所示，比较复杂的 PCB 转换的时间会更久一些。通常在转换过程中，不需要设置什么，按照向导的默认设置操作即可。

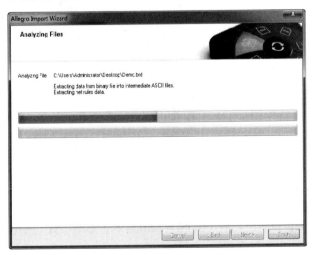

图 6-215　Allegro PCB 的转换

（4）在转换完成之后，建议对封装进行检查和修整，因为 Allegro 的元件包含很多管脚号的信息和一些机械标注，是以文字或线条标注的形式添加的，会扰乱我们查看元件的视觉，如图 6-216 所示，一般都集中在机械层。

（5）在转换后的 PCB 中单击菜单命令"Design→Make PCB Library"，生成此 PCB 的 PCB 库，如图 6-217 所示。

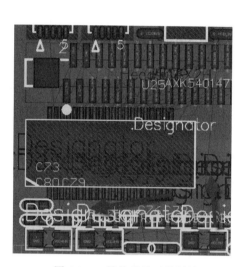

图 6-216　转换后的元件封装

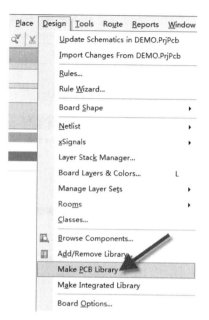

图 6-217　生成 PCB 库

（6）在 PCB 库中把多余元素删除掉，如图 6-218 所示，然后检查封装是否正确，特别注意插件孔的大小是否有变化，因为转换的不兼容性，有时很多椭圆形的孔直接变成了圆孔。

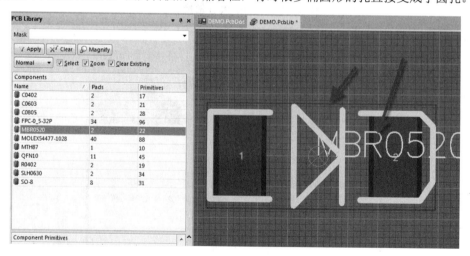

图 6-218　删除不必要的封装元素

（7）对封装进行检查和修整之后，在 PCB 封装列表中单击右键，再单击"Update PCB With All"命令，则全部更新进入 PCB 中。

只有计算机装有 Cadence 软件，才能进行这个转换，否则转换不成功，会弹出如图 6-219
所示的提示。

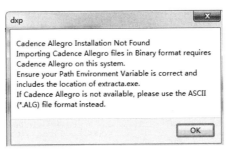

图 6-219　没安装 Cadence 的转换提示

6.87　PADS PCB 如何转换成 Altium Designer PCB?

Altium Designer 不能直接打开 PADS PCB，需要转换之后才能打开。

（1）用 PADS 打开所需转换的 PCB，执行菜单命令"文件→导出…"，导出 ASC 文件，如
图 6-220 中左图所示。

（2）进行导出设置时，全选所有元素进行输出，选择"PowerPCB V5.0"格式，并且勾选
展开属性选项，保存好导出的 ASC 文件，如图 6-220 中右图所示。

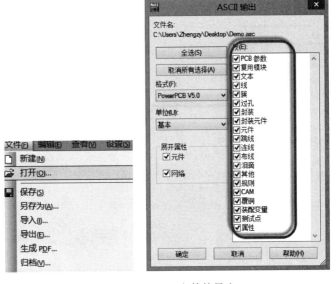

图 6-220　ASC 文件的导出

（3）把保存好的 ASC 文件直接拖动到 Altium Designer 中，或者打开 Altium Designer，执行
菜单命令"File→Import Wizard"，根据向导，选择"PADS ASCII Design And Library Files"导入
选项，如图 6-221 所示。然后单击"Next"按钮，把需要转换的 ASC 文件加载进来，再单击"Next"
按钮，进行转换。

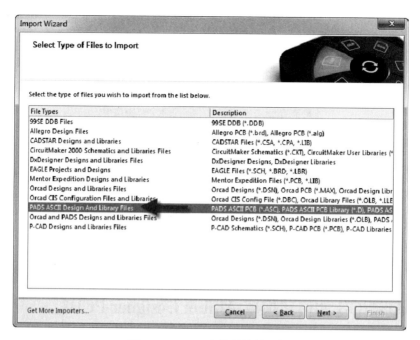

图 6-221　ASC 文件转换的添加

（4）等待数分钟，向导直接自动完成转换，并提示一个泪滴选项窗口，如图 6-222 所示，这里建议把泪滴全部移除，单击"确定"按钮，完成转换。之后进行检查，特别是对通孔属性的元件焊盘，一定要多检查仔细。

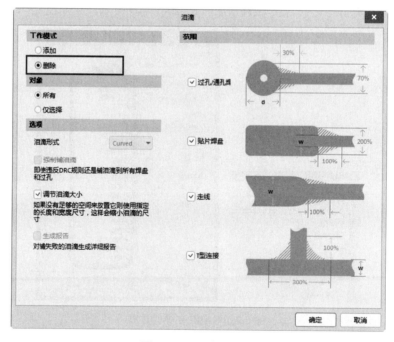

图 6-222　泪滴的移除

6.88 Altium Designer PCB 如何转换成 PADS PCB？

1．直接导入

打开 PADS Layout，执行菜单命令"File→Import"，打开 Import 界面，如图 6-223 所示，选择导入格式"Protel DXP/Altium Designer design files（*.pcbdoc）"，选择需要转换的 PCB，即可开始转换。

图 6-223　PADS Import 界面

若导入不成功，则可以先使用 Altium Designer 转换出一个 Protel 4.0 版本的 PCB，在 Import 界面选择导入格式"Protel 99SE design files（*.pcb）"进行导入，如图 6-224 所示。

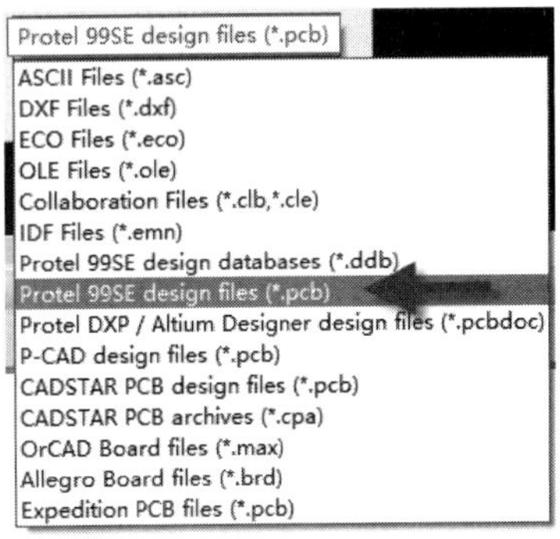

转换之后的 PCB 中会有很多飞线的情况，铜皮也需要重新修整。转换文件仅供参考之用，须检查和修整之后方可使用。

2．PADS 自带转换工具

（1）如图 6-225（a）所示，利用 Windows 程序找到"PADS Layout translator"，进入如图 6-225（b）所示的界面。

① 单击右侧的"Add…"按钮，添加需要转换的 Altium Designer PCB。

图 6-224　Protel 99SE 文件导入

② 在"Place translated files in"处设置好文件路径和库路径。

③ 在"Translation options"处选择"Protel/Altium"转换选项。

（2）单击"Translate"按钮开始转换，如图 6-226 所示。

（3）在转换过程中，因为软件的某些支持格式不一样会提示警告和错误信息，如图 6-227 所示。此类信息可以关注一下，做到心中有数，方便转换完之后进行检查及确认。至此，转换完成。

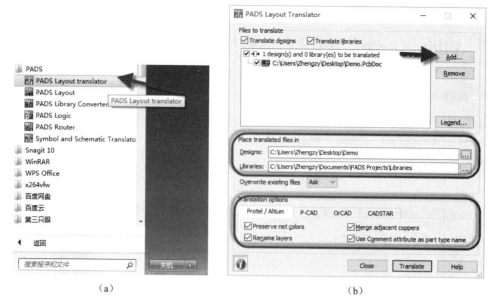

(a)   (b)

图 6-225　PADS Layout Translator 的进入及设置界面

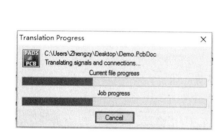

图 6-226　文件转换进度

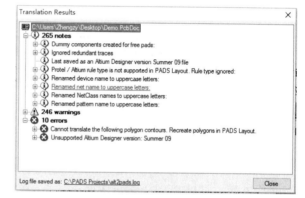

图 6-227　文件转换提示

在设置的路径处找到转换文件，如图 6-228 所示，打开即可。由于软件的不兼容性，转换之后的 PCB 中也会有很多飞线的情况，检查和修整之后即可使用。

图 6-228　路径设置

6.89　Altium Designer PCB 如何转换成 Allegro PCB?

（1）把 Altium Designer PCB 转换成 PADS PCB，并且导出 5.0 版本的 ASC 文件。

（2）打开 Allegro PCB Editor，执行菜单命令 "Import→CAD Translators-PADS"，进入如图 6-229 所示的导入界面。

（3）在导入界面导入所需要的"Demo.asc"文件，加载"pads_in.ini"插件，并设置好输出路径。

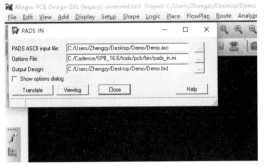

图 6-229　转换加载及设置

（4）单击"Translate"按钮，完成转换。转换文件检查校验后可以参考调用。

"pads_in.ini"的路径一般为"C:\Cadence\SPB_16.6\tools\pcb\bin"。

6.90　Allegro PCB 如何转换成 PADS PCB?

与前面讲述的 Altium Designer PCB 转换成 PADS PCB 一样，可利用 Import 功能直接导入。在转换之前需要把 Allegro PCB 的版本降低到 16.2 及以下。

1. 方法 1

在 PADS 的 Import 界面中，如图 6-230 所示，选择导入格式为"Allegro Board files（*.brd）"，选择需要转换的 PCB 即可开始转换。稍微查看一下转换过程中的警告和错误信息，转换完成之后进行详细检查方可使用。

图 6-230　Allegro PCB 的导入

2. 方法 2

如图 6-231 所示，利用各软件之间 PCB 转换的相互性，可以先把 Allegro PCB 转换成 Altium Designer PCB，再把 Altium Designer PCB 转换成 PADS PCB（相关方法参照前文）。

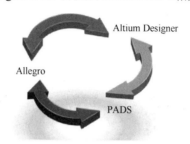

图 6-231　各软件之间 PCB 转换的相互性

本章小结

除常用的基本操作之外，Altium Designer 还存在各种各样的高级设计技巧等待我们挖掘，需要的时候可以关注并学会它，平时在工作中也要善于总结记录，慢慢地对软件会非常熟悉，电子设计的效率也会有很大提高。

由于篇幅所限，不可能对每个高级技巧都进行讲述，欢迎关注凡亿教育的学习平台——凡亿课堂，作者会不断地更新各种技巧视频，帮助读者快速进阶。